普通高等学校网络工程专业教材

网络与现场总线技术

张文静 主　编
陈玉玲 王志力 武文涛 副主编

清华大学出版社
北京

内容简介

本书对控制系统及现场总线技术的发展历程、现场总线技术中使用的工业网络和通信基础知识进行了概括性的介绍；全书重点讲解PROFIBUS总线、CAN总线、LonWorks总线、FF总线的基本原理，并且在各章的最后引入现场总线技术的应用案例。为方便高校和培训企业作为教材使用，全书各章都配有综合练习。

本书主要面向高等学校相关专业的本科生，在对相关内容进行选择和简化后，也可作为高职院校教材。

图书在版编目(CIP)数据

网络与现场总线技术/张文静主编.—北京：清华大学出版社，2023.6
普通高等学校网络工程专业教材
ISBN 978-7-302-63992-3

Ⅰ.①网…　Ⅱ.①张…　Ⅲ.①控制系统设计－高等学校－教材 ②总线－技术－高等学校－教材
Ⅳ.①TP273 ②TP336

中国国家版本馆CIP数据核字(2023)第116083号

责任编辑：贾　斌　李　燕
封面设计：常雪影
责任校对：韩天竹
责任印制：刘海龙

出版发行：清华大学出版社
网　　址：http://www.tup.com.cn，http://www.wqbook.com
地　　址：北京清华大学学研大厦A座　　**邮　　编**：100084
社 总 机：010-83470000　　**邮　　购**：010-62786544
投稿与读者服务：010-62776969，c-service@tup.tsinghua.edu.cn
质量反馈：010-62772015，zhiliang@tup.tsinghua.edu.cn
课件下载：http://www.tup.com.cn，010-83470236
印 装 者：三河市天利华印刷装订有限公司
经　　销：全国新华书店
开　　本：185mm×260mm　　**印　　张**：11.75　　**字　　数**：289千字
版　　次：2023年8月第1版　　**印　　次**：2023年8月第1次印刷
印　　数：1～1500
定　　价：49.00元

产品编号：097559-01

前　言

现代化的工业过程控制对控制系统及仪表装置在速度、精度、成本等诸多方面的更高要求，导致用数字信号传输技术替代模拟信号传输技术，而通信技术的发展，也使传送数字化信息的网络技术在工业控制领域的广泛应用成为可能。这种现场数字信号传输网络技术就是现场总线技术。现场总线技术的应用也使控制系统和设备的可互操作性、可维护性、可移植性成为现实。现场总线是过程控制技术、仪表技术和计算机网络技术紧密结合的产物。

现场总线技术是当今自动化领域技术发展的热点之一，被誉为自动化领域的现场局域网。它的出现标志着自动化系统步入一个新时代，并将对该领域的发展产生重大影响。现场总线技术融合 PLC、DCS 技术构成的全集成自动化系统与信息网络技术将形成 21 世纪自动化技术发展的主流。

现场总线技术在各领域的应用越来越广泛，各企业对现场总线技术的人才需求也在不断增加，这就要求各高等学校积极培养熟悉现场总线技术并能熟练使用该技术的高技能应用型人才，从而满足企业对生产现场的控制需求。

现场总线控制技术是一门强调实际应用的课程。在工业现场，其发展与相关的应用层出不穷；而具有不少于 20 种国际标准的现场总线，在课程中不可能都作为授课内容，选取合适的教学内容和采用恰当的教学方法，是提高教学质量的关键。

本书具有以下特点：

(1) 主要内容为现场总线技术，为了使现场总线技术的原理更加通俗易懂，首先介绍了网络与通信的技术知识，然后介绍了几种常用的现场总线技术，包括 PROFIBUS 总线、CAN 总线、LonWorks 总线、FF 总线，并介绍了相关的应用案例，使读者在掌握理论知识的同时，学习相关实际应用案例，从而更好地理解理论知识。

(2) 编写时总结吸收了不同类型书籍的特点，在介绍理论知识的基础上加大应用案例的介绍，力求理论与实践相结合。根据专业特点和培养目标，在内容取舍上尽量做到精炼、实用。

(3) 各章均配有综合练习，可加深读者对知识的进一步理解与掌握。

参加本书编写的单位有沈阳工学院、中国三峡新能源股份有限公司等，各章分工如下：第1章、第4章、第6章由张文静编写，第2章由陈玉玲编写，第3章由王志力编写，第5章由武文涛编写。张文静和陈玉玲来自沈阳工学院，对“现场总线技术”课程有丰富的教学经验；王志力与武文涛来自中国三峡新能源股份有限公司，对实际案例有丰富的经验，并对本书中现场总线的应用案例提供大量的素材。

限于编写者的经验与水平，书中不妥、疏漏之处在所难免，恳请广大读者批评指正。

编　者

2023年5月

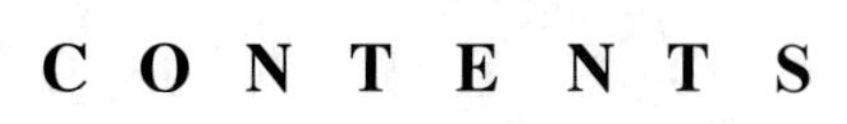

目 录

C O N T E N T S

CONTENTS

CONTENTS

第1章 绪　　论

内容提要

现场总线技术是当今自动化领域技术发展的热点之一，被誉为自动化领域的现场局域网。它的出现，标志着自动化系统步入一个新时代，并将对该领域的发展产生重大影响。现场总线技术融合 PLC、DCS 技术构成的全集成自动化系统与信息网络技术将形成 21 世纪自动化技术发展的主流。本章主要介绍现场总线控制技术的定义、分类、结构特点、与 DCS 的区别，以及发展现状与发展前景，并给出本书的结构。

学习目标与重点

◆ 掌握现场总线技术的定义、分类。
◆ 了解现场总线技术相比于 DCS 的优点。
◆ 理解现场总线技术的发展现状与发展前景。

关键术语

现场总线技术、自动化系统、DCS。

引入案例

污水处理系统

随着杭州市萧山区经济的高速发展和城市人口的不断增加，污水处理行业得到了快速发展，污水处理厂的自动控制系统越来越成为污水处理稳定运行的关键。某污水处理系统拓扑图，如图 1-1 所示。

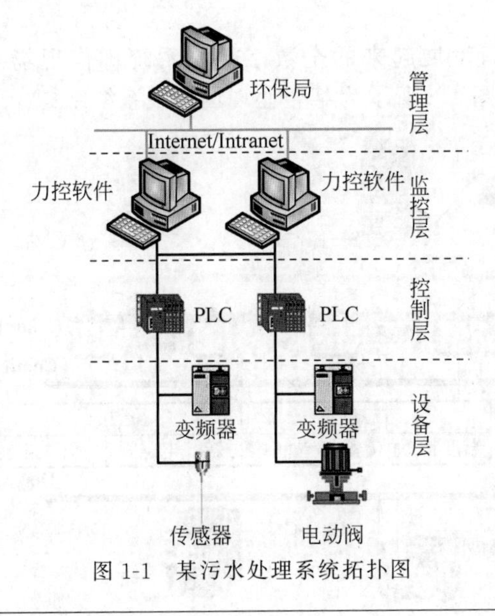

图 1-1　某污水处理系统拓扑图

为了保证污水处理厂的自动控制系统的稳定性和可靠性，设计中采用了四级控制和管理方案对整套污水处理系统进行监控；管理层可实时监测污水处理的运行状况，便于管理层做出正确的规划；监控层选用两台工业控制计算机进行冗余，实时观察设备的运行状况；控制层选用 PLC(Programmable Logic Controller，可编程逻辑控制器)作为控制器，充分显示了"集中监测，分散控制"的原则；设备层采用了运行记录仪、超声波流量计、COD(Chemical Oxygen Demand，化学需氧量)在线测试仪、pH(工业酸度)在线测试仪、变频控制器等，并配备相应的软件，确保可靠、有效的运行。

现代化的工业过程控制对控制系统及仪表装置在速度、精度、成本等诸多方面的更高要求，导致用数字信号传输技术替代模拟信号传输技术，而通信技术的发展，也使得传送数字化信息的网络技术在工业控制领域的广泛应用成为可能。这种现场数字信号传输网络技术就是现场总线技术。现场总线技术的应用也使得控制系统和设备的可互操作性、可维护性、可移植性成为现实。现场总线是过程控制技术、仪表技术和计算机网络技术紧密结合的产物。

现场总线的实质是解决了数字信号的兼容性问题，所以它一经出现便显示出强大的生命力和发展潜能。现场总线解决了传统控制系统中存在的许多根本性难题，它基本奠定了未来计算机控制系统的发展方向。所以说现场总线技术给工业自动化领域带来的冲击是"革命性的"一点都不为过。

1.1 现场总线技术的基本概念

1.1.1 现场总线的概念

现场总线技术的出现，标志着自动化技术步入了一个新的时代。那么到底什么是现场总线呢？

所谓现场总线，按照国际电工委员会 IEC/SC65C 的定义，是指安装在制造或过程区域的现场装置之间，以及现场装置与控制室内的自动控制装置之间的数字式、双向串行、多节点的通信总线。

以现场总线为基础而发展起来的全数字控制系统称作现场总线控制系统(Fieldbus Control System，FCS)。图 1-2 所示为某企业现场总线系统结构。

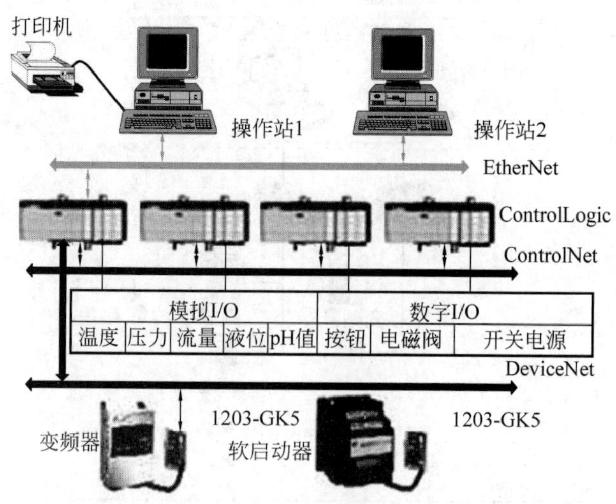

图 1-2　某企业现场总线控制系统结构

知识链接 1-1

自动控制系统的发展

回顾自动控制系统发展的历史，可以看到它与工业生产过程本身的发展有着极为密切的联系。一方面，工业生产本身的发展，诸如工艺流程的变革，设备的更新换代，生产规模的扩大，以及快速反应、临街稳定工艺、能量综合平衡工艺的开发成功，均对自动化提出了更高的要求，经济全球化，激烈的市场竞争又给自动化提出新的目标；另一方面，微电子、自动控制、计算机、通信及网络等技术的发展，又给新型控制系统的出现提供了技术的保证。可以说，自动控制系统经历了一个从简单到复杂，从局部自动化到全局自动化，从非智能、低智能到高智能的发展过程。在工业控制系统的发展过程中，每一代新的控制系统的推出都是针对老一代控制系统存在的缺陷而给出的解决方案，同时也代表技术的进步和效能的提高。工业控制系统在其发展过程中大致可划分为如下几个阶段。

1. 基地式仪表控制系统阶段

20世纪50年代以前，由于工业生产规模较小，各类检测、控制仪表处于发展的初级阶段，生产设备以机械设备为主，所用的设备主要安装在生产现场、具有简单测控功能的基地式仪表，信号基本上是在本仪表内起作用(主要是显示功能)，一般不能传送给其他仪表或系统，各测控点为封闭状态，无法与外界沟通信息，操作人员只能通过生产现场的巡检来了解生产过程的运行状况。

2. 气动和电动单元组合仪表控制系统阶段

随着测量技术、电子技术的发展和工业生产规模的不断扩大，操作人员需要了解和掌握更多的现场参数与信息，制定满足要求的操作控制系统。于是，在20世纪60年代至70年代后期，先后出现了以电子管、晶体管、集成电路为核心的气动和电动单元组合式仪表两大系列。它们分别以压缩空气和直流电源作为动力，用于对防爆要求较高的化工生产和其他行业，防爆等级为本质安全型，并以气压信号0.02～0.1MPa，直流电流信号0～10mA、4～20mA，直流电压信号0～5V、1～5V等作为仪表的标准信号，在仪表内部实行电压并联传输，外部实行电流串联传输，以减小传输过程中的干扰。电动单元仪表通常以双绞线为传输介质，信号被送到集中控制室(通常称为仪表室或机房)后，操作人员可以坐在控制室内观察生产流程中各处的生产参数并了解整个生产过程。由于单元组合仪表具有统一的输入输出信号标准，在此阶段自动化可以根据生产需要，由各种功能单元进行组合，完成各种相当复杂的控制。

3. 直接数字控制系统阶段

20世纪80年代，计算机、微处理器和并行处理技术的发展，使得一对一物理连接的模拟信号系统在速度和数量上越来越无法满足大型、复杂系统的需求，模拟信号的抗干扰能力也相对较差，人们开始使用数字信号代替模拟信号，并研制出直接数字控制(Direct Digital Control，DDC)系统，用数字计算机取代控制室的所有仪表，于是出现了集中式数字控制系统。这样，解决了信号传输及抗干扰问题。由于数字计算机的可靠性还不是很高，一旦计算机出现某种故障，就会造成系统崩溃、所有控制回路瘫痪、生产停产的严重局面。由于工业生产很难接受这种危险度高度集中的情况，集中控制系统的应用受到一定的限制。DDC的结构如图1-3所示。

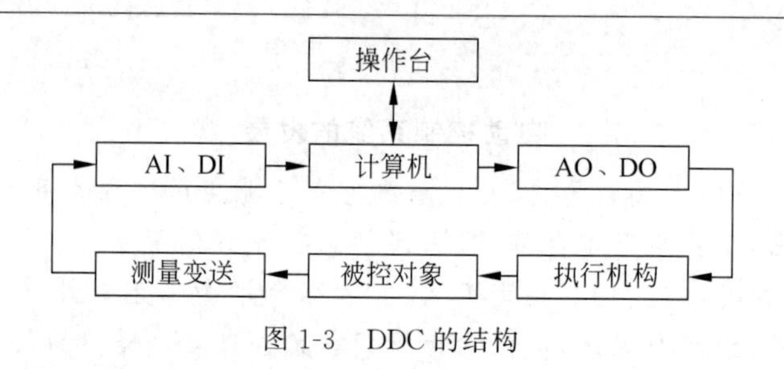

图 1-3　DDC 的结构

4. 集散控制系统阶段

随着计算机可靠性的提高与价格的下降，自控领域又出现了新型控制方案——集散控制系统(Distributed Control System，DCS)。它由数字调节器、可编程控制器(PLC)以及多台计算机构成。当一台计算机出现故障时，其他计算机立即接替该计算机的工作，使系统继续正常运行。集散控制系统中的风险被分散到多台计算机承担，避免了集中控制系统的高风险，提高了系统的可靠性。

在 DCS 中，测量仪表、变送器一般为模拟仪表，控制器多为数字系统，因而它是一种模拟数字混合系统。这种系统与模拟式仪表控制系统、集中式数字控制系统相比，在功能、性能和可靠性上都有了很大进步，可以实现现场装置级、车间级的优化控制。但是，由于受计算机发展的影响，各厂家的产品自成封闭体系，即使在同一种协议下仍然存在不同厂家的设备有不同的信号传输方式且不能互联的现象。因此实现互换与互操作有一定的局限性。DCS 结构如图 1-4 所示。

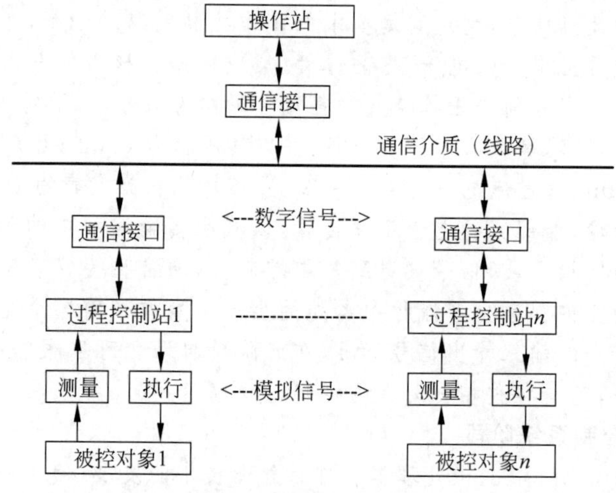

图 1-4　DCS 的结构

5. 现场总线控制系统阶段

现场总线控制系统(Fieldbus Control System，FCS)突破了 DCS 通信由专用网络的封闭系统来实现所造成的缺陷，把基于封闭、专用的解决方案变成了基于公开化、标准化的解决方案，即可以将来自不同厂商而遵守同一协议规范的自动化设备通过现场总线控制系统把 DCS 集中与分散的集散系统结构变成了新型全分布系统结构，把控制功能彻底下放到现场。

现场总线之所以具有较高的测控性能，一是得益于仪表的智能化，二是得益于设备的通信化。把微处理器嵌入现场自控设备，使设备具有数字计算和数字通信能力，一方面提高了信号的测量、控制和传输精度，另一方面丰富了测控信息的内容，为其实现远程传输创造了条件。FCS的结构如图1-5所示。

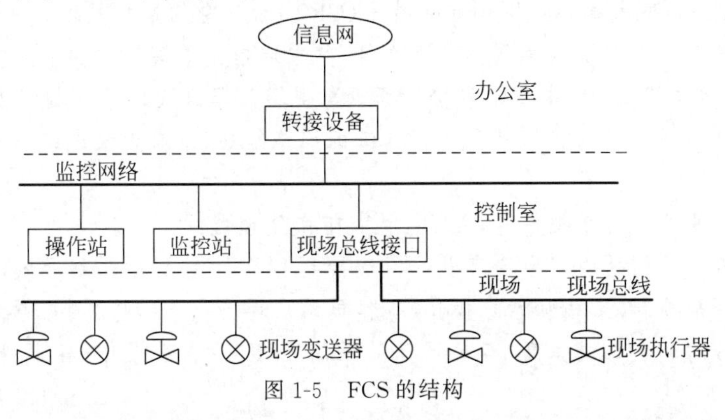

图1-5 FCS的结构

FCS与DCS相比具有如下优越性。

(1) FCS可实现全数字化通信。

(2) FCS可实现彻底的全分散控制。

(3) FCS可实现不同厂家产品互联、互操作。

(4) FCS可增强系统的可靠性、可维护性。

(5) FCS可降低系统工程成本。

表1-1对DCS与FCS进行了全面的比较。

表1-1 FCS与DCS的区别

类 别	FCS	DCS
结构	一对多：一对传输线连接多台仪表，双向传输多个信号	一对一：一对传输线连接一台仪表，单向传输一个信号
可靠性	可靠性好：数字信号传输的抗干扰能力强，精度高	可靠性差：模拟信号传输不仅精度低，而且容易受干扰
失控状态	操作员在控制室既可以了解现场设备或现场仪表的工作情况，也能对设备进行参数调整，还可以预测或寻找故障，使设备始终处于操作员的过程监控与可控状态之中	操作员在控制室既不了解模拟仪表的工作情况，也不能对其进行参数调整，更不能预测故障，导致操作员对仪表处于“失控”状态
控制	控制功能分散在各个智能仪器中	所有的控制功能集中在控制站中
互换性	用户可以自由选择不同制造商内提供的性能价格比最优的现场设备和仪表，并将不同品牌的仪表互连，实现“即插即用”	尽管模拟仪表采用统一的信号标准(4～20mA电流信号)，但是大部分技术参数仍由制造厂自定，致使不同品牌的仪表不能互换
仪表	智能仪表除了具有模拟仪表的检测、变换、补偿等功能外，还具有数字计算和数字通信能力	模拟仪表只具有检测、变换、补偿等功能

知识链接 1-2

DCS 的基本要点

(1) DCS 是集 4C,即计算机(Computer)技术、现代控制(Control)技术、现代通信(Communication)技术和现代图形显示技术(CRT)于一身的监控技术。

(2) DCS 是从上到下的树状拓扑大系统,其中通信是关键。

(3) PID 在中断站中,中断站联接计算机与现场仪器仪表以及控制装置。

(4) DCS 的结构是树状拓扑和并行连续的链路结构,也有大量电缆从中继站并行到现场仪器仪表。

(5) DCS 的信号为模拟信号,A/D-D/A、带微处理器的混合。

(6) DCS 的结构是由一台仪表及一对线接到 I/O,由控制站挂到局域网 LAN。

(7) DCS 是控制(工程师站)、操作(操作员站)、现场仪表(现场测控站)的 3 级结构。

(8) DCS 的缺点是成本高,各公司产品不能互换,不能互操作,各家的 DCS 大多是不同的。

(9) DCS 用于大规模的连续过程控制,如石化等。

(10) DCS 的制造商有 Bailey(美)、Westinghouse(美)、HITACHI(日)、LEEDS & NORTHRMP(美)、SIEMENS(德)、Foxboro(美)、ABB(瑞士)、Hartmann & Braun(德)、Yokogawa(日)、Honeywell(美国)、Taylor(美)等。

1.1.2 现场总线技术的本质

1984 年,现场总线的概念得到正式提出。不同的机构和不同的人可能对现场总线有着不同的定义,不过通常情况下,对于现场总线本质的描述都是一样的。

下面从几个不同的方面对其特征进行定义。

(1) 现场通信网络。现场总线的工作场所是以生产现场为主,是一种串行多节点数字通信系统。现场总线最基本的功能是连接生产现场的智能仪表或设备,一般的测量和控制功能将被逐渐分散到现场的设备中来完成。采用现场总线的系统可以节约大量的电缆,通常费用较低,可以用低廉的造价组成一个系统,而且与上层网络连接的费用也不高。

(2) 现场设备互联。依据实际需要,使用不同的传输介质把不同的现场设备或现场仪表相互关联。

(3) 互操作性、互换性。不同厂家的产品只要使用同样的总线标准,就能实现设备的互操作、互换,这使设备具有更好的可集成性。用户具有高度的系统集成主动权。

(4) 分散功能模块。分散功能模块实现了现场通信网络与控制系统的集成,使控制系统在功能和地域上彻底分散化。现场设备智能化程度高,功能自治性强。

(5) 通信线供电。通信线供电方式允许现场仪表直接从通信线上摄取能量,这种方式提供用于本质安全环境的低功耗现场仪表,与其配套的还有安全栅。

(6) 开放式互联网络。开放式互联网络的系统为开放式,可以让不同厂商将自己的专长技术,如控制算法、工艺流程、配方等集成到通用系统中,使系统的组织更灵活、更有针对性。同时,开放式的系统给系统的升级扩容、维护检修也带来很大便利。

1.1.3 现场总线的特点

现场总线技术的特点主要体现在两方面：一是在体系结构上成功实现了串行连接，它一举克服了并行连接的诸多不足；二是在技术上成功地解决了不能开放竞争和设备兼容性差两大难题，实现了现场设备的高度智能化、可互换性和控制系统的分散化。

1. 现场总线的结构特点

(1) 基础性。工业通信网络中最底层的现场总线是一种能在现场环境下运行的可靠的、廉价的和灵活的通信系统，向下它可以到达现场仪器仪表所处的装置、设备级，向上可以有效地集成到 Internet 或 Ethernet 中，它构成了工业企业网络中的最基础的控制与通信环节。

(2) 灵活性。在现场总线控制系统中，由于使用了高度智能化的现场设备和通信技术，在一条电缆上就能实现所有网络信号的传递，系统设计完成或施工完成后，想去掉或者增加一个或几个现场设备是轻而易举的事情。系统结构的彻底改变使得整个系统具有高度的灵活性。

(3) 分散性。由于在现场总线控制系统中采用了智能化的现场设备，原先传统控制系统的某些控制功能、信号处理等功能被下放到现场的仪器仪表中，再加上这些设备的网络通信功能，所以在多数情况下，控制系统的功能可以不依赖控制室的计算机而直接在现场完成，这样就实现了彻底的分散控制。

2. 现场总线的技术特点

(1) 开放性。开放性包括几个方面，一是指系统通信协议和标准的一致性和公开性，这样可保证不同厂家的设备之间的互联和替换；二是指系统集成的透明性和开放性，用户可以自主进行系统设计、集成和重构；三是指产品竞争的公开性和公正性，用户可以按照自己的需求，选择不同厂家的符合要求的设备，来组成自己的控制系统。

(2) 自治性。由于传感测量、信号变换、补偿计算、工程量处理和部分控制功能已被下放到现场设备中，现在的现场设备具备了高度的智能化。另外，现场设备还能随时诊断自身的运行状态，预测潜在的故障，实现高度的自治性。

(3) 交互性。交互性指互操作性、互换性，这里包含几层意思：一是指上层网络与现场设备之间具有相互沟通的能力；二是指设备之间具有相互沟通的能力；三是指不同厂家的同类产品可以相互替换。

(4) 适应性。工业现场总线是专为在工业现场使用而设计的，所以具有较强的抗干扰能力和极高的可靠性。在特定条件下，它还可以满足安全防爆的要求。

知识链接 1-3

现场总线的优点

由于现场总线系统结构上的根本变化，以及它的特点，现场总线控制系统和传统的控制系统相比，在系统的设计、安装、投运到正常生产的运行、系统的维护等方面，都显示了巨大的优越性。

(1) 极大地提高了生产过程的信息化水平。

(2) 节约了硬件数量与资源。

(3) 节省了安装费用。

(4) 节省了维护费用。

(5) 提高了系统的控制精度和可靠性。

(6) 提高了用户的自主选择权。

1.2 现场总线技术的基础

1.2.1 现场总线的互联通信模型

对于现场总线的应用来说,由于总线上大量的节点均为工业现场的设备,如传感器、控制器、执行器等,相对而言各节点的通信信息量不大,但对于某些性能,如传输速度和成本有一定的要求,因此,根据现场总线的特点,将 ISO/OSI 参考模型简化为物理层(PHL)、数据链路层(DLL)、应用层(AL)三层。其他的 3～6 层均省略不用,而另设一层现场总线访问子层,如图 1-6 所示。

<table>
<tr><td>第7层</td><td>应用层</td></tr>
<tr><td>第3~6层</td><td></td></tr>
<tr><td rowspan="2">第2层</td><td>现场总线访问子层</td></tr>
<tr><td>数据链路层</td></tr>
<tr><td>第1层</td><td>物理层</td></tr>
</table>

图 1-6 现场总线协议模型

1.2.2 现场总线的网络拓扑结构

现场总线的网络拓扑结构有环状结构、总线结构、星状结构以及几种类型的混合。

环状拓扑结构中以令牌环最为典型,其特点是时延时间确定性较好,缺点是成本较高。总线网的优点是站点接入方便,可扩展性较好,成本较低,在较大负载的网络中基本没有时延,但在站点多、通信任务重时,时延明显加大,缺点是时延时间不稳定,对某些实时应用不利。星状网是总线网的一种变形,其优点是可扩性好,有较宽的频带;缺点是站点间通信不方便,总线型网的各站争用使它不适合于实时处理某些突发事件。令牌总线网则综合了令牌环网和总线型网的优点,即在物理上是一个总线型网,在逻辑上是一个令牌环网。

1.2.3 现场总线数据的操作模式

从现场总线的数据存取、传送、操作方法来分有 4 种工作模式:对等、主从、客户/服务器(C/S)以及网络计算结构(NCA)。对等和主从模式发展较早,已获得广泛应用。20 世纪 80 年代发展出了 C/S 模式,20 世纪 90 年代出现了 NCA 模式。

1.3 现场总线技术在工业网络中的位置与作用

现场总线属于工业网络的控制网络的范畴，在工业网络的功能层次结构中处于底层的位置，所以它是构成整个工业网络的基础。在现代工业企业的管理中，生产过程的控制参数、设备运行的实时信息都已经成为企业管理数据中最重要的组成部分，更完善、更合理和更全面的工业企业网络管理已离不开这些底层数据的参与。从图 1-7 所示的工业网络系统中各功能层次的网络模型中可以看出企业资源规划层属于广域网层次，其采用以太网技术实现；制造执行系统层属于局域网层次，它一般也采用以太网或其他专用网络技术实现；现场总线控制系统层则采用开放的、符合国际标准的控制网络技术实现。

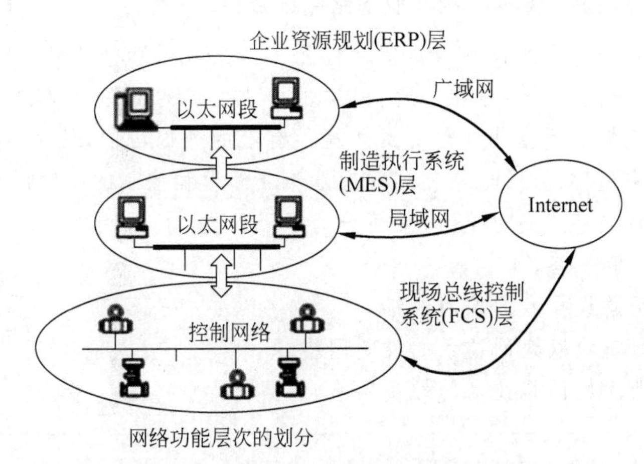

图 1-7　工业网络系统的结构层次和现场总线的位置

现代工业网络系统的结构层次趋于扁平化，并且对功能层次的划分更为简化。图 1-7 中的底层为控制网络所处的现场总线控制系统层，最上层为企业资源规划层，而传统概念的监控、技术、管理、调度等多项管理控制功能交错的部分都包括在了中间的制造执行系统层中。在企业资源规划层和制造执行系统层中的网络节点多为各种计算机和外设。随着互联网技术的发展和普及，在企业资源规划层与制造执行系统层的网络集成与信息交互问题得到了较好的解决，它们与外接互联网之间的信息交互也相对容易。

从前面的介绍中已经了解到，工业控制网络不同于大家所熟悉的普通的计算机网络，它是一种特殊的，有助于自动化领域完成自动控制任务的计算机网络。在这个网络中，各种各样的智能节点通过物理介质按一定的网络拓扑连接起来，并按照一定的通信协议和规则要求来实现其工业通信功能。

控制网络不仅要把生产现场设备的运行参数、状态，以及故障信息等送往控制室，而且还将各种控制、维护、组态等命令送往现场设备中。同时，控制网络还要在操作终端、上层管理网络的数据连接与信息共享中发挥作用。在工业网络的底层，各种现场设备，如传感器、变送器、执行机构和驱动装置等，通过现场总线相互连接并进行通信。

现场总线的作用主要包括以下几方面。

(1) 进行过程数据采集。即对被控设备中的每个过程量和状态信息进行实时采集，获得所有设备监测、过程控制、状态检测的现场信息。

(2) 进行直接的数字控制。根据控制模式、控制算法实现联锁控制、顺序控制和批量控制。

(3) 进行设备和系统的监测与诊断。根据过程变量和状态信息，分析并确定是否对被控装置实施调节，并同时判断计算机和控制卡的状态和性能，在必要时要实施报警和错误诊断及处理。

(4) 实施安全性和冗余方面的措施。一旦发现计算机硬件系统和控制卡有故障，可及时在热备份下切换到备份件，以确保整个系统安全可靠地运行。

知识链接 1-4

工业网络基础知识

工业网络是在一个企业范围内将信号检测、数据传输、数据处理、数据存储、数据计算、数据控制等设备或系统连接在一起，以实现企业内部的资源共享、信息管理、过程控制、经营决策，并能够访问企业外部资源和提供有限的外部访问，使得企业的生产、管理和经营能够高效率地协调运作，从而实现企业集成管理和控制的一种网络环境。

如果要对工业网络进行分类，大致可分为以下四类：

(1) 传统的控制网络。

(2) 基于现场总线技术的控制网络。

(3) 基于实时工业以太网技术的控制网络。

(4) 基于工业无线网络技术的控制网络。

1.4 现场总线技术的发展现状

由于各个国家及各个公司之间的利益之争，虽然早在 1984 年国际电工委员会/国际标准认证与管理协会就开始着手制定现场总线的标准，但是至今统一的标准仍未完成。很多公司也推出其各自的现场总线技术。

1.4.1 具有影响力的现场总线

目前，国际上各种各样的现场总线有几百种之多，统一的国际标准尚未建立。现场总线技术发展迅速，现处于群雄并起、百家争鸣的阶段。目前已开发出的现场总线有 40 多种，较著名的有基金会现场总线(FF)、PROFIBUS、HART、CAN、LonWorks、MODBUS、AS-INTERFACE 等，其中影响力最大的 5 种分别是 FF、PROFIBUS、HART、CAN、LonWorks。

(1) FF 是在过程自动化领域得到广泛支持和具有良好发展前景的技术。其前身是以美国 Fisher-Rosemount 公司为首，联合 Foxboro、横河、ABB、SIMENS 等 80 家公司制定的 ISP 协议和以 Honeywell 公司为首，联合欧洲等地的 150 家公司制定的 World FIP 协议。屈于用户的压力，这两大集团于 1994 年 9 月合并，成立了现场总线基金会，致力于开发出国际上统一的现场总线协议。它在 ISO/OSI 开放系统层的基础上增加了用户层。用户层主要针对自动化测控应用的需求，定义了信息存取的统一规则，采用设备描述语言规定了通用的功能块集。

(2) PROFIBUS是一种国际化的、开放式的、不依赖设备生产商的现场总线标准。PROFIBUS的传送速度可在9.6kbaud～12Mbaud范围内选择,且当总线系统启动时,所有连接到总线上的装置应该被设成相同的速度。广泛适用于制造业自动化、流程工业自动化,以及楼宇、交通电力等其他领域自动化。PROFIBUS是一种用于工厂自动化车间级监控和现场设备层数据通信与控制的现场总线技术。可实现现场设备层到车间级监控的分散式数字控制和现场通信网络,从而为实现工厂综合自动化和现场设备智能化提供了可行的解决方案。

(3) HART(Highway Addressable Remote Transducer),是可寻址远程传感器高速通道的开放通信协议,是美国Rosemount公司于1985年推出的一种用于现场智能仪表和控制室设备之间的通信协议。HART装置提供具有相对低的带宽,适度响应时间的通信,经过10多年的发展,HART技术在国外已经十分成熟,并已成为全球智能仪表的工业标准。

(4) CAN(Controller Area Network, 控制器局域网络)是由以研发和生产汽车电子产品著称的德国BOSCH公司开发的,并最终成为国际标准(ISO 11898),是国际上应用最广泛的现场总线之一。在北美和西欧,CAN总线协议已经成为汽车计算机控制系统和嵌入式工业控制局域网的标准总线,并且拥有以CAN为底层协议,专为大型货车和重工机械车辆设计的J1939协议。近年来,其所具有的高可靠性和良好的错误检测能力受到重视,被广泛应用于汽车计算机控制系统和环境温度恶劣、电磁辐射强和振动大的工业环境。

(5) LonWorks是一个由埃施朗公司开发的网络控制平台,使用的通信协议是埃施朗公司开发的LonTalk,传输介质可以是双绞线、电力线、光纤及无线电。LonWorks总线技术可用在智能建筑中的许多自动化控制系统中,如暖通空调(HVAC)及照明控制。在2010年已有9千万台设备使用LonWorks网络技术。LonWorks网络技术目前由LonMark协会(LonMark International)维护。

1.4.2 多种现场总线技术并存

在一些工程中,通常的做法是在某种现场总线的基础上开发能连接其他公司现场总线的接口产品。由于现场总线国际标准尚未建立,多种类型的现场总线不胜枚举,需要开发大量接口产品才能满足不同工程的需要。例如以FF、CAN、LonWorks、PROFIBUS-DP、MODBUS五种著名现场总线为例,要使它们中任意两种现场总线能统一于一个自动化控制系统中,仅是协议转换器这种接口产品就要有20种之多。如果一个系统中有三种或三种以上不同的现场总线产品,那麻烦更大。不少企业,包括一些国际上的大公司,为了解决来自不同厂家的产品的兼容性问题,都投入了巨大的精力和财力,但成效甚微。

(1) 各种现场总线都有其应用领域。每种现场总线大都有其应用的领域,如FF、PROFIBUS-PA适用于石油、化工、医药、冶金等行业的过程控制领域;LonWorks、PROFIBUS-FMS、DeviceNet适用于楼宇、交通运输、农业等领域;DeviceNet、PROFIBUS-DP适用于加工制造业。而这些划分不是绝对的,每种现场总线都力图将其应用领域扩大,彼此渗透。

(2) 每种现场总线都有国际组织支持的背景。大多数现场总线都有一个或几个大型跨国公司为背景支持,并成立了相应的国际组织,力图扩大自己的影响,得到更多的市场份额。

例如,PROFIBUS 以 SIEMENS 公司为主要支持,并成立了 PROFIBUS 国际用户组织。WorldFIP 以 ALSTOM 公司为主要后台,成立了 WorldFIP 国际用户组织。

(3) 多种总线成为国家和地区标准。为了加强自己的竞争能力,很多总线都争取成为国家或者地区的标准,如 PROFIBUS 已成为德国标准,WorldFIP 已成为法国标准等。

(4) 设备制造商参与多个总线组织。为了扩大自己产品的使用范围,很多设备制造商往往参与多个总线组织。

(5) 各个总线彼此协调共存。由于竞争激烈,而且还没有哪一种或几种总线能一统市场,很多重要企业都力图开发接口技术,使自己的总线能和其他总线相连,在国际标准中也出现了协调共存的局面。

工业自动化技术应用于各行各业,要求也千变万化,使用一种现场总线技术也很难满足所有行业的技术要求;现场总线不同于计算机网络,人们将会面对一个多种总线技术标准共存的现实世界。技术发展很大程度上受到市场规律、商业利益的制约;技术标准不仅是一个技术规范,也是一个商业利益的妥协产物。而现场总线的关键技术之一是彼此的互操作性,实现现场总线技术的统一是所有用户的愿望。

随着自动化技术和通信技术的发生,带有通信接口的产品应用量越来越大,而且随着用户对智能化控制系统可靠性和灵活性的要求更高,加上各现场总线本身的特点以及相关的产品品种繁多,因此在自动化控制系统工程设计中,采用一种现场总线的智能化产品往往不能满足应用的全面要求,多现场总线产品共存于一个自动化控制系统已成为一个现实的问题。

由于多现场总线系统中不同类型的产品均配专用的通信协议,有的厂家还专门为自己的产品开发了专用的通信卡、通信控制器等专用设备,因此,整个系统中的产品由于通信协议不同而无法直接与主控单元进行通信,这严重防碍了用户的选择。对用户而言,如果在一个智能化配电系统中,每一种智能化产品均选择其专用的通信卡或通信控制器,该智能化系统将变得支离破碎,组态性和灵活性均较差,而且在系统进行改造或升级时,将要花费用户更多的时间和费用。因此,多现场总线技术在一个自动化控制系统中的应用已成为一个重要的研究课题。

对于自动化领域来说,应用现场总线有一定的特殊性,同时它又不能完全脱离上层现场总线。对于自动化控制系统的现场总线网络,特别是过程自动化系统,将不得不面对多种现场总线技术并存的情况。

自动化控制系统中的现场总线网络是个多层次的网络,IEC62026 本身就包含各种现场总线。IEC62026 明确表示了高层的工业通信网络由 IEC/SC65C 考虑,现场总线控制系统的一个重要的发展方向是多层次的网络结构:向下连接低层次的现场总线,向上连接智能化控制系统现场总线网络。而智能设备需要非常灵活地与各种总线、控制对象等配合控制和交换信息,从而实现各种总线相互间的转换,这也是解决现场总线之争的途径之一。

针对在自动化控制系统开发中遇到的实际问题,在工程中的解决方案是做一个统一而简单的子网:一个简单的子网可能解决自动化控制系统的大部分控制问题,各智能化设备的各种现场总线接口的配合可以通过相应的协议芯片来解决,统一的子网可能使整个行业的开发成本最低,开发速度最快。为此提出了通用型现场总线协议控制器这种全面的解决方案，通过硬件和软件的方法共同对现场总线协议进行处理，解决智能化控制系统中多现场总线的兼容性问题，其目的是为了能将不同现场总线的产品和谐地融入一个系统中，充分发挥不同产品的长处，为那些希望使用不同厂家优质产品的用户提供更大的灵活性。

通用型现场总线协议控制器是现场级的通用通信管理设备，由它把各个现场设备连成网络，并负责现场设备与上位机之间的信息传递。由于其是通用性的，只需通过相应的CPU及接口电路和软件就可以完成多种现场总线协议的转换，从而实现与不同厂家的现场设备进行通信的功能。

1.4.3 FCS对计算机控制系统的影响

传统的计算机控制系统一般采用DCS结构，在DCS中，对现场信号需要进行点对点的连接，并且I/O端子与PLC或自动化仪器仪表被放在控制柜中，而不是放在现场。这就需要大量的信号传输电缆，布线复杂，既费料又费时，信号容易衰减并容易受干扰，而且不便维护。DCS一般由操作员站、控制站等组成，结构复杂，成本高。而且DCS不是开放系统，互操作性差，难以实现数据共享。而基于PC的FCS则完全克服了这些缺点。

(1) FCS借助于现场总线技术，所有的I/O模块均放在工业现场，而且所有的信号通过分布式智能I/O模块在现场被转换成标准数字信号，只需一根电缆就可把所有的现场子站连接起来，进而把现场信号非常简捷地传送到控制室监控设备上，降低了成本，又便于安装和维护，同时数字化的数据传输使系统具有很高的传输速度和很强的抗干扰能力。

(2) FCS具有开放性。在FCS中，软件和硬件都遵从同样的标准，互换性好，更新换代容易。程序设计采用IEC11314五种国际标准编程语言，编程和开发工具是完全开放的，同时还可以利用PC丰富的软硬件资源。FCS的基本结构为工控机或商用PC、现场总线主站接口卡、现场总线输入输出模块、PLC或NC/CNC实时多任务控制软件包、组态软件和应用软件。上位机的主要功能包括系统组态、数据报表组态、历史库组态、图形组态、控制算法组态、数据报表组态、实时数据显示、历史数据显示、图形显示、参数列表、数据打印输出、数据输入及参数修改、控制运算调节、报警处理、故障处理、通信控制和人机接口等各个方面，并真正实现控制集中、危险分散、数据共享、完全开放的控制要求。

(3) 系统的效率高。在FCS中，一台PC可同时完成原来要用两台设备才能完成的PLC和NC/CNC任务。在多任务的Windows NT操作系统下，PC中的软PLC可以同时执行十几个PLC任务，既提高了效率，又降低了成本。且PC上的PLC具有在线调试和仿真功能，极大地改善了编程环境。

FCS的技术关键是智能仪表技术和现场总线技术。智能仪表不仅具有精度高、可自诊断等优点，而且具有控制功能，必将取代传统的4～20mA模拟仪表。连接现场智能仪表的现场总线是一种开放式的、数字化的、多接点的双向传输串行数据通路，它是计算机技术、自动控制技术和通信技术相结合的产物。结合PC丰富的软硬件资源，既克服了传统控制系统的缺点，又极大地提高了控制系统的灵活性和效率，形成了一种全新的控制系统，开创了自动控制的新纪元，成为自动控制系统发展的必然趋势。

但从用户角度来看，目前要面对众多的现场总线标准，从标准发展历史的角度看，谁的技术将成为国际标准，或在国际标准中占有较大份额，主要取决于它在实际应用中取得的成果有多大，取决于该项技术及产品在国际市场上的占有份额。也就是说，谁能占有市场谁将得天下。此外,国际标准化组织根据科学技术飞速发展的现状及厂商用户对标准制定的要求,对标准的制定及批准手续做出相应的改变,即简化了标准的制定程序和手续,并承认存在事实上的标准,即那些在市场中已占有较大份额、具有很大的用户成功应用经验的技术标准,如我们熟知的 TCP/IP 通信协议标准。

在 FCS 设计中,用户应从实际应用工程的特点出发,选择在本行业中具有较好运行业绩的总线,因为没有总可包罗万象、适合所有应用领域的现场总线技术。应重点考虑这种总线在本行业的应用业绩,如制造业自动化、电力自动化及过程自动化三个领域,在数据实时响应要求方面就大不一样。可重点考虑以下几项指标。

① 通信速率。系统对数据实时响应的要求。

② 通信距离。网络覆盖的地域大小。

③ 抗干扰能力与容错能力等。

在产品的选择上,用户应尽量选择国际知名度大、拥有用户多、产品应用基础好的公司产品,因为这些公司的现场总线技术被国际标准采纳的可能性大。即使没有被国际标准所采纳,大公司为考虑信誉,会提出原有技术与国际标准的接口。

1.5 现场总线技术的发展趋势

目前的现场总线产品主要是低速总线产品。应用于运行速率较低的领域,对网络的性能要求不是很高。从应用的状况来看,无论哪种现场总线技术,通信速率都相对较慢。因此,在有速率要求的控制领域,谁都很难统一整个世界市场。而现场总线的关键技术之一是互操作性,实现现场总线技术的统一是所有用户的愿望。今后现场总线技术如何发展、如何统一,是所有用户和厂商十分关注的问题。

高速现场总线网络主要应用于控制网内的互联,连接控制计算机、PLC 等智能程度较高、处理速度较快的设备,以及实现低速现场总线网桥间的连接,它是充分实现系统的全分散控制结构所必须的。目前这一领域还比较薄弱。

面对国际上各种流派的现场总线及标准,为深入研究国外先进的现场总线技术,推动我国现场总线技术和产品的研究开发,形成符合我国国情的和现实的标准体系,保护我国生产企业和用户的投资效益,我国仪表标准化行业的主管单位——仪器仪表综合技术经济研究所遵循标准化工作程序,已于 1998 年 7 月 22 日在北京中国科技会堂举办了"现场总线的标准化与中国自动化技术发展"研讨会。会议邀请了 PROFIBUS、FF、WorldFIP、P-NET 国际组织专家代表,介绍了国际流行现场总线技术及标准化情况。研讨会上中外专家就现场总线国际标准化的发展展开了热列讨论,并提出以下见解与意见。

(1) 期望 IEC(国际电工委员会)能尽早按预期目标完成统一标准的制定。

(2) 按目前进度估计,近年内 IEC 很难完成预期目标。

(3) 目前 IEC 提出的建议方案只限于过程自动化,难以满足其他应用领域要求,不可能成为唯一标准,很可能形成多种标准体系共存的局面。

(4) 在统一标准框架下做多种通信协议接口,可能是统一标准的一种适宜的解决方案。

对我国发展现场总线技术政策,专家和代表们认为,结合我国国情,一方面应积极跟踪 IEC 国际标准化的发展,开展我国的技术研究和产品开发;另一方面,在统一的 IEC 标准未形成之前,积极开展对其他先进现场总线技术的研究,特别是对已有成熟应用经验、应用领域覆盖面大的现场总线技术的跟踪研究,国内现场总线的发展趋势如下。

(1) 多种现场总线在国内展开激烈竞争,竞争的重点是应用工程。

(2) 国内自己开发的现场总线产品开始投入市场。

(3) 国内各行业的现场总线应用工程迅速发展。

现场总线技术已传入中国多年,前几年主要是了解学习和宣传,然后才开始开发和应用。由于中国市场潜力巨大,各种现场总线的主要支撑企业都看好中国市场,在中国展开了激烈的竞争。从国内标准化的角度讲,我国应该紧跟国际标准化的潮流,加大对 IEC 标准的学习、宣传力度,使更多的人了解国际现场总线发展的趋势。从现场总线产品的开发角度讲,应把有限的资金集中在有限的目标上,不宜搞太多的现场总线。对一家企业来讲,如果已经投资在某种总线上,应坚持做下去,不宜过多地变换目标。从现场总线的应用角度讲,应支持各种现场总线在我国的推广应用。多种总线的竞争,有利于降低产品价格,有利于加快现场总线在我国的推广。

每种现场总线都有自己的适用范围,在其适用范围内,它是最好的,出了这个范围它就不是最好的。同时,现场总线是一种正在发展中的技术,迄今尚未有一种现场总线是完美的。每种现场总线都处在不断完善的过程中,今天存在的问题明天可能就克服了。国内企业要推广现场总线产品,目前的主要困难是以下几种。

(1) 产品尚不成熟。

(2) 扩充和配齐品种规格所需的开发力量(资金和人才)不足。

(3) 市场开发的投入不足。

因此,国内企业应欢迎同行开发市场和推广应用。现场总线的市场打开后,国内企业销售产品会轻松很多。

由于现在尚无全能的现场总线,建议在系统的不同部分选用不同的现场总线,即在系统的每个部分都选用最适合的现场总线。例如,位式现场总线相当便宜,非常适合传递开关量信息,因此当过程控制系统中有较多的开关量时,应该在系统中增加一条位式现场总线。

发展现场总线技术已成为工业自动化领域广为关注的焦点课题,国际上现场总线的研究、开发,使测控系统冲破了长期封闭系统的禁锢,走上开放发展的征程,这对中国现场总线控制系统的发展是个极好的机会,也是一次严峻的挑战。自动化系统的网络化是发展的大趋势,现场总线技术受计算机网络技术的影响是十分深刻的。现在网络技术日新月异,发展十分迅猛,一些具有重大影响的网络新技术必将进一步融合到现场总线技术中,这些具有发展前景的现场总线技术有如下几种。

(1) 智能仪表与网络设备开发的软硬件技术。

(2) 组态技术,包括网络拓扑结构、网络设备、网段互联等。

(3) 网络管理技术,包括网络管理软件、网络数据操作与传输。

(4) 人机接口、软件技术。

(5) 现场总线系统集成技术。

现场总线属于尚在发展之中的技术,我国在这一技术领域还刚刚起步。了解国际上该项技术的现状与发展动向,对我国相关行业的发展,对自动化技术、设备的更新,无疑具有重要的作用。总体来说，自动化系统与设备将朝着现场总线体系结构的方向前进，这一发展趋势是肯定的。既然是总线，就要向着趋于开放统一的方向发展，成为大家都遵守的标准规范，但这一技术所涉及的应用领域十分广泛，几乎覆盖了所有连续、离散工业领域，如过程自动化、制造加工自动化、楼宇自动化、家庭自动化等。领域众多，需求各异，一个现场总线体系下可能不止容纳一个标准。另外，几种现场总线技术均具有自己的特点，已在不同应用领域形成了自己的优势。加上商业利益的驱使，它们都各自在十分激烈的市场竞争中求得发展。有理由认为，在从现在起的未来 10 年内，可能出现几大总线标准共存，在一个现场总线系统内，几种总线标准的设备通过路由网关互联实现信息共享的局面。

现场总线的本质是信息处理现场化，一个控制系统，无论采用 DCS 还是现场总线，系统需要处理的信息量至少是一样多的。实际上，采用现场总线和智能仪表后，可以从现场得到更多的诊断、维护和管理信息。现场总线系统的信息量增加了，而传输信息的线缆却减少了。这就要求一方面要大大提高线缆传输信息的能力，另一方面要让大量信息在现场就地完成处理，减少现场与控制机房之间的信息往返。

如果仅仅把现场总线理解为节约了几根电缆，则根本没有理解到它的实质。信息处理的现场化才是智能化仪表和现场总线所追求的目标，也是现场总线不同于其他计算机通信技术的标志。现在一些带现场总线的现场仪表本身装了许多功能块，虽然不同产品的同种功能块在性能上会稍有差别，但一个网络支路上有许多功能雷同功能块的情况是客观存在的。选用哪一个现场仪表上的功能块，是系统组态要解决的问题。考虑这个问题的原则是：尽量减少总线上的信息往返。一般可以选择与该功能有关的信息输出最多的那台仪表上的功能块。

目前现场总线系统的组态是比较复杂的，需要组态的参数多，各参数之间的关系比较复杂，如果不是对现场总线非常熟悉，很难将系统设置为最佳状态。显然，广大用户对这种状态不满意。现场总线系统的制造商也在努力，以使系统组态逐步“傻瓜”化。现场总线技术的兴起，开辟了工厂底层网络的新天地。它将促进企业网络的快速发展，为企业带来新的效益，因而会得到广泛的应用，并推动自动化相关行业的发展。

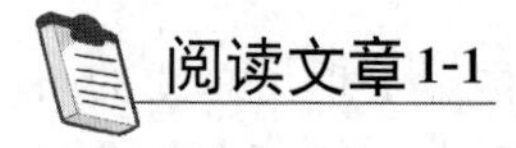

阅读文章 1-1

流程工业现场总线测控仪表产业化项目通过验收[①]

2015 年，国家重大科技成果转化项目——“面向两化融合的流程工业现场总线测控仪表产业化”项目通过了国家主管部门组织的验收。该项目由中国四联集团牵头，联合重庆邮电大学等五家单位共同承担。

“面向两化融合的流程工业现场总线测控仪表产业化”项目以四联集团获得的国家科技进步二等奖“流程工业现场总线核心芯片、互操作技术及集成控制系统开发”的成果转化应用为基础，将国际上先进的、符合 HART 通信协议和 FF 通信协议的现场总线技术移植应用到智能温度仪表、智能调节阀、智能流量仪表、智能压力变送器和智能物位计五大类测控仪表中，实现现有测控仪表的数字化、智能化、网络化升级和应用。同时建立了多条生产流

① 资料来源：http://www.mei.net.cn/yqyb/201504/604061.html

水线并实现了规模化生产。

项目完成产业化生产场地建设1.8万平方米，添置关键生产设备115台/套，累计生产81万台/套、实现销售收入15.7亿元。项目成果广泛应用于石化、冶金、电力等行业，并在1000MW核电工程、4350立方高炉、500万吨炼油工程等国家重大工程项目中推广应用，打破国外技术垄断，替代进口，获得用户好评。该项目的实施对改造传统产业，加快两化融合，促进自动化仪表产业升级，增强重庆工业重大装备的竞争力具有积极而深远的影响。如图1-8所示为面向两化融合的流程工业现场。

图1-8 面向两化融合的流程工业现场

阅读文章1-2

在计算机自动控制系统急速发展的今天，特别是考虑到现场总线已经普遍地渗透到自动控制的各个领域的现实，现场总线必将成为电工自动控制领域主要的发展方向之一。现场总线技术一直是国际上各大公司激烈竞争的领域；并且国外大公司已经在大力拓展中国市场，发展我国的现场总线产品已经刻不容缓。现场总线对自动化技术的影响意义深远。当今可以认为现场总线是提高自动化系统整体水平的基础技术，对国民经济影响重大。因此，要在自动化领域中推广应用和发展现场总线。

现场总线是近年来自动化领域中发展很快的互联通信网络，具有协议简单开放、容错能力强、实时性高、安全性好、成本低、适于频繁交换等特点。目前，国际上各种各样的现场总线有几百种之多，统一的国际标准尚未建立。

自动化控制系统就是通信网络把众多的带有通信接口的控制设备、检测元件、执行器件与主控计算机连接起来，由计算机进行智能化管理，实现集中数据处理、集中监控、集中分析和集中调度的新型生产过程控制系统。

从目前国内外自动化控制系统所应用的现场总线来看，主要有PROFIBUS、MODBUS、LonWorks、FF、HART、CAN等现场总线。以上系统基本上都是采用单一的现场总线技术，即整个自动化控制系统中只采用一种现场总线，整个系统构造比较单一。

现场总线已不仅仅是一个新的技术领域或新的技术问题，在研究它的同时也已改变了我们的观念，如何看待现场总线比研究它的技术细节更为重要。

一项权威报告声称现场总线的应用将使控制系统的成本下降67%。在巨大的商业利益驱动下，产生了一个巨大的市场，并且促进了传统市场的萎缩，从而引发了技术的进步。

这对于各行各业来说都很重要,因为当前正处在新旧市场交替的关口。

现场总线也带来了观念的变化。以往开发新产品时,往往只注意产品本身的性能指标,对于新产品与其他相关产品的关联就考虑得比较少一点。这对于电工行业这样一个比较保守的行业来说,新产品就不那么容易被用户接受。而现场总线产品却恰恰相反,它是一个由用户利益驱动的市场,用户对新产品应用的积极性比生产商更高。然而,现场总线新产品的开发也与传统产品不同,它是从系统构成的技术角度来看问题,注重的是系统整体性能的提高,不强求局部最优,而是整体的配合。这种配合在主控计算机软件运行下能使控制系统应用新的理论来发挥最大的效能。这一点是传统产品很难做到的。现场总线的“负跨越”(指在技术水平提高的同时,掌握和应用这项新技术的难度却降低了)的特性使其推广更加容易。

现场总线作为自动化领域的一次革命,它的意义和产生的效益是非常巨大的。积极开展各种现场总线技术的研究和应用,特别是加强对一些已有成功经验的现场总线在智能化控制系统中的开发与应用,对于电气设备制造厂家来说,可以避免很多弯路并减少资源的浪费,是适合我国国情的一个实用的发展途径。

智能化控制系统采用多现场总线技术,全中文操作界面,具有很高的通用性和灵活性以及较低的成本,使其具有非常高性能价格比,可以使用户方便、灵活地构成一个实用可靠的智能化控制系统,其优良的可扩展性使其能够适应通信技术发展的潮流,满足不同用户的需要。

本章小结

本章主要介绍了现场总线的基本概念,从过程控制的层面分析和概述了工业自动化技术及控制系统的发展历程,对各个阶段的典型控制技术进行了讲解,并且介绍了 DCS 的相关内容,将 FCS 与 DCS 进行比较,指出了 FCS 的优越性。

本章从多个层面阐述了现场总线的实质。现场总线技术的关键是开放、全数字、串行通信。从结构上来讲,现场总线具有基础性、灵活性和分散性等特点;从技术层面来讲,现场总线具有开放性、交互性、自治性和实用性的特点。并对现场总线的基础知识进行简单叙述。现场总线的使用为工业自动化领域带来了革命性的变化,其优点主要体现在节约了硬件数量,节省了安装和维护费用,提高了系统的控制竞速和可靠性,提高了用户的自主选择权。

本章最后叙述了现场总线技术在工业控制领域的位置和作用,并介绍了现场总线技术的应用现状与发展趋势。

综合练习

一、简答题

1. 简述现场总线的概念。
2. 简述现场总线技术的本质。
3. 简述现场总线技术与 DCS 相比较的优越性。

4. 简述现场总线技术的网络拓扑结构。
5. 简述现场总线技术的应用现状。

二、思考题

比较 5 种具有影响力的现场总线技术的特点。

三、观察题

根据所学知识，寻找你身边应用现场总线的例子，并分析其带来了哪些便利。

第2章 现场总线通信基础

内容提要

本章主要介绍现场总线通信系统的组成、现场总线的相关概念,数据通信的基础及通信模型。现场总线控制网络用于完成各种数据采集和自动控制任务,是一种特殊的、开放的计算机网络,是工业企业综合自动化的基础。现场总线通信模型的通信数据信息量较小,因此简化了ISO/OSI参考模型,采用相应的补充方法以实现被删除的OSI各层功能,并设置了用户层。

学习目标

◆ 掌握数据通信及计算机网络的基本知识。

◆ 熟悉ISO/OSI分层通信模型的名称和功能。

◆ 了解数据封装和拆分的过程。

◆ 了解现场总线控制网络的特点和主要任务。

重点内容

◆ 数据传输技术和数据交换技术。

◆ 现场总线通信模型的主要特点。

◆ 现场总线控制网络的任务。

关键术语

传输技术、交换技术、数据封装与拆分、复用技术。

◎引入案例

摩尔斯电码

摩尔斯电码,是美国人萨缪尔·摩尔斯于1844年发明的。一般来说,任何一种能把书面字符用可变长度的信号表示的编码方式都可以称为摩尔斯电码,这种代码可以用一种音调平稳、时断时续的无线电信号来传送,通常被称作连续波(Continuous Wave, CW)。它可以是电报电线里的电子脉冲,也可以是一种机械的或视觉的信号(如闪光)。

国际摩尔斯电码依然被使用着,虽然这几乎完全成为了业余无线电爱好者的专利。因为摩尔斯电码只依靠一个平稳的不变调的无线电信号,所以它的无线电通信设备比起其他方式更简单,并且它能在高噪声、低信号的环境中使用。同时它只需要很窄的频宽,并且还可以帮助两个母语不同、在话务通信时会遇到巨大困难的操作者之间进行沟通。它也是QRP(低功率通信)中最常使用的方式。

在美国,直到1991年,为了获得FCC(美国联邦通信委员会)颁发的允许使用高频波段的业余无线电证书,必须通过摩尔斯电码的发送和接收测试,即每分钟发送/接收5个单词。1999年以前,达到20wpm(wpm即单词/分钟)的熟练水平才能获得最高级别的业余无线电证书(额外类);1999年12月13日,FCC把额外类的这项要求降低到13wpm。

2003年世界无线电通信大会(WRC03,ITU(国际电信联盟)主办的频率分配专门会议,两年一度)做出决定,允许各国在业余无线电执照管理中任选是否对摩尔斯电码进行要求。虽然在美国和加拿大还有书面上的要求,但在其他一些国家正准备彻底去除这个要求。熟练的爱好者和军事报务员常常可以接收(抄报)40wpm以上速度的摩尔斯电码。

2.1　总线的相关概念

2.1.1　基本术语

1. 总线与总线段

总线是多个系统功能部件之间传输信号或信息的公共路径,是遵循同一技术规范的连接与操作方式;使用统一的总线标准,不同设备之间的互连将更容易实现。通过总线相互连接在一起的一组设备称为总线段。总线段之间可以相互连接构成一个网络系统。

2. 总线主设备与总线从设备

总线主设备是指能够在总线上发起信息传输的设备,其具备在总线上主动发起通信的能力。总线从设备是挂接在总线上,不能在总线上主动发起通信,只能对总线信息接收查询的设备。

总线上可以有多个设备,这些设备可以作为主站也可以作为从站;总线上也可以有多个主设备,这些设备都具有主动发起信息的能力,但某一设备不能同时既作为主设备又作为从设备。被总线主设备连接上的从设备通常称为响应者,参与主设备发起数据传送任务。

3. 总线的控制信号

总线上的控制信号通常有3种类型,分别如下。

(1) 控制设备的动作与状态。完成诸如设备清零、初始化、启动和停止等所规定的操作。

(2) 改变总线的操作方式。例如,改变数据流的方向,选择数据字段和字节等。

(3) 表明地址和数据的含义。例如,对于地址,可以用于指定某一地址空间或表示出现了广播操作;对于数据,可以用于指定它能否转译成辅助地址或命令。

4. 总线协议

总线协议是管理主、从设备工作的一套规则,是事先规定的,共同遵循的条约。

2.1.2　总线操作的基本内容

1. 总线操作

一次总线操作是指总线上主设备与从设备之间完成建立连接、数据传送、接收到脱开这一操作过程。脱开是指完成数据传输以后,断开主设备与从设备之间的连接。主设备可以在执行完一次或多次总线操作后放弃总线占有权。

2. 通信请求

通信请求是由总线上某一设备向另一设备发出的传输数据或完成某种动作的请求信

号，要求后者给予响应并进行某种服务。

总线的协议不同，通信请求的方式也就不同。最简单的方法是，要求通信的设备发出服务请求信号，相应的通信处理器检测到服务请求信号时就查询各个从设备，识别出是哪个从设备要求中断并发出应答信号的。该信号依次通过以菊花链方式连接的各个从设备，当请求通信的设备收到该应答信息时，就把自己的标识码放在总线上，同时该信号不再往后传递，这样通信处理设备就知道哪个设备是服务请求者。这种传送中断信号的工作方式通常不够灵活，不适合总线有多个能进行通信设备的场合。

3. 总线仲裁

系统中可能会出现多台设备同时申请总线使用权的情况，为避免产生总线“冲突”，需要有总线仲裁机构合理地控制和管理系统中需要占用总线的申请者，当多个申请者同时提交使用请求时，以一定的优先算法仲裁哪个申请者应获得对总线的使用权。

总线仲裁用于裁决哪台主设备是下一个占用总线的设备。某一时刻只允许某一主设备占用总线，只有在其完成总线操作、释放总线占用权后，其他总线设备才允许使用总线。总线主设备为获得总线占有权而等待仲裁的时间叫作访问等待时间。主设备占有总线的时间叫作总线占用期。

总线仲裁操作和数据传送操作是完全分开并行工作的，因此总线占有权的交接不会耽误总线操作。

4. 寻址

寻址是主设备与从设备建立联系的一种操作，通常有物理寻址、逻辑寻址及广播寻址 3 种方式。

物理寻址用于选择某一总线段上某一特定位置的从设备作为响应者。由于大多数从设备都包含有多个寄存器，因此物理寻址常常有辅助寻址，以选择响应者的特定寄存器或某一功能。

逻辑寻址用于指定存储单元的某一通用区，而不顾及这些存储单元在设备中的物理分布。某一设备监测到总线上的地址信号，看其是否与分配给它的逻辑地址相符，如果相符，它就成为响应者。

物理寻址与逻辑寻址的区别在于前者是选择与位置相关的设备，后者是选择与位置无关的设备。

广播寻址用于选择多个响应者。主设备把地址信息放在总线上，从设备将总线上的地址信息与其内部的有效地址进行比较，如果相符，则该从设备被“连上”。能使多个从设备连上的地址称为广播地址。为了确保主设备所选的全部从设备都能响应，系统需要有适应这种操作的定时机构。

每种寻址方式各有其特点和适用范围。逻辑地址一般用于系统总线，物理地址和广播寻址多用于现场总线。有的系统总线包含上述两种，甚至 3 种寻址方式。

5. 数据传送

如果主设备与响应者连接上，就可以进行数据的读/写操作。读/写操作需要在主设备和响应者之间传递数据。“读”数据操作是读取来自响应者的数据；“写”数据操作是向响应者发送数据。为了提高数据传送的速度，总线系统可以采用块传送方式。

6. 出错检测及容错

当总线传送信息时，有时会因传导干扰、辐射干扰等而出现信息错误，使得1变成0，0变成1，影响到现场总线的性能，甚至使现场总线不能正常工作。除了在系统的设计、安装、调试时采取必要的抗干扰措施以外，高性能的总线中一般还设有出错码产生和校验机构，以实现传送过程的出错检测。例如，当传送数据时发生错误时，通常是再发送一次信息。也有一些总线上可以保证很低的出错率而不设检错机构。

为减小设备在总线上传送信息出错时故障对系统的影响，提供系统的重置能力是十分必要的。例如，故障对分布式仲裁的影响要比菊花式仲裁小，菊花式仲裁在设备发生故障时会直接影响其后面设备的工作。现场总线系统能支持其软件利用一些新技术降低故障影响，如自动把故障隔离开来、实现动态重新分配地址、关闭或更换故障单元等。

7. 总线定时

主设备获得总线控制权以后，就进入总线操作，即进行主设备和响应者之间的信息交换，这种信息可以是地址，也可以是数据。定时信号用于指明总线上的数据和地址何时有效。大多数总线标准都规定主设备可发起"控制"信号，指定操作的类型和从设备状态响应信号。

2.2　通信系统的组成

通信的目的是传送消息。实现消息传递所需的一切设备和传输媒质的总和称为通信系统，它一般由信源、发送设备、信道、接收设备及信宿5部分组成，如图2-1所示。

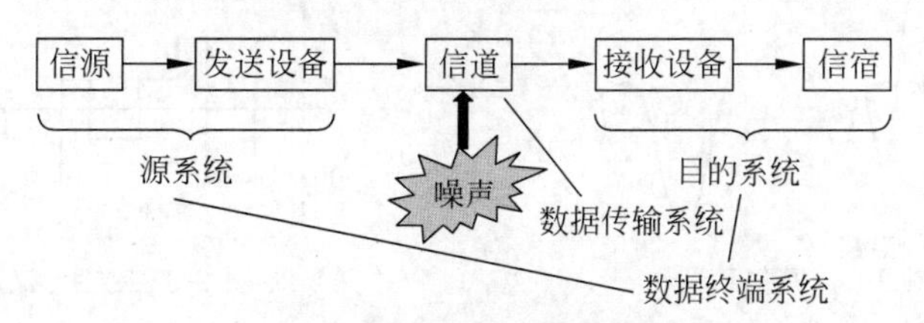

图2-1　通信系统的组成

信源是产生消息的来源，其作用是把各种消息转换成原始电信号；信息接收者是信息的使用者，其作用是将复原的原始信号转换成相应的消息。

发送设备的基本功能是将信源产生的消息信号变换成适合在信道中传输的信号，使信源和信道匹配起来，发送设备的变换方式是多种多样的，对数字通信系统而言，发送设备常常包括编码器与调制器。

接收设备的基本功能是完成发送设备的反变换，即对信息进行解调、译码和解码等，它的任务是从带有干扰的接收信号中正确恢复出相应的原始基带信号，对于多路复用信号而言，还包括解除多路复用，实现正确分路。

信道是传输介质，指发送设备到接收设备之间信号传递所经的介质。它可以是电磁波、红外线等无线传输介质，也可以是双绞线、电缆和光缆等有线传输介质。

噪声是指干扰源，是通信系统中各种设备以及信道中所固有的，且人们所不希望的。干扰的来源是多样的，可分为内部干扰和外部干扰。外部干扰往往是从传输介质引入的。在进行系统分析时，为了方便，通常把各种干扰源的几种表现统一考虑加入传输介质中。

2.3 数据通信基础

2.3.1 数据通信的基本概念

数据通信是指依据通信协议，利用数据传输技术在两个功能单元之间传递数据信息的技术，它可以实现计算机与计算机、计算机与终端、终端与终端之间的数据信息传递。

1. 数据、信息与信号

数据(Data)是对客观事实进行描述和记载的物理符号，是传递(携带)信息的载体。数据可以是数字、文字、声音、图形、图像等形式。

单独的数据并没有实际含义，但如果把数据按照一定规则、形式组织起来，就可以传达某种含义，这种具有某种含义的数据的集合是信息(Information)，即信息可表达数据本身所具有的含义和解释。

信号(Signal)是数据的电磁或电气的表现(通常为电磁编码)，数据以信号的形式在介质中传播。信号分为模拟信号和数字信号。模拟信号是指时间连续，幅值可连续取值的信号。如语音、温度、压力、流量和液位传感器的输出信号。数字信号指幅度的取值被限制在有限个离散数值之内的信号。二进制码就是一种数字信号，计算机数据、数字电话和数字电视等都是数字信号。模拟信号如图 2-2 所示，数字信号如图 2-3 所示。

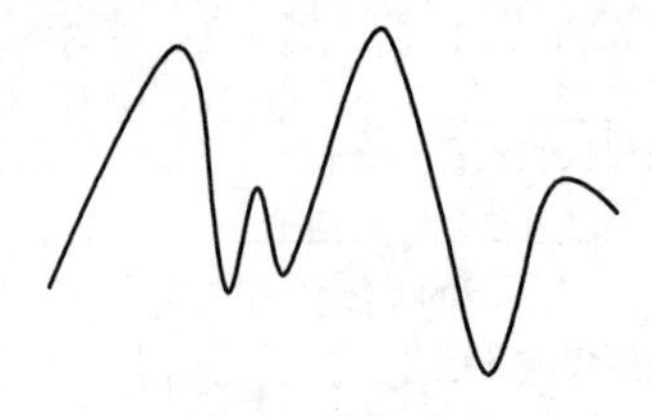

图 2-2　模拟信号

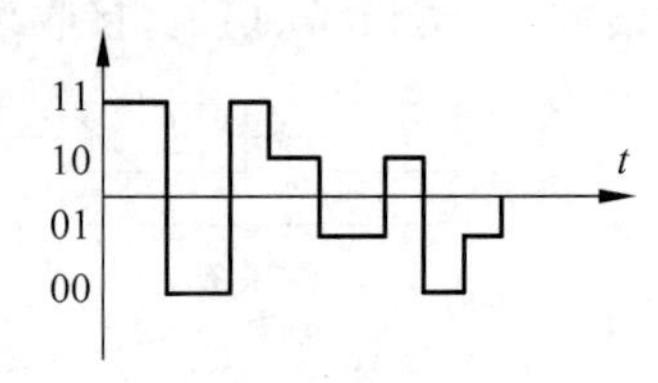

图 2-3　数字信号

还有一种在通信系统中常见的信号，即基带信号。基带信号是指信源(信息源)发出的没有经过调制(进行频谱搬移和变换)的原始电信号。其特点是频率较低，信号频谱从零频附近开始，具有低通形式，这样的频带称为基带。根据原始电信号的特征，基带信号可分为数字基带信号和模拟基带信号。

计算机产生的数字信号，频谱范围从 0Hz 起可高到数兆赫兹。这个频带叫基本频带(Base Band)，计算机产生的这种数字信号即基带信号。

2. 码元与比特

码元(Code Cell)：信号传输时，一个波形称为一个码元(信号编码单元)。

比特：二进制数的一位。

图 2-4 所示为码元与比特的示例。

3. 数据传输率

数据传输率是衡量通信系统有效性的指标之一，其含义为单位时间内传送的数据量，常

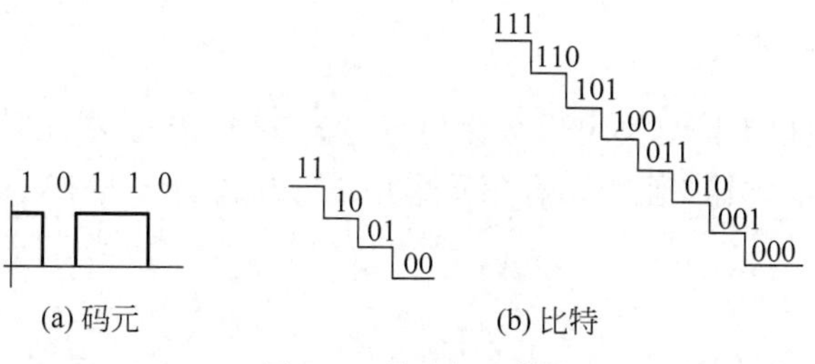

图 2-4　码元与比特

用比特率 S 和波特率 B 表示。

比特率 S 是数字信号的传输速率，表示单位时间内(1s)所传送的二进制代码的有效位(bit)数，用每秒比特数(b/s)、每秒千比特数(kb/s)或每秒兆比特数(Mb/s)等单位表示。

波特率 B 是一种调制速率，指数据信号对载波的调制速率，用单位时间内载波调制状态改变次数来表示，单位为波特(Baud)。或者说，数据传输过程中线路上每秒钟传送的波形个数就是波特率 $B=1/T$(Baud)(T 为单位时间内传送的码元符号的数量)。

比特率 S 和波特率 B 的关系如下：

$$S = B \times \log_2 N \tag{2-1}$$

式中，N 为一个载波调制信号表示的有效状态数；如二相调制，单个调制状态对应一个二进制位，表示 0 或 1 两种状态；四相调制，单个调制状态对应两个二进制位，有 4 种状态；八相调制，对应 3 个二进制位，依次类推。

例如，单位比特信号的传输速率为 9600b/s，则其波特率为 9600Baud，它意味着每秒钟可传输 9600 个二进制脉冲；如果信号由两个二进制位组成，当传输速率为 9600b/s 时，则其波特率为 4800Baud。

4. 带宽

带宽即物理信道频带宽度，即信道允许传送信号的最高频率和最低频率之差，单位为 Hz。在计算机网络中，带宽可以理解为数据传输率，单位为 b/s。图 2-5 所示的带宽为 $BW=f_H-f_L$。

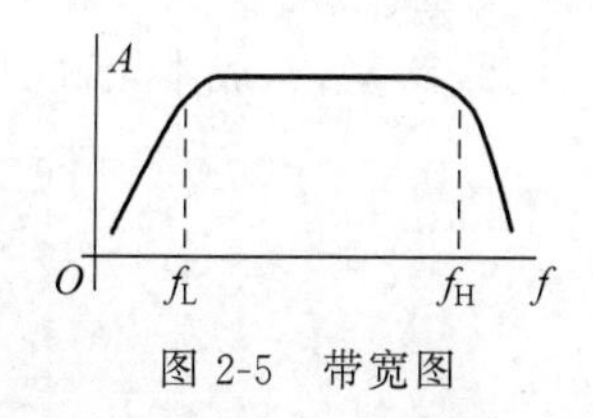

图 2-5　带宽图

5. 误码率

误码率是衡量通信系统线路质量的一个重要参数。误码率越低，通信系统的可靠性就越高。二进制符号在传输系统中被传错的概率叫误码率，近似等于被传错的二进制符号数与所传二进制符号总数的比值。

在计算机网络通信系统中，误码率要求低于 10^{-6}，即平均每传输 1Mb/s 才允许错 1b/s 或更低。

6. 信道容量

信道是以传输介质为基础的信号通路，是传输数据的物理基础。信道容量是指传输介质能传输信息的最大能力，以传输介质每秒能传送的信息比特数为单位，常记为 b/s，它的大小由传输介质的带宽、可使用的时间、传输速率及传输介质质量等因素决定。

2.3.2 数据传输技术

数据传输方式根据不同分类可以分为串行传输、并行传输、单工传输、双工传输、半双工传输、同步传输与异步传输，通过传输介质采用 RS-232C、RS-422A、RS-485 等通信接口标准进行信息交换。

1. 传输方式

1）串行传输和并行传输

串行传输：串行通信时，数据的各个不同位分时使用同一条传输线，从低位开始一位接一位按顺序传送，数据有多少位就需要传送多少次，如图 2-6 所示。串行通信多用于可编程序控制器与计算机之间，以及多台可编程序控制器之间的数据传送。虽然串行通信的传输速度较慢，但传输线少，连线简单，特别适合多位数据的长距离通信。

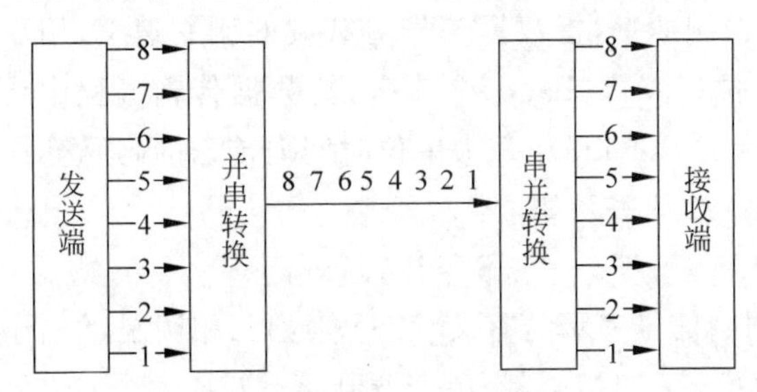

图 2-6 串行传输示意图

并行传输：并行通信时，一个数据的所有位被同时传送，因此每个数据位都需要一条单独的传输线，信息由多少个二进制位组成就需要多少条传输线，如图 2-7 所示。并行通信方式一般用于在可编程序控制器内部各元件之间、主机与扩展模块或近距离智能模块之间的数据处理。虽然并行传输数据的速度很快，传输效率高，但当数据位数较多、传输距离较远时，则线路复杂，成本较高且干扰大，不适合远距离传送。

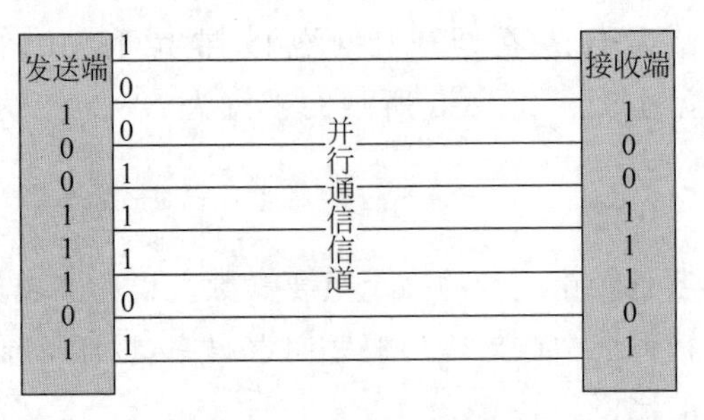

图 2-7 并行传输示意图

知识扩展 2-1

串行传输与并行传输的区别

通常情况下，并行传输用于短距离、高速率的通信。串行传输用于长距离、低速率的通信。

并行通信传输中有多个数据位同时在两台设备之间传输。串行数据传输时，数据是一位一位地在通信线上传输的。

并行方式主要用于近距离通信，计算机内的总线结构就是并行通信，串行数据传输的速度要比并行传输慢得多，但对于覆盖面极其广阔的公用电话系统来说，具有更大的现实意义。

2）异步传输和同步传输

串行通信按时钟可分为异步传输和同步传输两种方式。

异步传输：在异步传输中，信息以字符为单位进行传输，每个信息字符都有自己的起始位和停止位，每个字符中的各个位是同步的，相邻两个字符传送数据之间的停顿时间长短是不确定的，它是靠发送信息时发出字符的开始和结束标志信号来实现的，串行异步传输数据格式如图2-8所示。

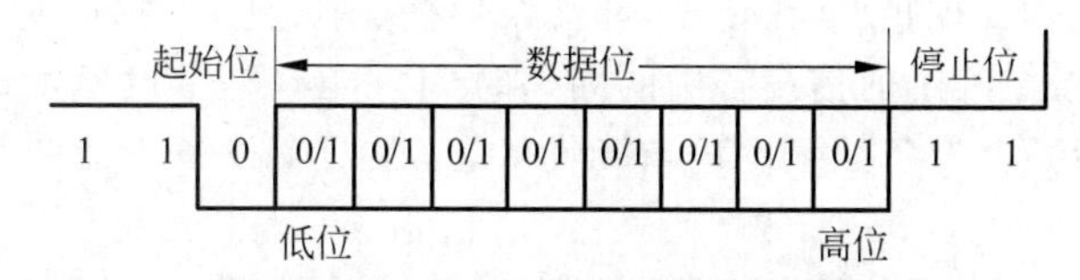

图2-8　串行异步传输数据格式

同步传输：同步通信的数据传输是以数据块为单位的，字符与字符之间、字符内部的位与位之间都同步；每次传送1～2个同步字符、若干个数据字节和校验字符；同步字符起联络作用，用它来通知接收方开始接收数据。在同步通信中，发送方和接收方要保持完全的同步，即发送方和接收方使用同一时钟频率。

由于同步通信方式不需要在每个数据字符中加起始位、校验位和停止位，只需要在数据块之前加一两个同步字符，所以传输效率高，但对硬件要求也相应提高，主要用于高速通信。采用异步通信方式传输数据，每传送一个字节都要加入起始位、校验位和停止位，传送速率低，主要用于中、低速数据通信。

知识扩展 2-2

异步传输与同步传输的区别

（1）异步传输是面向字符的传输，而同步传输是面向比特的传输。

（2）异步传输的单位是字符而同步传输的单位是帧。

（3）异步传输通过字符起止的开始和停止码抓住再同步的机会，而同步传输则是从数据中抽取同步信息。

（4）异步传输对时序的要求较低，同步传输往往通过特定的时钟线路协调时序。

（5）异步传输相对于同步传输效率较低。

更形象的描述如下。

异步传输：你传输吧，我去做我的事了，传输完了告诉我一声。

同步传输：你现在传输，我要亲眼看你传输完成，才去做别的事。

3）单工传输、半双工传输、全双工传输

串行通信按信息在设备间的传送方向可分为单工、半双工和全双工 3 种方式，如图 2-9 所示。

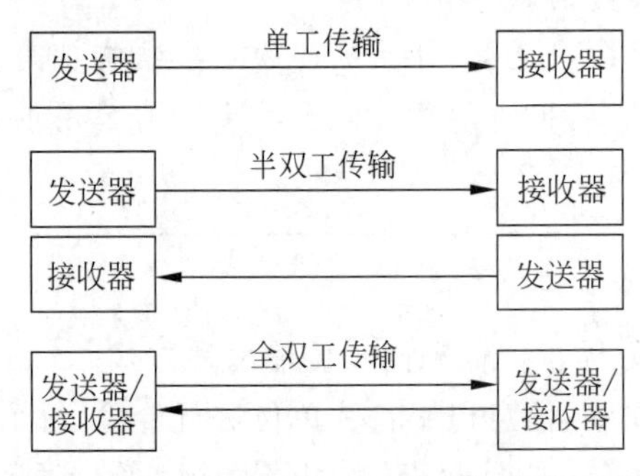

图 2-9　单工、半双工、全双工传输方式示意

单工传输是指信息始终保持一个固定的方向进行传送，而不能进行反方向传送，即线路上的任一时刻总是单方向的数据在传送，如无线广播、有线电广播、电视等。

半双工传输是指在两个通信设备中的同一时刻只能有一个设备发送数据，另一个设备接收数据，没有限制哪个设备处于发送或接收状态，但两个设备不能同时发送或接收信息，如无线电对讲机等。

全双工传输是指两个通信设备可以同时发送和接收信息，线路上的任一时刻可以有两个方向的数据在流动，如电话、计算机网络中的数据通信等。

2. 接口标准

1）RS-232C 通信接口

串行通信时要求通信双方都采用标准接口，以便将不同的设备方便地连接起来进行通信。RS-232C 接口（又称为 EIA RS-232C）是目前计算机与计算机、计算机与 PLC 通信中常用的一种串行通信接口。

知识扩展 2-3

基带/频带/宽带传输

1. 基带传输

基带传输是在信道上直接用基带信号传送数据的。

基带传输又叫数字传输，是指把要传输的数据转换为数字信号，使用固定的频率在信道上传输。如计算机网络中的信号就是基带传输的。

2. 频带传输

频带传输是将数字信号调制成模拟信号后再发送和传输的方式。可以实现多路复用。

频带传输又叫模拟传输，是指信号在电话线等这样的普通线路上，以正弦波形式进行传播。电话、模拟电视信号等都属于频带传输。

3. 宽带传输

将信道划分成多个相互独立的子信道，分别用这些子信道来传输多路信号的传输方式叫宽带传输。多用于广域网接入，如 ADSL。

RS-232C 标准（协议）的全称是 EIA-RS-232C 标准，其中 EIA（Electronic Industry Association）代表美国电子工业协会，RS（Recommeded Standard）代表推荐标准，232 是标识号，C 代表该标准的更新版本，在这之前，有 RS232-B、RS232-A。它规定用于连接电缆和机械、电气特性、信号功能及传送过程。常用物理标准还有 EIA-RS-232-C、EIA-RS-422-A、EIA-RS-423A、EIA-RS-485。例如，目前在 PC 上的 COM1、COM2 接口就是 RS-232C 接口。它既是一种协议标准，又是一种电气标准，规定通信设备之间信息交换的方式与功能。

典型的 RS-232 及其兼容接口，串口引脚有 9 针和 25 针两类，如图 2-10 所示。而一般的个人计算机中使用的都是 9 针的接口，25 针串口具有 20mA 电流环接口功能，用 9、11、18、25 针来实现。这些接口线有时不会都用，简单的只需 3 条接口线，即发送数据（TXD）、接收数据（RXD）和信号地（GND）。常用的 RS-232C 接口引脚名称、功能及引脚号如表 2-1 所示。

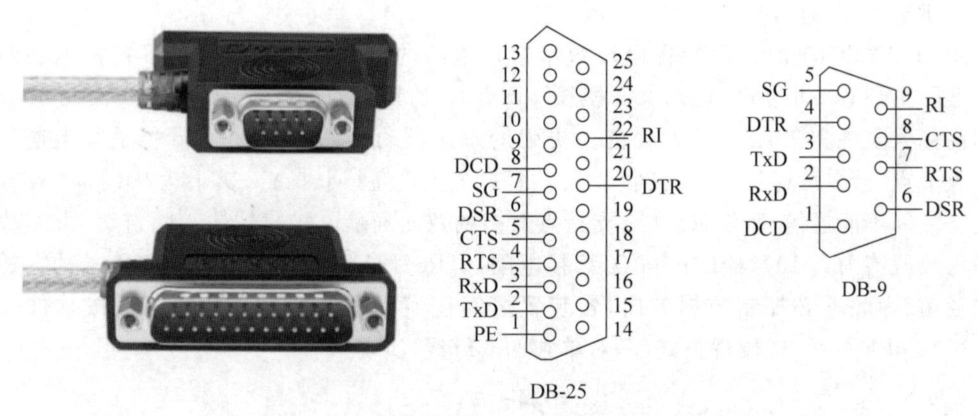

图 2-10　25 针与 9 针连接器实物图与示意图

表 2-1　常用 RS-232C 接口引脚名称、功能及引脚号

引脚（9 针）	引脚（25 针）	编号	信号源	类型	描　　述
1	8	CD	DCE	控制	数据载波检测此引脚，可以由 Modem 控制，当电话接通后，Modem 利用此引脚通知计算机检测到载波，即处于联机状态
2	3	RD	DCE	数据	将远程的串行数据接收进来
3	2	TD	DTE	数据	将计算机中的数据串行发送出去
4	20	DTR	DTE	控制	此引脚由计算机控制，当它为高电位时，表明可以传输数据
5	7	GND			接地端，信号地与保护地信号线
6	6	DSR	DCE	控制	数据设备准备好，此引脚可以由 Modem 控制，当它为高电位时，Modem 将通知计算机准备就绪，即可发送数据了
7	4	RTS	DTE	控制	请求发送，此引脚可以由计算机控制，用来表示 DTE 请求 DCE 发送数据，当它为高电位时，计算机向 Modem 请求发送数据
8	5	CTS	DTE	控制	清除发送，此引脚可以由 Modem 控制，用来表示 DCE 准备好接收 DTE 发来的数据，是对请求发送信号的响应信号
9	22	RJ	DCE	控制	响铃检测，该引脚可以由 Modem 检测到有电话进来，通知计算机是否要接听

EIA-RS-232C 对电气特性、逻辑电平和各种信号线功能都作了明确规定。

在 TXD 和 RXD 引脚上电平的定义：逻辑 1＝－15V～－3V。

在 RTS、CTS、DSR、DTR 和 DCD 等控制线上电平的定义：信号有效＝＋3V～＋15V，信号无效＝－15V～－3V。

以上规定说明了 RS-232C 标准对应逻辑电平的定义。注意，－3V～＋3V 的电压处于模糊区电位，此部分电压将使计算机无法正确判断输出信号的意义，可能得到 0，也可能得到 1，如此得到的结果是不可信的，在通信时体系会出现大量误码，造成通信失败。因此，实际工作时，应保证传输的电平为＋3V～＋15V 或－15V～－3V。

RS-232C 只能进行一对一的通信，其驱动器负载为 3～7kΩ，所以 RS-232C 适合本地设备之间的通信。传输率为 19 200b/s、9600b/s、4800b/s 等几种，最高通信速率为 20kb/s，最大传输距离为 15m，通信速率和传输距离有限。

2）RS-422A 通信接口

RS-422 标准的全称是“平衡电压数字接口电路的电气特性”，它定义了接口电路的特性。实际上还有一根信号地线，共 5 根线。图 2-11 是其 DB9 连接器引脚定义。由于接收器采用高输入阻抗和比 RS-232 驱动能力更强的发送驱动器，故允许在相同传输线上连接多个接收节点，最多可连接 10 个接收节点。即一个主设备（Master），其余为从设备（Salve），从设备之间不能通信，所以 RS-422 支持点对多的双向通信。接收器输入阻抗为 4kΩ，故发端最大负载能力是 10×4kΩ＋100Ω（终接电阻）。RS-422 四线接口由于采用单独的发送和接收通道，因此不必控制数据方向，各装置之间任何必须的信号交换均可以按软件方式（XON/XOFF 握手）或硬件方式（一对单独的双绞线）实现。

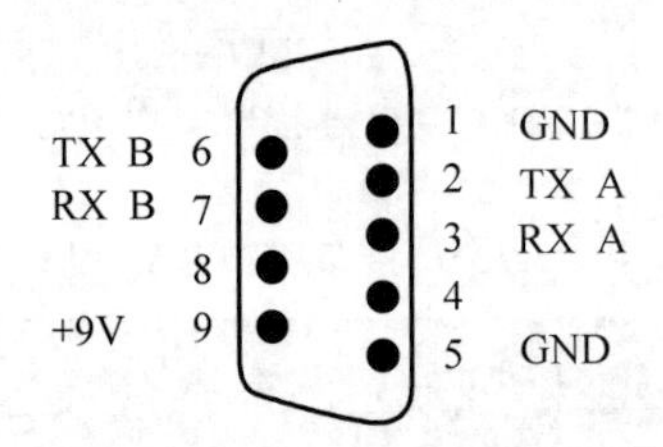

图 2-11　DB9 连接器引脚定义

RS-422 的最大传输距离为 4000 英尺（约 1219m），最大传输速率为 10Mb/s。其平衡双绞线的长度与传输速率成反比，在 100kb/s 速率以下，才可能达到最大传输距离。只有在很短的距离下才能获得最高的传输速率。一般 100m 的双绞线上所能获得的最大传输速率仅为 1Mb/s。

RS-422 需要一个终接电阻，要求其阻值约等于传输电缆的特性阻抗。在短距离传输时可不需要终接电阻，即一般在 300m 以下无需终接电阻。终接电阻接在传输电缆的最远端。

3）RS-485 电气规定

由于 RS-485 是从 RS-422 基础上发展而来的，所以 RS-485 的许多电气规定与 RS-422 相仿。如都采用平衡传输方式、都需要在传输线上接终接电阻等。RS-485 可以采用二线与四线方式，二线制可实现真正的多点双向通信。

而采用四线连接时，与 RS-422 一样只能实现点对多的通信，即只能有一个主（Master）设备，其余为从设备，但它比 RS-422 有改进，无论四线还是二线连接方式，总线上可最多连接 32 个设备。

在电气特性上，RS-485 的逻辑 1 以两线间的电压差＋(2～6)V 表示，逻辑 0 以两线间的电压差－(2～6)V 表示。接口信号电平比 RS-232C 低，不易损坏接口电路的芯片。

RS-485 与 RS-422 一样，其最大传输距离约为 1219m，最大传输速率为 10Mb/s。平衡双绞线的长度与传输速率成反比，在 100kb/s 速率以下才可能使用规定最长的电缆长度。只有在很短的距离下才能获得最高的传输速率。一般 100m 长的双绞线，其最大传输速率仅为 1Mb/s。

RS-485 需要两个终接电阻，要求其阻值等于传输电缆的特性阻抗。在短距离传输时可不需要终接电阻，即一般在 300m 以下无需终接电阻。终接电阻接在传输电缆的两端。

3. 传输介质

传输介质也称为传输媒质或通信介质，是指通信双方用于彼此传输信息的物理通道。通常分为有线传输介质和无线传输介质两大类。有线传输介质使用物理导体提供从一个设备到另一个设备的通信通道；无线传输介质不使用任何的物理连接，而通过空间来广播传输信息。传输介质的分类如图 2-12 所示。在现场总线控制系统中，常用的传输介质为双绞线、同轴电缆和光纤(光缆)等，其外形结构如图 2-13 所示。

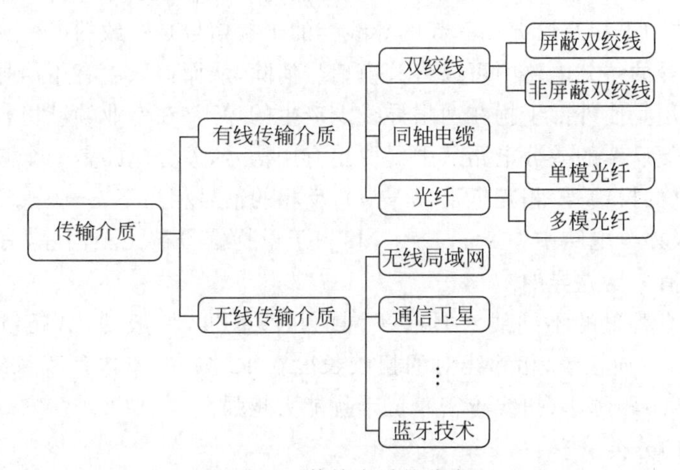

图 2-12　传输介质的分类

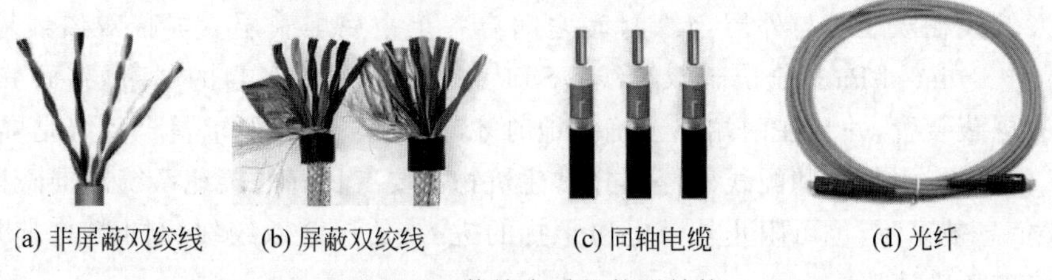

(a) 非屏蔽双绞线　(b) 屏蔽双绞线　(c) 同轴电缆　(d) 光纤

图 2-13　传输介质的外形结构

1) 双绞线

双绞线(Twisted Pair，TP)是一种综合布线工程中最常用的传输介质，是由两根具有绝缘保护层的铜导线组成的。把两根绝缘的铜导线按一定密度互相绞在一起，每根导线在传输中辐射出来的电波会被另一根线上发出的电波抵消，有效降低信号干扰的程度。

双绞线一般由两根22～26号绝缘铜导线相互缠绕而成，双绞线的名字也是由此而来。实际使用时，双绞线是由多对双绞线一起包在一个绝缘电缆套管里的。如果把一对或多对双绞线放在一个绝缘套管中便成了双绞线电缆，但日常生活中一般把双绞线电缆直接称为双绞线。双绞线的结构如图2-14所示。

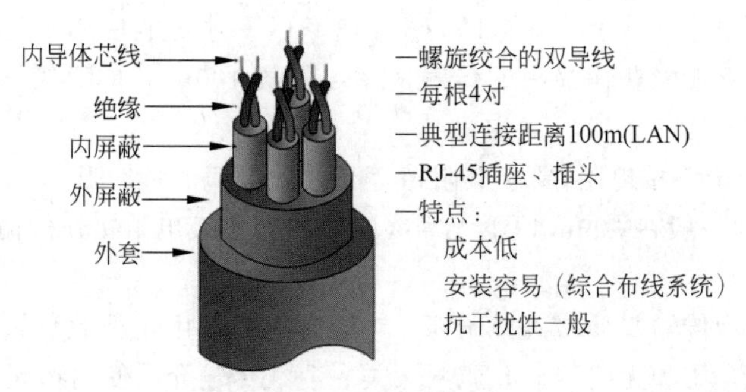

图2-14　双绞线的结构

双绞线是由一对相互绝缘的金属导线绞合而成的。采用这种方式不仅可以抵御一部分来自外界的电磁波干扰，也可以降低多对绞线之间的相互干扰。把两根绝缘的导线互相绞在一起，作用在这两根相互绞缠在一起的导线上的干扰信号是一致的（该干扰信号叫作共模信号），在接收信号的差分电路中可以将共模信号消除，从而提取出有用信号（差模信号）。

双绞线的作用是使外部干扰在两根导线上产生的噪声（在专业领域里，把无用的信号叫作噪声）相同，以便后续的差分电路从中提取出有用信号，差分电路是一个减法电路，两个输入端同相的信号（共模信号）相互抵消（$m-n$），反相的信号相当于$x-(-y)$，得到增强。理论上，在双绞线及差分电路中$m=n$，$x=y$，相当于干扰信号被完全消除，有用信号加倍，但在实际运行中是有一定差异的。

在一个电缆套管里的不同线对具有不同的扭绞长度，一般地说，扭绞长度为38.1～140mm，按逆时针方向扭绞，相邻线对的扭绞长度在12.7mm以内。双绞线一个扭绞周期的长度叫作节距，节距越小（扭线越密），抗干扰能力越强。

（1）双绞线的分类。

根据有无屏蔽层，双绞线分为屏蔽双绞线（Shielded Twisted Pair，STP）与非屏蔽双绞线（Unshielded Twisted Pair，UTP）。

屏蔽双绞线在双绞线与外层绝缘封套之间有一个金属屏蔽层。屏蔽双绞线分为STP和FTP（Foil Twisted-Pair，全屏蔽双绞线），STP指每条线都有各自的屏蔽层，而FTP只在整个电缆有屏蔽装置，并且在两端都正确接地时才起作用。所以要求整个系统是屏蔽器件，包括电缆、信息点、水晶头和配线架等，同时，建筑物需要有良好的接地系统。屏蔽层可减少辐射，防止信息被窃听，也可阻止外部电磁干扰的进入，使屏蔽双绞线比同类的非屏蔽双绞线具有更高的传输速率。

非屏蔽双绞线（Unshielded Twisted Pair，UTP）是一种数据传输线，由四对不同颜色的传输线组成，广泛用于以太网路和电话线中。非屏蔽双绞线电缆具有以下优点。

① 无屏蔽外套，直径小，节省所占用的空间，成本低。

② 重量轻，易弯曲，易安装。

③ 将串扰减至最小或加以消除。

④ 具有阻燃性。

⑤ 具有独立性和灵活性，适用于结构化综合布线。因此，在综合布线系统中，非屏蔽双绞线得到广泛应用。

常见的双绞线有三类线、五类线和超五类线，以及六类线，前者线径细而后者线径粗，具体型号如下。

一类线(CAT1)：线缆的最高频率带宽是750kHz，用于报警系统，或只适用于语音传输(一类标准主要用于20世纪80年代初之前的电话线缆)，不用于数据传输。

二类线(CAT2)：线缆的最高频率带宽是1MHz，用于语音传输和最高传输速率4Mb/s的数据传输，常见于使用4Mb/s规范令牌传递协议的旧的令牌网。

三类线(CAT3)：指在ANSI和EIA/TIA568标准中指定的电缆，该电缆的传输频率为16MHz，最高传输速率为10Mb/s，主要应用于语音、10Mb/s以太网(10BASE-T)和4Mb/s令牌环，最大网段长度为100m，采用RJ形式的连接器，已淡出市场。

四类线(CAT4)：该类线缆的最高频率带宽为20MHz，用于语音传输和最高传输速率为16Mb/s(指的是16Mbit/s令牌环)的数据传输，主要用于基于令牌的局域网和10BASE-T/100BASE-T。最大网段长为100m，采用RJ形式的连接器，未被广泛采用。

五类线(CAT5)：该类线缆增加了绕线密度，外套一种高质量的绝缘材料，电缆的最高频率带宽为100MHz，最高传输率为100Mb/s，用于语音传输和最高传输速率为100Mb/s的数据传输，主要用于100BASE-T和1000BASE-T网络，最大网段长为100m，采用RJ形式的连接器。这是最常用的以太网电缆。在双绞线电缆内，不同线对具有不同的绞距长度。通常，4对双绞线绞距周期在38.1mm长度内，按逆时针方向扭绞，一对线对的扭绞长度在12.7mm以内。

超五类线(CAT5e)：超五类线具有衰减小，串扰少，并且具有更高的衰减与串扰的比值(ACR)和信噪比(SNR)，更小的时延误差，性能得到很大提高。超五类线主要用于千兆位以太网(1000Mb/s)。

六类线(CAT6)：该类电缆的传输频率为1～250MHz，六类线系统在200MHz时综合衰减串扰比(PS-ACR)应该有较大的余量，其带宽是超五类线带宽的两倍。六类线的传输性能远远高于超五类标准，最适用于传输速率高于1Gb/s的应用。六类线与超五类线的一个重要的不同点在于，六类线改善了在串扰以及回波损耗方面的性能，对于新一代全双工的高速网络应用而言，优良的回波损耗性能是极重要的。六类线标准中取消了基本链路模型，布线标准采用星状拓扑结构，要求的布线距离为永久链路的长度不能超过90m，信道长度不能超过100m。

超六类或6A(CAT6A，增强型六类线缆)：此类产品的传输带宽介于六类和七类之间，传输频率为500MHz，传输速度为10Gb/s，标准外径为6mm。和七类产品一样，国家还没有出台正式的检测标准，只是行业中有此类产品，各厂家宣布一个测试值。

七类线(CAT7)：该类线缆的传输频率为600MHz，传输速度为10Gb/s，单线标准外径为8mm，多芯线标准外径为6mm。

类型数字越大，版本越新；技术越先进，带宽也越宽，当然价格也越贵。这些不同类型的双绞线标注方法是这样规定的：如果是标准类型则按CATx方式标注，如常用的五类线和六类线，则在线的外皮上标注为CAT5、CAT6。而如果是改进版，就按xe方式标注，如超五类线就标注为5e(字母是小写,而不是大写)。

无论是哪一种线,衰减都随频率的升高而增大。在设计布线时,要考虑到受到衰减的信号还应当有足够大的振幅,以便在有噪声干扰的条件下能够在接收端正确地被检测出来。双绞线能够传送多高速率(Mb/s)的数据还与数字信号的编码方法有很大的关系。

双绞线既可以传输模拟信号也可以传输数字信号。对于模拟信号,每5~6km需要一个放大器;对于数字信号,每2~3km需要一个中继器。使用时,每条双绞线两端都需要安装RJ-45连接器才能与网卡、集线器或交换机相连接。

虽然双绞线与其他传输介质相比,数据传输速度、传输距离和信道宽度等方面均受到限制,但在一般快速以太网应用中影响不大,而且价格较为低廉,所以目前企业局域网中首选的传输介质为双绞线。

(2) 双绞线连接标准。

在北美,也是在国际上最有影响力的3家综合布线组织有ANSI(American National Standards Institute,美国国家标准化协会)、TIA(Telecommunication Industry Association,通信工业协会)、EIA(Electronic Industries Association,电子工业协会)。由于TIA和ISO(国际标准化组织)两组织经常进行标准制定方面的协调,所以TIA和ISO颁布的标准的差别不是很大。在北美,乃至全球,在双绞线标准中应用最广的是ANSI/EIA/TIA-568A和ANSI/EIA/TIA-568B(实际上应为ANSI/EIA/TIA-568B.1,简称为T568B)。这两个标准最主要的不同就是芯线序列的不同。

EIA/TIA 568A的线序定义依次为绿白、绿、橙白、蓝、蓝白、橙、棕白、棕,其标号如表2-2所示。

表2-2 EIA/TIA 568A的线序表

颜 色	绿白	绿	橙白	蓝	蓝白	橙	棕白	棕
线 序	1	2	3	4	5	6	7	8

EIA/TIA 568B的线序定义依次为橙白、橙、绿白、蓝、蓝白、绿、棕白、棕,其标号如表2-3所示。

表2-3 EIA/TIA 568B的线序表

颜 色	橙白	橙	绿白	蓝	蓝白	绿	棕白	棕
线 序	1	2	3	4	5	6	7	8

根据568A和568B标准,RJ-45连接头(俗称水晶头)各触点在网络连接中,对传输信号来说它们所起的作用分别是:1、2用于发送,3、6用于接收,4、5,7、8是双向线;对与其相连接的双绞线来说,为降低相互的干扰性,标准要求1、2必须是绞缠的一对线,3、6也必须是绞缠的一对线,4、5相互绞缠,7、8相互绞缠。由此可见,实际上568A和568B标准没有本质的区别,只是连接RJ-45时8根双绞线的线序排列不同,在实际的网络工程施工中较多采用568B标准。双绞线的两种连接标准如图2-15所示。

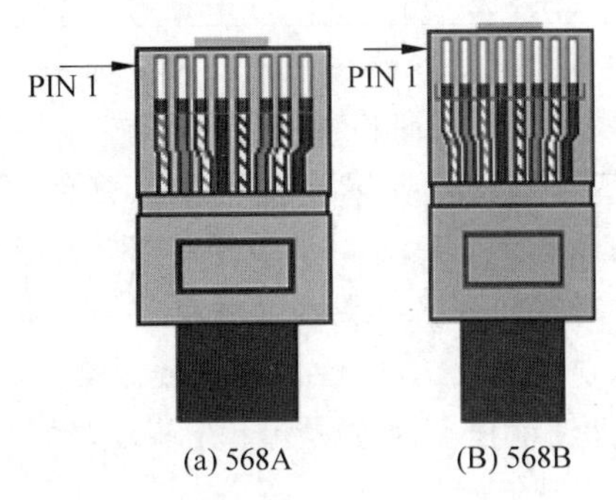

图 2-15　双绞线的两种连接标准

知识链接 2-4

双绞线的制作步骤

下面介绍最基本的直通五类线的制作方法，其他类型网线的制作方法类似，不同的只是跳线方法不一样而已。

步骤 1：用双绞线网线钳（当然也可以用其他剪线工具）把五类双绞线的一端剪齐（最好先剪一段符合布线长度要求的网线），然后把剪齐的一端插入网线钳用于剥线的缺口中，注意网线不能弯，如图 2-16 所示。

图 2-16　网线制作步骤 1

步骤 2：稍微握紧压线钳然后慢慢旋转一圈（无须担心会损坏网线里面芯线的皮，因为剥线的两刀片之间留有一定距离，这一距离通常就是里面 4 对芯线的直径），让刀口划开双绞线的保护胶皮，剥下胶皮，如图 2-17 所示。当然也可使用专门的剥线工具来剥下保护胶皮。注意，剥线长度通常应恰好为水晶头长度，这样可以有效避免剥线过长或过短造成的麻烦。剥线过长则不美观，且因网线不能被水晶头卡住，容易松动；若剥线过短，因有外皮存在，太厚，则不能完全插到水晶头底部，造成水晶头插针不能与网线芯线完好接触。

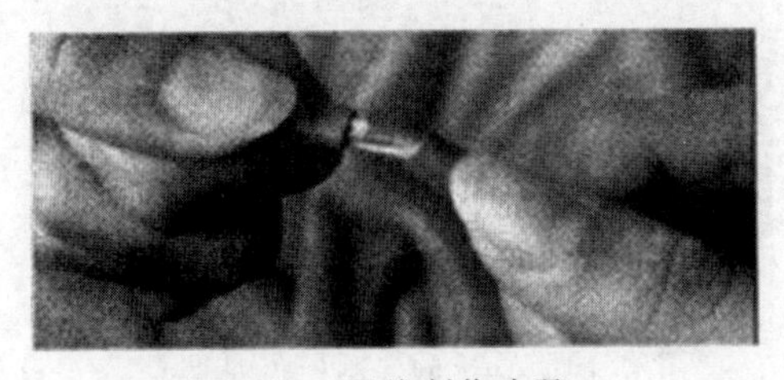

图 2-17　网线制作步骤 2

步骤 3：剥除外皮后即可见到双绞线网线的 4 对 8 条芯线，并且可以看到每对的颜色都不同。每对缠绕的芯线是由一种染有相应颜色的芯线加上一条只染有少许相应颜色的白色相间芯线组成。四条全色芯线的颜色为棕色、橙色、绿色、蓝色。

步骤 4：把每对都是相互缠绕在一起的线缆逐一解开。解开后则根据规则把几组线缆依次排列好并理顺，排列时应该注意尽量避免线路过多的缠绕和重叠。把线缆依次排列并理顺之后，由于线缆之前是相互缠绕着的，因此线缆会有一定的弯曲，应该把线缆尽量扯直并保持线缆平扁。把线缆扯直的方法也十分简单，用双手抓着线缆然后向两个相反的方向用力，并上下扯一下即可。

步骤 5：把线缆依次排列好并理顺压直之后，应该细心检查一遍，然后利用压线钳的剪线刀口把线缆项部裁剪整齐，如图 2-18 所示。

图 2-18 网线制作步骤 5

步骤 6：把整理好的线缆插入水晶头内。需要注意的是，要将水晶头有塑料弹簧片的一面向下，有针脚的一面向上，使有针脚的一端指向远离自己的方向，有方型孔的一端对着自己。此时，最左边的是第 1 脚，最右边的是第 8 脚，其余依次顺序排列。插入时注意要缓缓地用力把 8 条线缆同时沿 RJ45 头内的 8 个线槽插入，一直插到线槽的顶端。注意，裁剪时应该沿水平方向插入，否则线缆长度不一将影响到线缆与水晶头的正常接触。若之前把保护层剥下过多的话，可以将过长的细线剪短，保留去掉外层保护层的部分约为 15mm，这个长度正好能将各细导线插入各自的线槽。如果该段留得过长，一来会由于线缆不再互绞而增加串扰，二来会由于水晶头不能压住护套而可能导致电缆从水晶头中脱出，造成线路的接触不良甚至中断。在最后一步的压线之前，可以从水晶头的顶部检查，看看是否每组线缆都紧紧地顶在水晶头的末端，如图 2-19 所示。

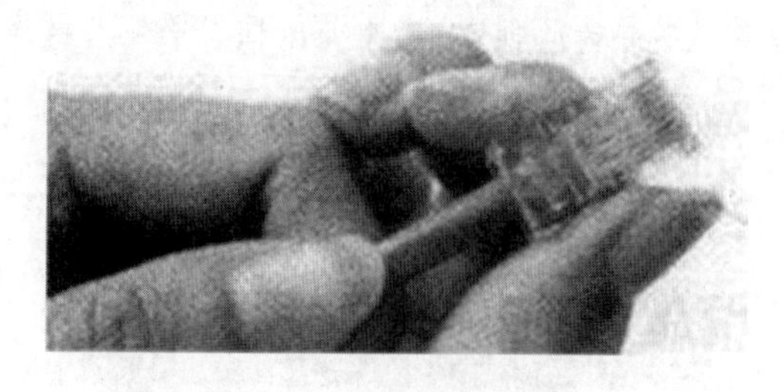

图 2-19 网线制作步骤 6

步骤 7：压线。在压线之前，可以从水晶头的顶部检查，确认每组线缆是否都紧紧地顶在水晶头的末端。确认无误后就可以把水晶头插入压线钳的 8P 槽内压线了，把水晶头插入后，用力握紧线钳，若力气不足，可以使用双手一起压，当水晶头凸出在外面的针脚全部压入水晶头内，施力之后听到一声轻微的“啪”即可，如图 2-20 所示。

图 2-20　网线制作步骤 7

步骤 8：压线之后水晶头凸出在外面的针脚全部压入水晶并头内，而且水晶头下部的塑料扣位也压紧在网线的灰色保护层之上。到此，水晶头就制作完毕了，如图 2-21 所示。

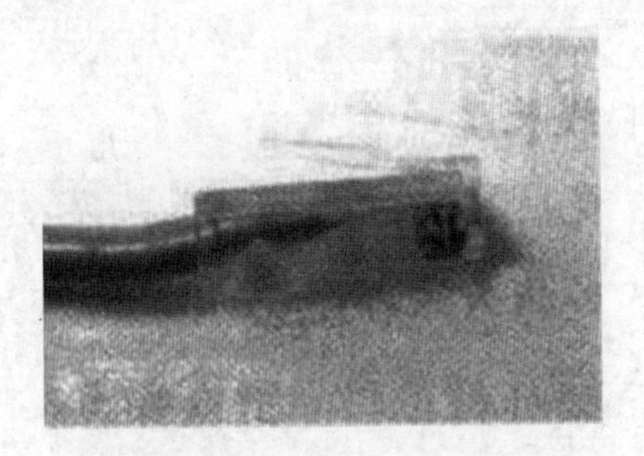

图 2-21　网线制作步骤 8

交叉线和直连线的作用如下。

交叉线：同种接口，如交换机-交换机、PC-PC、HUB-HUB(标准端口)。

直连线：异种接口，如 PC/路由器-交换机/HUB、HUB-HUB(级连端口)。

2) 同轴电缆

同轴电缆的结构分为 4 层，如图 2-22 所示。内导体层是一根铜线，铜线外面包裹着泡

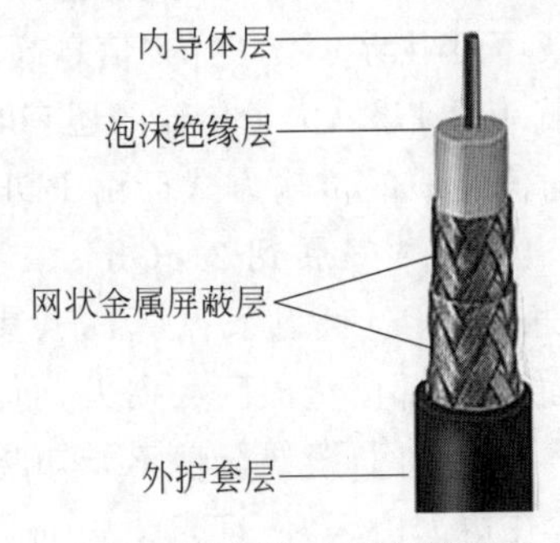

图 2-22　同轴电缆的结构

沫绝缘层，再外面是由金属或者金属箔制成的网状金属屏蔽层，最外面为外护套层，由一个塑料外套将电缆包裹起来。其中铜线用来传输电磁信号；网状金属屏蔽层一方面可以屏蔽噪声，另一方面可以作为信号地；泡沫绝缘层通常由陶制品或塑料制成，它将铜线与网状金属屏蔽层隔开；外护套层可使电缆免遭物理性破坏，通常由柔韧性好的防火塑料制成。这样的电缆结构既可以防止受到自身产生的电干扰的影响，又可以防止外部干扰的影响。

经常使用的同轴电缆有两种：一种是 50Ω 的电缆，用于数字传输，由于多用于基带传输，也叫作基带同轴电缆；另一种是 75Ω 的电缆，多用于模拟信号传输。

常用的同轴电缆连接器是卡销式连接器，将连接器插到插口内，再旋转半圈即可，因此安装十分方便。T 型连接器(细缆的以太网使用)常用于分支的连接。T 型连接器实物如图 2-23 所示。同轴电缆的安装费用低于 STP 和五类 UTP，安装相对简单且不易损坏。

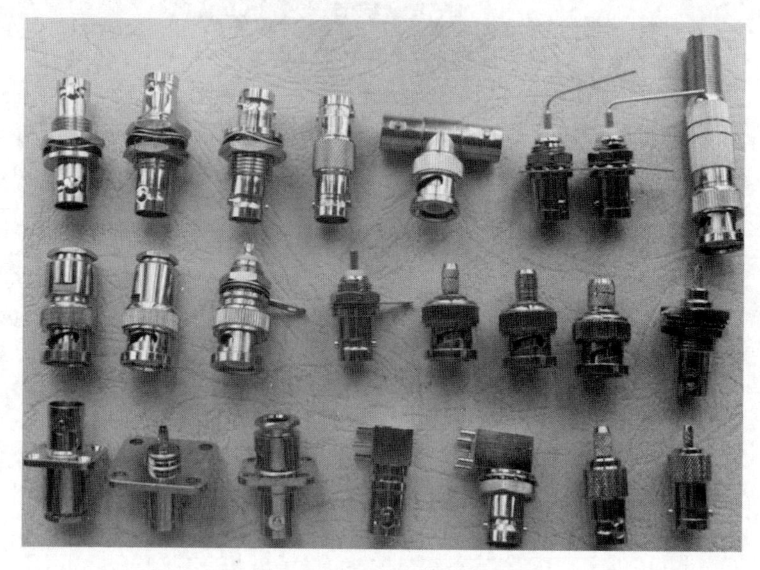

图 2-23　T 型连接器实物

同轴电缆的数据传输速度、传输距离、可支持的节点数、抗干扰性能都优于双绞线，成本也高于双绞线，但低于光纤。

3) 光缆

光纤是光缆的主要构成成分，光缆是当今信息社会各种信息网的主要传输工具。如果把"互联网"称作"信息高速公路"，那么，光缆网就是信息高速路的基石——光缆网是互联网的物理路由。一旦某条光缆因遭受破坏而阻断，该方向的"信息高速公路"即告破坏。通过光缆传输的信息，除了通常的电话、电报、传真以外，大量传输的还有电视信号、银行汇款、股市行情等一刻也不能中断的信息。长途通信光缆的传输方式已由 PDH(光端机)向 SDH(光线通信设备)发展，传输速率已由当初的 140Mb/s 发展到 2.5Gb/s、4×2.5Gb/s、16×2.5Gb/s，甚至更高，也就是说，一对纤芯可开通 3 万条、12 万条、48 万条，甚至向更多话路发展。如此大的传输容量，光缆一旦阻断，不但给电信部门造成巨大损失，而且由于通信不畅，也会给广大群众造成诸多不便，如计算机用户不能上网、股票行情不能知晓、银行汇兑无法进行、异地存取成为泡影、各种信息无法传输。在边远山区，一旦光缆中断，就会使全县甚至光缆沿线几个县在通信上与世隔绝，成为"孤岛"，给党政军机关和人民群众造成的损失是无法估量的。

(1) 光缆的基本结构。

光缆一般由光纤、钢丝、填充物和护套等几部分组成，另外根据需要还有防水层、缓冲层、绝缘金属导线等构件。

(2) 光纤的传输原理——光的全反射。

光从折射率高的介质(纤芯)射到折射率低的介质(玻璃包层)时会产生折射。当入射角≥临界值时产生全反射，不泄露。光的全反射示意如图2-24所示。

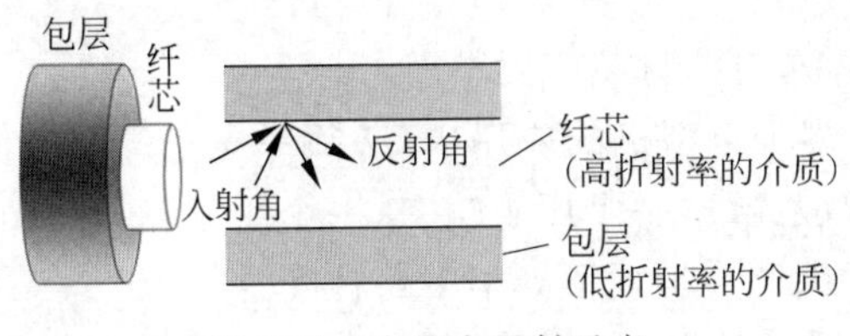

图2-24　光的全反射示意

(3) 光缆的分类。

按照传输性能、距离和用途的不同，光缆可以分为用户光缆、市话光缆、长途光缆和海底光缆。

按照光缆内使用光纤的种类不同，光缆又可以分为单模光缆和多模光缆。

按照光缆内光纤纤芯的多少，光缆又可以分为单芯光缆、双芯光缆。

按照加强件配置方法的不同，光缆可分为中心加强构件光缆、分散加强构件光缆、护层加强构件光缆和综合外护层光缆。

按照传输导体、介质状况的不同，光缆可分为无金属光缆、普通光缆、综合光缆(主要用于铁路专用网络通信线路)。

按照铺设方式不同，光缆可分为管道光缆、直埋光缆、架空光缆和水底光缆。

按照结构方式不同，光缆可分为扁平结构光缆、层绞式光缆、骨架式光缆、铠装光缆和高密度用户光缆。

(4) 光传输系统。

光发送机产生光束，将表示数字代码的电信号转换成光信号，在光纤中传播。如发光二极管、激光。

接收端由光接收机接收光纤上传来的光信号，并将其还原成电信号。如光电二极管。

光纤收发器集成了光发送机和光接收机的功能：既负责光的发送也负责光的接收。光传输系统如图2-25所示。

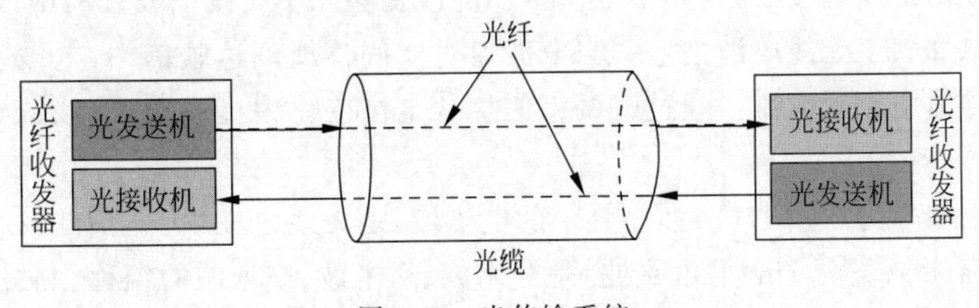

图2-25　光传输系统

(5) 光纤的特点。

① 抗干扰性好。光纤中的信息是以光的形式传播的，由于光不受外界电磁干扰的影响，而且本身也不向外辐射信号，所以光纤具有良好的抗干扰性，适用于长距离的信息传输以及要求高度安全的场合。

② 具有更宽的带宽和更高的传输速率，且传输能力强。

③ 衰减少，无中继时传输距离远。可以减少整个通道中的中继器数量，而同轴电缆和双绞线每隔几千米就需要接一个中继器。

④ 光缆本身费用昂贵，对芯材纯度要求高。

⑤ 在使用光缆互联多个小型机的应用中，必须考虑光纤的单向特性，如果要进行双向通信，那么就应该使用双股光纤，一个用于输入，一个用于输出。由于要求不同频率的光进行多路传输和多路选择，因此又出现了光学多路转换器。

⑥ 光缆连接采用光缆连接器，安装要求严格，如果两根光缆间任意一段芯材未能与另一段光纤或光源对正，就会造成信号失真或反射；而若连接得过分紧密，则会导致光线改变发射角度。光缆连接器实物如图 2-26 所示。

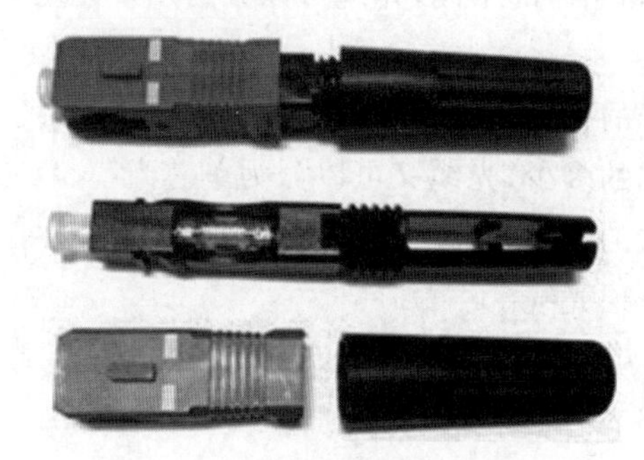

图 2-26 光缆连接器实物

4) 无线传输介质

可以在自由空间利用电磁波发送和接收信号进行的通信就是无线传输。地球上的大气层为大部分无线传输提供了物理通道，就是常说的无线传输介质。无线传输所使用的频段很广，人们现在已经利用了好几个波段进行通信。紫外线和更高的波段目前还不能用于通信。

在计算机网络中，无线传输可以突破有线网的限制，利用空间电磁波实现站点之间的通信，实现移动通信。最常用的无线传输介质有无线电波、微波和红外线。

无线电技术的原理在于，导体中电流强弱的改变会产生无线电波。利用这一现象，通过调制可将信息加载于无线电波之上。当电波通过空间传播到达收信端，电波引起的电磁场变化又会在导体中产生电流。通过解调将信息从电流变化中提取出来，就达到了信息传递的目的。

微波是指频率为 300MHz～300GHz 的电磁波，是无线电波中一个有限频带的简称，即波长为 1mm～1m(不含 1m)的电磁波，是分米波、厘米波、毫米波的统称。微波频率比一般的无线电波频率高，通常也称为“超高频电磁波”。微波通信的示意如图 2-27 所示。

红外线是太阳光线中众多不可见光线中的一种，由德国科学家霍胥尔于 1800 年发现，

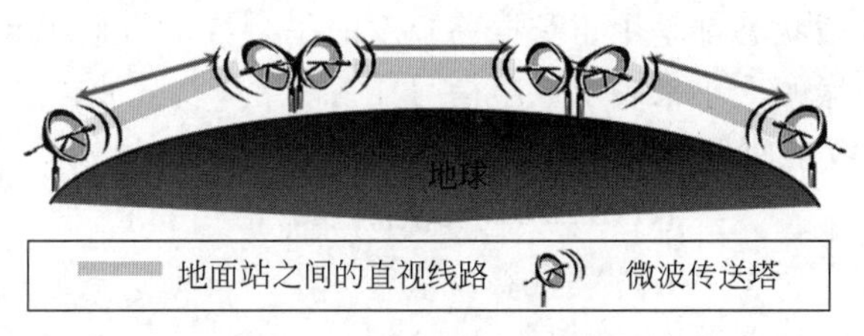

图 2-27　微波通信的示意

又称为红外热辐射。他将太阳光用三棱镜分解开,在各种不同颜色的色带位置上放置了温度计,试图测量各种颜色的光的加热效应。结果发现,位于红光外侧的那支温度计升温最快。因此得到结论:太阳光谱中,红光的外侧必定存在看不见的光线,这就是红外线。也可以当作传输介质。太阳光谱上红外线的波长大于可见光线,波长为 0.75～1000μm。红外线可分为三部分,即近红外线,波长为 0.75～1.5μm;中红外线,波长为 1.5～6μm;远红外线,波长为 6～1000μm。

红外线通信有两个最突出的优点:不易被人发现和截获,保密性强;几乎不会受到电气、天电、人为的干扰,抗干扰性强。此外,红外线通信机体积小,重量轻,结构简单,价格低廉。但是它必须在直视距离内通信,且传播受天气的影响。在不能架设有线线路,而使用无线电又怕暴露自己的情况下,使用红外线通信是比较好的选择。

2.3.3　数据编码

由于计算机要处理的数据信息十分庞杂,有些数据库所代表的含义又使人难以记忆。为了便于使用,容易记忆,常常要对加工处理的对象进行编码,用一个编码符号代表一条信息或一串数据。通过对数据进行编码,可以方便地进行信息分类、校核、合计、检索等操作,这在计算机的管理中非常重要。因此,数据编码就成为计算机处理的关键。即不同的信息记录应当采用不同的编码,一个码点可以代表一条信息记录。人们可以利用编码来识别每条记录,区别处理方法,进行分类和校核,从而克服项目参差不齐的缺点,节省存储空间,提高处理速度。二进制数字信息在传输过程中可以采用不同的代码,各种代码的抗噪声特性和定时能力各不相同,实现费用也不一样。

计算机数据在传输过程中的数据编码类型,主要取决于它采用的通信信道所支持的数据通信类型,根据数据通信类型,可将网络中常用的通信信道分为两类,即模拟通信信道与数字通信信道,还可将相应的用于数据通信的数据编码方式分类,即模拟数据编码和数字数据编码。模拟数据编码用于模拟信号的不同幅度、不同频率和不同相位来表达数据的 0、1 状态;数字数据编码是用高低的矩形脉冲信号来表达数据的 0、1 状态。

1. 模拟数据编码

对数字信号进行模拟数据编码的常用方法有幅移键控(Amplitude Shift Keying, ASK)、相移键控(Phase Shift Keying, PSK)和频移键控(Frequency Shift Keying, FAK)。调制的基础是载波,载波有三要素:幅度、频率和相位,针对载波的不同要素对其进行调制。

$$U(t)=A\sin(\omega t+\varphi) \tag{2-2}$$

式中,A 为振幅;ω 为角频率;φ 为相位。

1) 幅移键控

以基带数字信号控制载波的幅度变化的调制方式称为幅移键控,又称为数字调幅。数字调制信号的每个特征状态都是用正弦振荡幅度的一个特定值来表示的调制。幅移键控是通过改变载波信号的振幅大小来表示数字信号 1 和 0 的，以载波幅度 A_1 表示数字信号 1，用载波幅度 A_2 表示数字信号 0，而载波信号的 ω 和 φ 恒定。例如：

$$\begin{cases} U(t)=A_{\max}\sin(\omega t+\varphi), & '1' \\ U(t)=0, & '0' \end{cases}$$

幅移键控的波形图如图 2-28 所示。

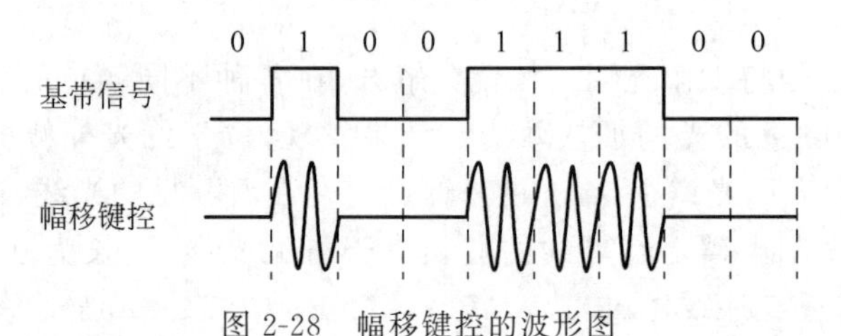

图 2-28　幅移键控的波形图

2）频移键控

以数字信号控制载波频率变化的调制方式称为频移键控。频移键控是信息传输中使用得较早的一种调制方式，它的主要优点是实现起来较容易，抗噪声与抗衰减的性能较好。在中低速数据传输中得到了广泛的应用。

载波的频率随基带数字信号而变化，用载波的两个不同频率表示 0 和 1。例如：

$$\begin{cases} U(t)=A_{\max}\sin(\omega_1 t+\varphi), & '1', & f_1=2.4\text{kHz} \\ U(t)=A_{\max}\sin(\omega_2 t+\varphi), & '0', & f_2=1.2\text{kHz} \end{cases}$$

其中，f_1 为可测试信号时发送频率(高)；f_2 为可测试信号时发送频率(低)。频移键控的波形图如图 2-29 所示。

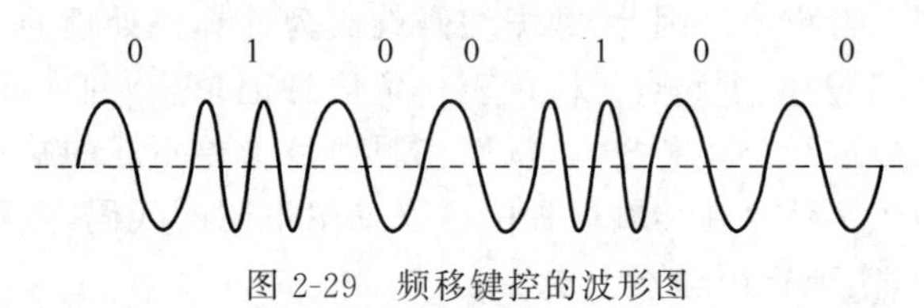

图 2-29　频移键控的波形图

3）相移键控

相移键控指一种用载波相位表示输入信号信息的调制技术。以二进制调相为例，取码元为 1 时，调制后载波与未调载波同相；取码元为 0 时，调制后载波与未调载波反相；1 和 0 时调制后载波相位差 180°。例如：

$$\begin{cases} U(t)=A_{\max}\sin(\omega t+\varphi_1), & '0' & \varphi_1=0^\circ \\ U(t)=A_{\max}\sin(\omega t+\varphi_2), & '1' & \varphi_2=180^\circ \end{cases}$$

相移键控的波形图如图 2-30 所示。

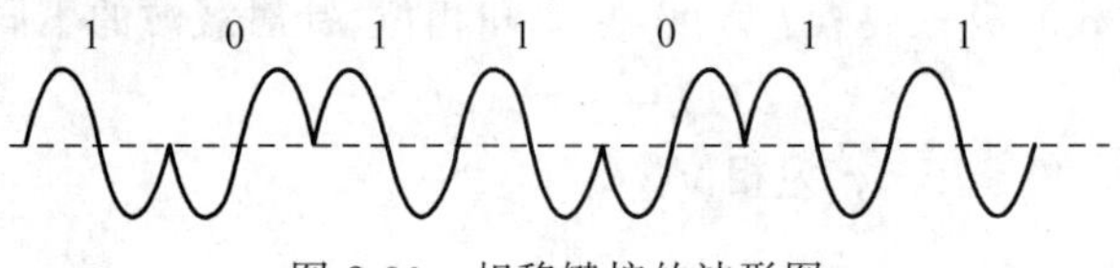

图 2-30　相移键控的波形图

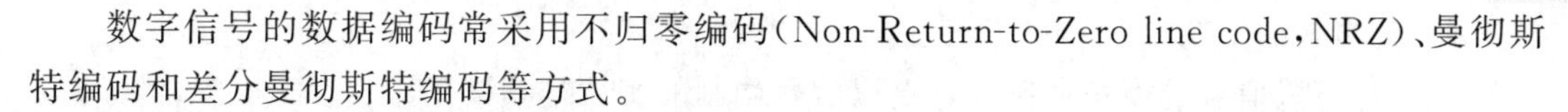

数字信号的数据编码常采用不归零编码(Non-Return-to-Zero line code,NRZ)、曼彻斯特编码和差分曼彻斯特编码等方式。

(1) 不归零编码。

不归零编码用高电平表示 1,低电平表示 0,高低直接转换,不回到零电平处。这种编码方式信息密度高,但不能提取同步信息且有误码积累。如果重复发送信息 1,就会出现连续发送正电流的现象,使得信号中含有直流成分,这是数据传输中不希望存在的分量。因此,不归零编码虽然简单,但只适用于极短距离传输,在实际中应用并不多。不归零编码的波形图如图 2-31 所示。

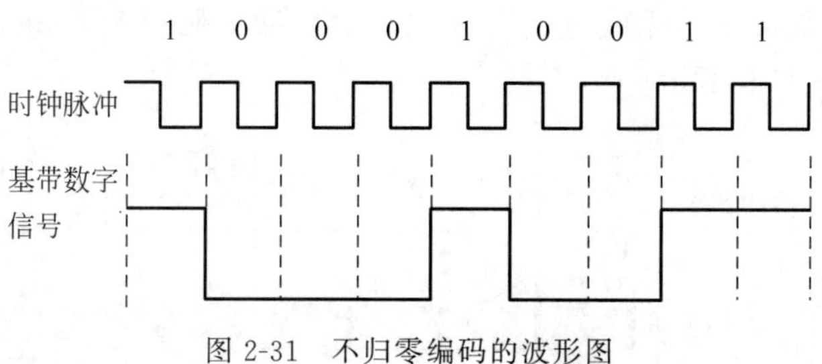

图 2-31　不归零编码的波形图

(2) 曼彻斯特编码。

曼彻斯特编码方式将每个码元都用两个连续且极性相反的脉冲表示,其波形如图 2-32 所示。将每个码元分成两个相等的间隔。码元 1 是由高至低电平转换,即其前半个码元的电平为高电平,后半个码元的电平为低电平。码元 0 是从低电平到高电平转换,即其前半个码元的电平为低电平,后半个码元的电平为高电平。这种编码的特点是无直流分量,且有较尖锐的频谱特性;连续 1 或连续 0 信息仍能显示码元间隔,有利于码同步提取,但带宽大。克服了不归零编码的不足。每位中间的跳变既可作为数据,又可作为时钟,能够自同步。

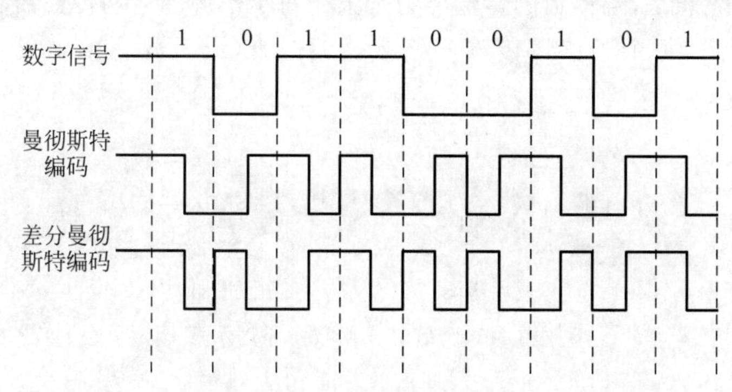

图 2-32　曼彻斯特编码与差分曼彻斯特编码的波形图

(3) 差分曼彻斯特编码。

差分曼彻斯特编码用码元开始处有无跳变来表示数据 0 和 1,有跳变表示 0,无跳变表示 1,每位中间的跳变提供时钟信号,其波形图如图 2-32 所示。即码元 1 时,前半个码元的电平与上一个码元的后半个码元的电平一样;若码元为 0,前半个码元的电平与上一个码元的后半个码元的电平相反。在每个比特周期中间产生跳变用以产生时钟,这个跳变与数据无关,只是为了方便同步。

2. 数字数据编码

(1) 对模拟信号的模拟调制：对模拟信号调制的实质是频谱搬移。

(2) 作用和目的：将调制信号转换成适于信道传输的已调信号；实现信道的多路复用；提高信道利用率；减少干扰，提高系统的抗干扰能力；实现传输带宽与信噪比之间的互换。

(3) 模拟信号的数字数据编码：使模拟信号能在数字信道上传输，转换步骤如下。

① 采样：按一定间隔对模拟信号进行测量。

② 量化：把每个样本舍入到最接近的量化级别上。

③ 编码：对每个舍入后的样本转换为二进制码。

对模拟信号进行数字数据编码的方式之一是脉冲编码调制(Pulse Code Modulation，PCM)，其举例如图 2-33 所示。

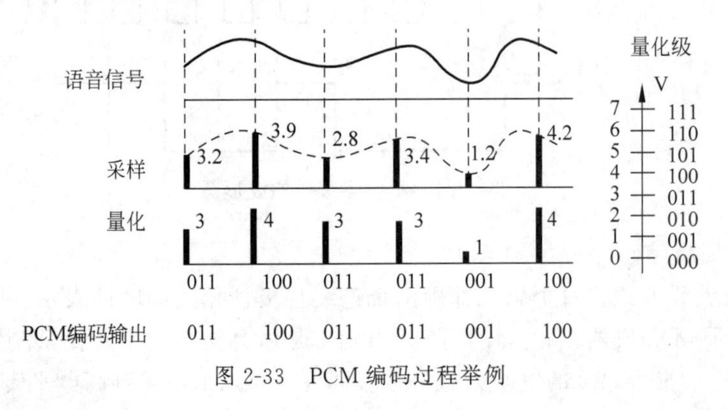

图 2-33 PCM 编码过程举例

2.3.4 信道复用技术

复用的基本思想是，当信道的传输能力远大于每个信源的平均传输需求时，把公共信道划分成多个子信道，每个子信道传输一路数据，称为多路复用。信道复用技术的示意如图 2-34 所示。

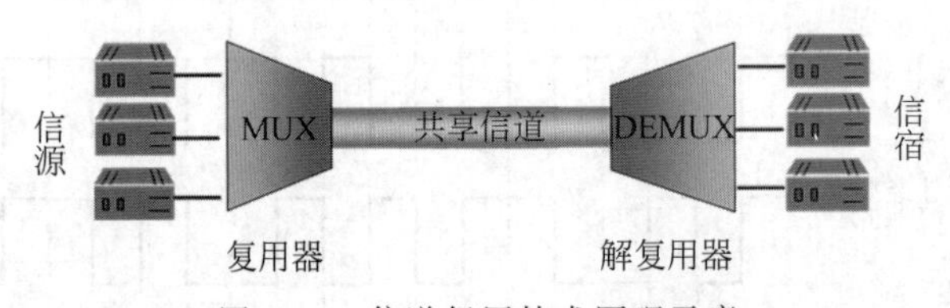

图 2-34 信道复用技术原理示意

1. 频分多路复用

频分多路复用(Frequency Division Multiplexing，FDM)技术的原理是，在物理信道的可用带宽远超过单个信号所需带宽的情况下，将信道的总带宽划分成若干个与单个信号带宽相同(或略宽)的子频带，将各信号的频谱移到不同频段上，频谱不重叠，从而达到共用一个信道的目的，如图 2-35 所示。

2. 波分多路复用——光的频分复用

波分多路复用(Wavelength Division Multiplexing，WDM)技术的原理是，将整个波长频带划分为若干波长范围，每路信号占用一个波长范围来进行传输，如图 2-36 所示。

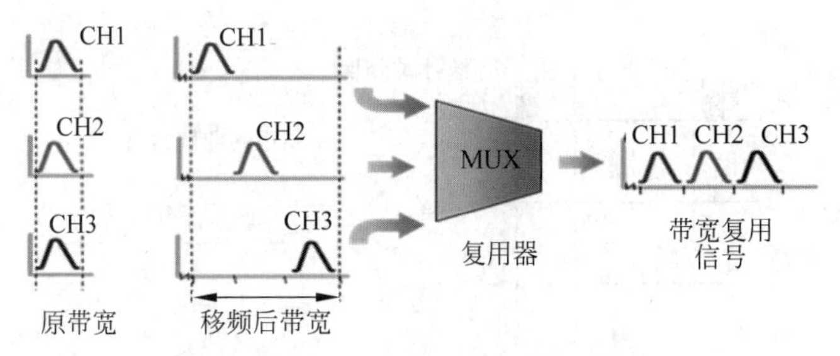

图 2-35　频分多路复用技术原理示意

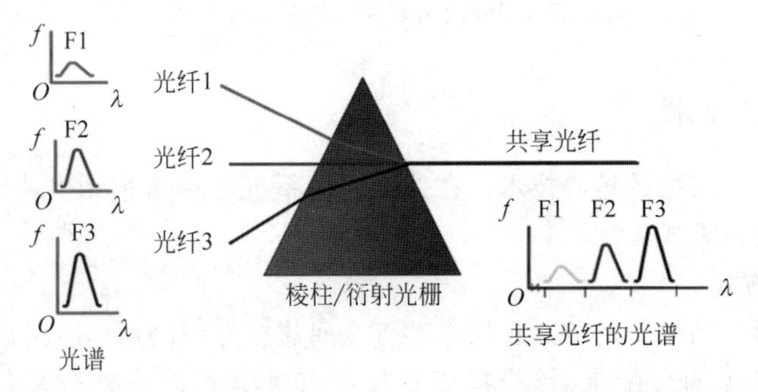

图 2-36　波分多路复用技术原理示意

3. 时分多路复用

如果物理信道可支持的位传输速率超过单个原始信号要求的数据传输速率，可将信道传输时间划分成工作周期 T（时间片），再将每个周期划分成若干时隙，轮流分配给 n 个信源来使用公共线路，这样，就可以在一条物理信道上传输多个数字信号，这就是时分多路复用（Time Division Multiplexing，TDM）技术原理。

1）同步时分多路复用

同步时分多路复用（Synchronous TDM，STDM）技术的原理是，把时间分割成小的时间片，每个时间片分为若干时隙，每路数据占用一个时隙进行传输，如图 2-37 所示。

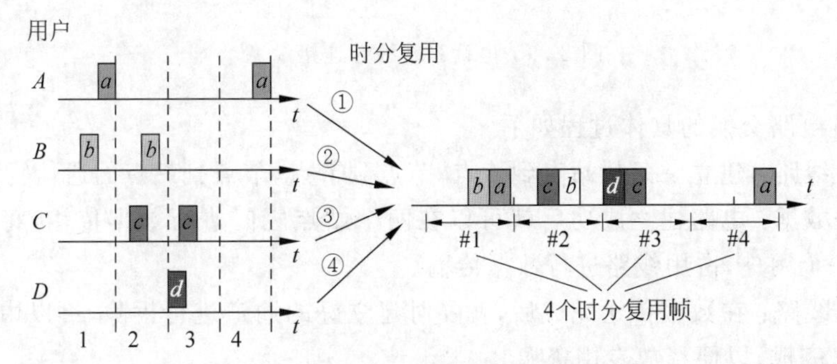

图 2-37　同步时分多路复用技术原理示意

2）异步时分多路复用

在异步时分多路复用（Asynchronous TDM，ATDM）中，时隙序号与信道号之间不再存在固定的对应关系。各信道发出的数据都需要附带双方地址，由通信线路两端的多路复用设备来识别地址，如图 2-38 所示。

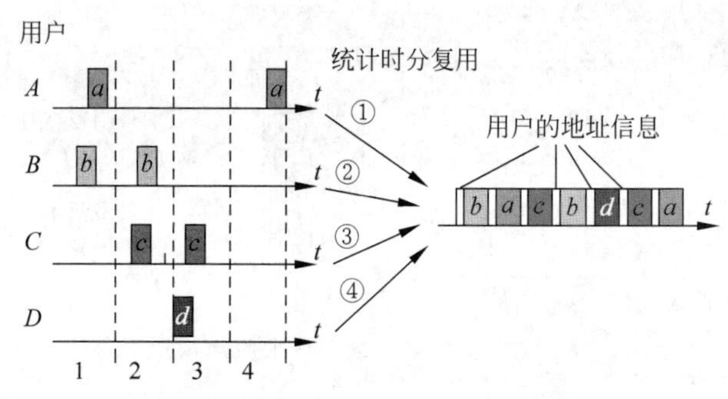

图 2-38 异步时分多路复用技术原理示意

2.3.5 数据交换技术

数据交换技术是网络的核心技术。在数据通信系统中通常采用电路交换、报文交换和分组交换的数据交换方式。

1. 电路交换方式

电路交换是通过网络中的节点在两个站点之间建立专用的通信线路进行数据传输的交换方式。从通信资源的分配来看，交换就是按照某种方式动态地分配传输线路的资源。图 2-39 是电话系统线路连接示意。如果主叫端拨号成功，在两个站之间就建立了一条物理通道。

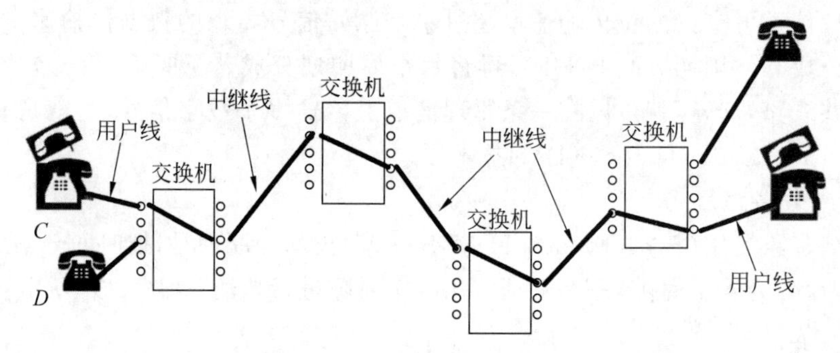

图 2-39 电话系统线路连接示意

电话系统电路交换的具体过程如下。

(1) 建立线路：建立一条从站点到节点，节点到节点，节点到站点的通信物理信道。

(2) 传输数据：电路建立成功后就可以在两个站点之间进行数据传输，将话音从一个用户传到另一个用户，占用线路进行数据传输。

(3) 释放线路：在数据传送完成后，就要对建立好的通道进行拆除，可以由这两个站中的任何一个来完成，以便释放专用资源。

电路交换的优点是数据传输迅速、可靠，并能保持原有序列；缺点是一旦通信双方占用通道后，即使不传输数据，其他用户也不能使用，将造成资源浪费。这种方式适用于时间要求高，且连续的批量数据传输。

2. 报文交换方式

报文交换方式的传输单位是报文，长度不限且可变。报文中包括要发送的正文信息和指明收发站的地址及其他控制信息。数据传送过程采用存储-转发的方式,不需要在两个站之间提前建立一条专用通道。在交换装置控制下,报文先存入缓冲器中并进行一些必要的处理,当指定的输出线空闲时,再将数据转发出去,如同发电报的传送。

报文交换的特点如下。

(1) 相邻节点仅在传输报文时建立节点间的连接。

(2) 整个报文(Message)作为一个整体一起发送。

(3) 没有建立和拆除连接所需的等待时间。

(4) 线路利用率高。

(5) 报文大小不一,造成存储管理复杂,且对存储容量要求较高。

(6) 大报文造成存储转发的时延过长。

(7) 出错后整个报文将全部重发。

3. 分组交换方式

分组交换与报文交换类似。只是交换单位为报文分组,而且限制了每个分组的长度,即将长的报文分成若干个报文组。在每个分组的前面加上一个分组头,用以指明该分组发往何地,然后由交换机根据每个分组的地址标志,将它们转发至目的地,这些分组不一定按照顺序到达。这样处理可以减轻节点的负担,改善网络传输性能,如互联网。

分组交换的特点如下。

(1) 提高线路利用率。

(2) 各分组可通过不同路径传输,容错性好。

(3) 对转发节点的存储要求较低,可用内存来缓冲分组,速度快;转发时延小,适于交互式通信。

(4) 有强大的纠错机制、流量控制、拥塞控制和路由选择功能,某个分组出错可以仅重发出错的分组,效率高。

(5) 要分割报文和重组报文,增加了端站点的负担。

2.3.6 差错控制

计算机网络要求高速并且无差错地传输数据信息,但这是一种比较理想的考虑。一方面,网络是由一个个实体组成,这些实体从制造到装配等一系列的过程是很复杂的,在这个复杂的过程中无法保证各个部分都能达到理想的理论值;另一方面,信息在传输过程中会受到诸如突发噪声、随机噪声等干扰的影响而使信号波形失真,从而使接收解调后的信号产生差错。因此,在数据通信过程中需要及时发现并纠正传输中的差错。

差错控制是指在数据通信过程中发现或纠正差错,并把差错限制在尽可能小的、允许的范围内而采用的技术和方法,差错控制编码是为了提高数字通信系统的容错性和可靠性,对网络中传输的数字信号进行的抗干扰编码。其思路是在被传输的信息中增加一些冗余码,利用附加码元和信息码元之间的约束关系进行校验,以检测和纠正错误。冗余码的个数越多,检错和纠错的能力就越强。在差错控制码中,检错码是能够自动发现出现差错的编码;纠错码是不仅能发现差错而且能够自动纠正差错的编码。检错和纠错能力是以冗余的信息量和降低系统的效率为代价换取的。

下面介绍差错控制中几个常用的概念。

码长：编码码组的码元总位数称为码组的长度，简称码长。

码重：码组中1码元的数目称为码组的重量，简称码重。

码距：在两个等长码组之间对应位上不同的码元数目称为这两个码组的距离，简称码距，又称为汉明距离。

最小码距：在某种编码中各个码组间距离的最小值称为最小码距。

编码效率(R)：用差错控制编码提高通信系统的可靠性，是以降低有效性为代价换来的，定义编码效率为$R=d/(d+r)$，其中d为信息元的个数，r为校验码的个数。

差错控制方法分为两类：一类是自动重发(Automatic Repeat reQuest，ARQ)，另一类是前向纠错(Forward Error Correction，FEC)。在ARQ方式中，当接收端经过检查发现错误时，就会通过一个反馈信道将接收端的判决结果发回给发送端，直到接收端返回接收正确的信息为止，ARQ方式只使用检错码。在FEC方式中，接收端不但能发现差错，而且能确定二进制码元发生错误的位置，从而加以纠正。FEC方式必须使用纠错码。下面介绍几种简单的差错控制码。

1. 奇偶校验码

奇偶校验码是一种通过增加冗余位使得码字中1的个数为奇数或偶数的编码方式，它是一种检错码。其方法为低7位为信息字符，最高位为校验位。这种检错码检错能力低，只能检测出奇偶个数错误，但不能纠错。在发现错误后，只能要求重发，但由于其实现简单，得到了广泛的应用。

在奇校验中，校验位使字符代码中1的个数为奇数(如11010110)，接收端按同样的校验方式对收到的信息进行校验，如发现时接收的字符及校验位中1的数目为奇数，则认为传输正确，否则认为传输错误。

在偶校验中，校验位使字符代码中1的个数为偶数(如01010110)，接收端按同样的校验方式对收到的信息进行校验，如发现时接收的字符及校验位中1的数目为偶数，则认为传输正确，否则认为传输错误。

2. 二维奇偶监督码

二维奇偶监督码又称为方阵码。它不仅对水平(行)方向的码元而且还对垂直(列)方向的码元实施奇偶监督，可以检错也可以纠正一些错误。方阵码如表2-4所示。将信息码组排列成矩阵，每个码组写成一行，然后根据奇偶校验原理在垂直和水平两个方向进行校验。

表2-4 方阵码表

位	字符							
	字符1	字符2	字符3	字符4	字符5	字符6	字符7	LRC字符
位1	1	1	1	1	1	1	1	1
位2	0	0	0	0	0	0	0	0
位3	0	0	1	1	0	1	0	1
位4	1	0	0	0	1	0	1	1
位5	1	1	1	1	1	0	0	1
位6	1	0	0	1	1	1	1	1
位7	0	1	0	1	1	0	1	0
校验位	0	1	1	1	1	1	0	1

2.4　通信模型

2.4.1　网络拓扑结构与网络控制方法

1. 网络拓扑结构

网络拓扑结构是指用传输介质将各种设备互联的物理布局。将在局域网中工作的各种设备互连在一起的方法很多,目前大多数局域网使用的拓扑结构有星状、环状及总线这三种网络拓扑结构。

在拓扑结构中包含节点、链路、通路、端点以及转接节点。首先介绍拓扑结构组成的概念。

节点：网络系统中的各种数据处理设备,如服务器、客户机、交换机、路由器。

链路：两个节点之间的连接,如PC2与交换机之间连接。

通路：两个主机从发出信息的节点到收信息节点之间的一串节点和链路。

端点：通信的源和宿节点,也叫作访问点。

转接节点：网络通信过程中起控制和转发信息作用的节点,如集线器、交换机。

1）星状拓扑结构

星状拓扑结构的连接特点是端用户之间的通信必须经过中心站,这样的连接便于系统集中控制、易于维护且网络扩展方便,但这种结构要求中心系统必须具有极高的可靠性,否则系统一旦损坏,整个系统便趋于瘫痪,对此中心系统通常采用双机热备份,以提高系统可靠性。星状拓扑结构如图2-40所示。

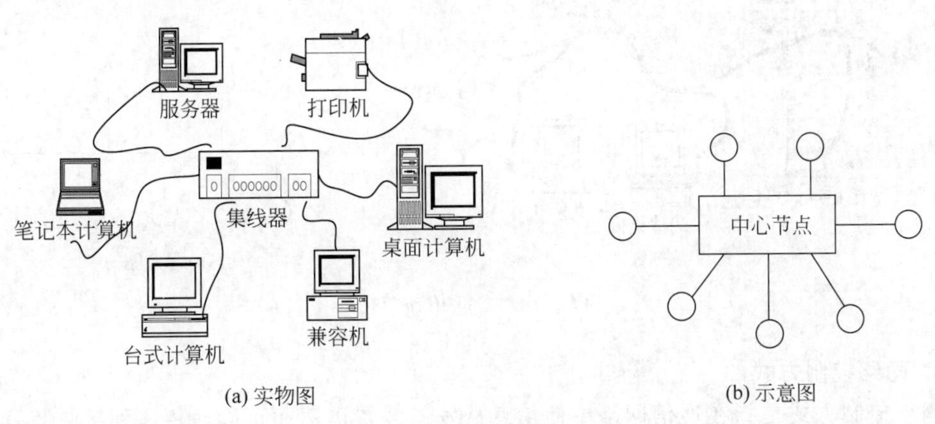

图2-40　星状拓扑结构

2）环状拓扑结构

环状拓扑结构的特点是每个端用户都与两个相邻的端用户相连,直到将所有端用户连成环状为止。这样点到点的链接方式使得系统总是以单向方式操作,出现了用户 N 是用户 $N+1$ 的上游端用户,用户 $N+1$ 是用户 N 的下游端用户,如果 $N+1$ 端需将数据发送到 N 端,则几乎要绕环一周才能到达 N 端,这种结构易于安装和重新配置,接入和断开一个节点只需改动两条连接即可,可以减少初期建网投资的费用；每个节点只有一个下游节点,不需要路由选择，可以消除端用户通信时对中心系统的依赖性，但某一个节点一旦失效，整个系统就会瘫痪。环状拓扑结构如图 2-41 所示。

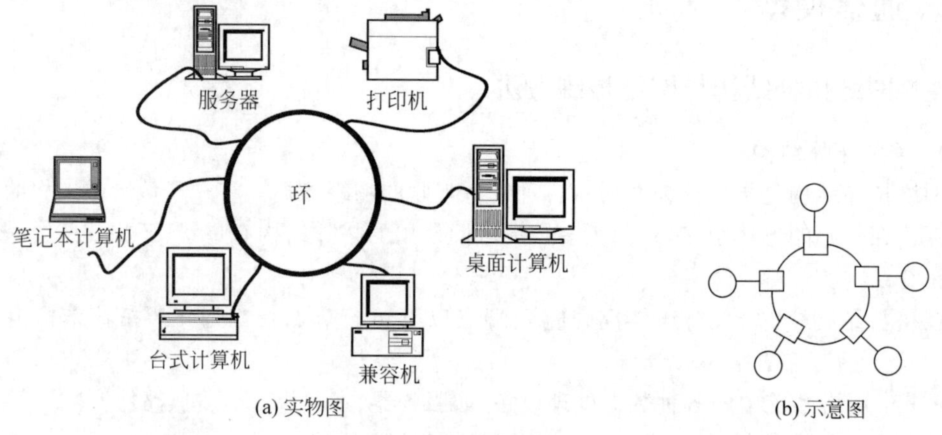

图 2-41　环状拓扑结构

3）总线拓扑结构

总线拓扑结构在局域网中使用的最普遍，如图 2-42 所示。其连接特点是端用户的物理介质由所有设备共享，各节点地位平等，无中心节点控制。这样的连接布线简单，容易扩充，成本低廉，而且某一个节点一旦失效也不会影响其他节点的通信，但使用这种结构必须解决一个问题，要确保端用户发送数据时不能出现冲突。

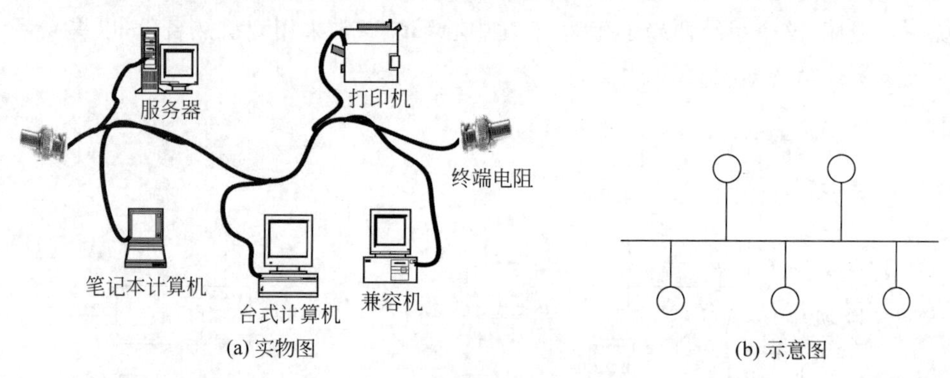

图 2-42　总线拓扑结构

2. 网络控制方式

网络控制方式是指在通信网络中使信息从发送装置迅速而正确地传递到接收装置的管理机制。常用的网络控制方法有以下几种。

1）令牌方式

这种传送方式对介质访问的控制权是以令牌为标志的。只有得到令牌的节点，才有权控制和使用网络，常用于总线网络和环状网络结构。

令牌是一组特定的二进制代码，它按照事先排列的某种逻辑顺序沿网络而行，令牌有空、忙两种状态，开始时为空闲；节点只有得到空令牌时才具有信息发送权，同时将令牌置为忙。令牌沿着网络而行，当信息被目标节点取走后，令牌被重置为空。

令牌传输实际上是一种按预先的安排让网络中各节点依次轮流占用通信线路的方法，传送的次序由用户根据需要预先确定，而不是按节点在网络中的物理次序传送。

2）争用方式

这种传送方式允许网络中的各个节点自由发送信息，但如果两个以上的节点同时发送信息就会出现线路冲突，故需要加以约束，目前常用的是载波监听多路访问/冲突检测(Carrier Sense Multiple Access with Collision Detection，CSMA/CD)方式。

CSMA/CD 是一种分布式介质访问控制协议，网中的各个节点都能独立地决定数据帧的发送与接收。每个站同时监听到介质空闲并发送数据帧之前，首先要进行载波监听，只有介质空闲时，才允许发送帧。如果两个以上的站同时监听到介质空闲并发送帧，则会产生冲突现象，会使发送的帧都成为无效帧，发送随即宣告失败。每个站必须有能力随时检测冲突是否发生，一旦发生冲突，则停止发送，然后随机延时一段时间后，再重新争用介质，重发送帧。

在点到点链路配置中，如果这条链路是半双工操作，只需使用简单的机制便可保证两个端用户轮流工作；在一点到多点方式中，对线路的访问依靠控制端的探询来确定，然而在总线网络中，由于所有端用户都是平等的，不能采用上述机制，因此可以采用 CSMA/CD 控制方式来解决端用户发送数据时出现冲突的问题。

CSMA/CD 控制方式原理简单，技术上容易实现，网络中各工作站处于平等位，不需要集中控制，不提供优先级控制。但是在网络负载增大时，冲突概率增加，发送效率急剧下降，因此 CSMA/CD 控制方式常用于总线网络，且通信负荷较轻的场合。

3）主从方式

在这种传送方式中，网络中有主站，主站周期性地轮询从站节点是否需要通信，被轮询的节点允许与其他节点通信，这种方式多用于信息量少的简单系统，适用于星状网络结构或总线主从的网络拓扑结构。

2.4.2　ISO/OSI 参考模型

1984 年，ISO 提出试图使各种计算机连成网的标准框架 OSI/RM（Open System Interconnection /Reference Model，开放系统互联参考模型）。开放系统互联参考模型为实现开放系统互联所建立的通信功能分层模型，简称为 OSI 参考模型。其目的是为异种计算机互联提供一个共同的基础和标准框架，并为保持相关标准的一致性和兼容性提供共同的参考。这里所说的开放系统，实质上指的是遵循 OSI 参考模型和相关协议能够实现互联的具有各种应用目的的计算机系统。OSI 参考模型如图 2-43 所示。

OSI 参考模型将计算机网络的通信过程分为 7 个层次，每层执行部分通信功能，“层”这个概念包含两个含义，即问题的层次及逻辑的叠套关系，这种关系有点像信件中采用多层信封把信息包裹起来，发信时要由里到外包装，收信后要由外到里拆封，最后才能得到所传送的信息。每层都有双方的规则，相当于每层信封上都有相互理解的标志，否则信息将无法传递到预期的目的地，每层依靠相邻的低一层完成较原始的功能，同时又为相邻的高一层提供服务，相邻层之间的约定为接口，各层约定的规则总和称为协议，只要相邻的接口一致，就可以通信。OSI 参考模型从低到高分别是物理层、数据链路层、网络层、传输层、会话层、表示层和应用层。第 1～3 层为介质层，负责网络中数据的物理传输，第 4～7 层为高层或主机

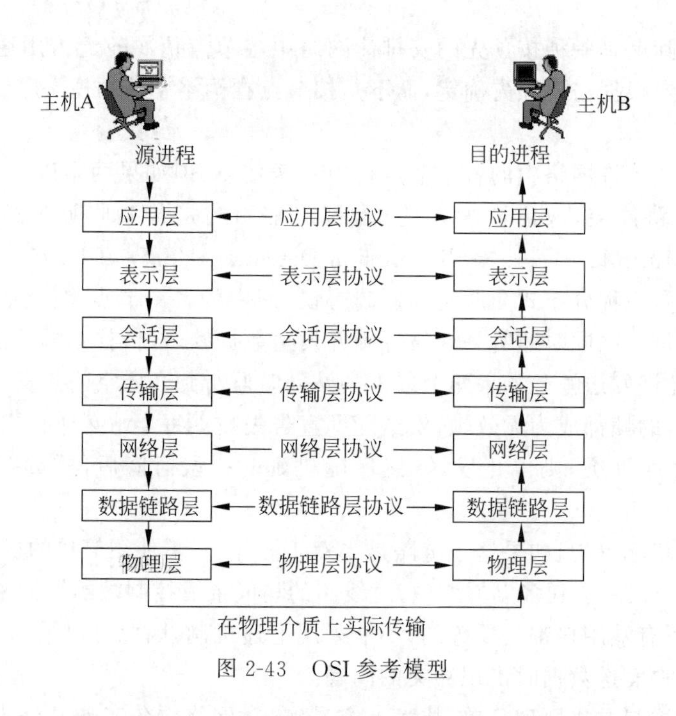

图 2-43　OSI 参考模型

层,用于保证数据传输的可靠性。

在模型的 7 层中,物理层是通信的硬设备,由它完成通信过程,从第 7 层到第 2 层的信息并没有进行传输,只是为传送做准备,这种准备由软件进行处理,直到第 1 层才能靠硬件真正进行信息传送。下面介绍 OSI 参考模型的 7 层功能或工作任务。

(1) 物理层:是必需的,它是整个开放系统的基础,负责设备间接收和发送比特流,在源和目的之间定义有线的、无线的或光的通信规范,如传输介质的机械、电气、功能及规程等特性;建立、管理、释放物理介质连接;实现比特流的透明传输。

(2) 数据链路层:也是必需的,它被建立在物理传输能力的基础上,以帧为单位传输数据,采用差错控制和流量控制使不可靠的通信线路成为传输可靠的通信链路,实现无差错传输。

(3) 网络层:提供逻辑地址和路由选择。网络层的作用是确定数据包的传输路径,建立、维持和拆除网络连接。

(4) 传输层:属于 ISO/OSI 参考模型中的高层,解决的是数据在网络之间的传输质量问题,提供可靠的端到端的数据传输,保证数据按序可靠、正确地传输。这一层主要涉及网络传输协议,提供一套网络数据传输标准,如 TCP、UDP 协议。

(5) 会话层:是指请求方与应答方交换的一组数据流。会话层用来实现两个计算机系统之间的连接、建立、维护和管理会话。

(6) 表示层:主要处理数据格式,负责管理数据编码方式,是 ISO/OSI 参考模型的翻译器,该层从应用层取得数据,然后将其转换为计算机的应用层能够读取的格式,如 ASCII、MPEG 等格式。

(7) 应用层:是 ISO/OSI 参考模型的最高层,它与用户直接联系,负责为各类应用进程提供服务。提供 OSI 用户服务,如事务处理程序、文件传送协议和网络管理等。

ISO/OSI参考模型是一个理论模型，在实际环境中并没有一个真实的网络系统与之完全对应，它更多地被用于作为分析、判断通信网络技术的依据。多数应用只是将ISO/OSI参考模型与应用的协议进行大致的对应，对应于ISO/OSI参考模型的某层或包含某层的功能。

局域网体系结构IEEE 802与OSI/ISO参考模型对应关系如图2-44所示。它只定义了数据链路层和物理层，而数据链路层又分为两个子层，即介质访问控制(MAC)层和逻辑链路控制(LLC)层。MAC子层解决网络上所有节点共享一个信道所带来的信道争用问题，LLC子层把要传输的数据组帧，并解决差错控制和流量控制问题，从而实现可靠的数据传输。

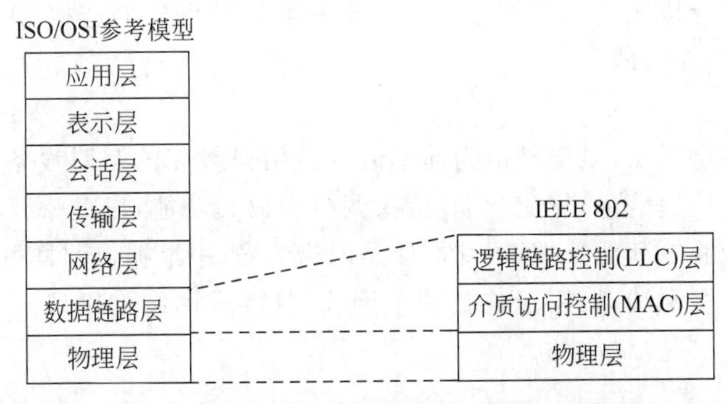

图2-44　IEEE 802与ISO/OSI参考模型对应关系

TCP/IP(Transmission Control Protocol/Internet Protocol，传输控制协议/网际协议)与ISO/OSI的对应关系如图2-45所示。TCP/IP又称为网络通信协议，是Internet最基本的协议，Internet国际互联网络的基础，由网络层的IP协议和传输层的TCP协议组成。TCP/IP定义了电子设备如何连入因特网，以及数据如何在它们之间传输的标准。协议采用了4层的层级结构，每层都呼叫它的下一层所提供的协议来完成自己的需求。通俗而言，TCP负责发现传输的问题，一有问题就发出信号，要求重新传输，直到所有数据安全、正确地传输到目的地。而IP是给因特网的每台联网设备规定一个地址。

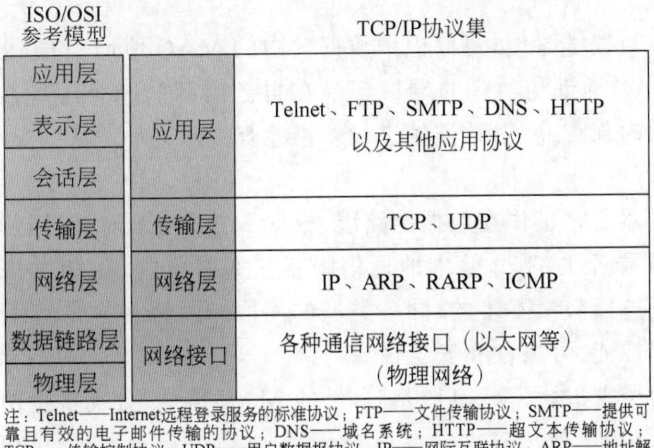

ISO/OSI参考模型	TCP/IP协议集	
应用层	应用层	Telnet、FTP、SMTP、DNS、HTTP 以及其他应用协议
表示层		
会话层		
传输层	传输层	TCP、UDP
网络层	网络层	IP、ARP、RARP、ICMP
数据链路层	网络接口	各种通信网络接口（以太网等）（物理网络）
物理层		

注：Telnet——Internet远程登录服务的标准协议；FTP——文件传输协议；SMTP——提供可靠且有效的电子邮件传输的协议；DNS——域名系统；HTTP——超文本传输协议；TCP——传输控制协议；UDP——用户数据报协议；IP——网际互联协议；ARP——地址解析协议；RARP——反向地址转换协议；ICMP——Internet控制报文协议。

图2-45　TCP/IP与ISO/OSI参考模型对应关系

2.5 网络互联设备

网络互联是将两个以上的网络系统,通过一定的方法,用一种或多种网络互联设备相互联接起来,构成更大规模的网络系统,以便更好地实现网络数据资源共享。相互联接的网络可以是同种类型的网络,也可以是运行不同网络协议的异型系统。网络互联不能改变原有网络内的网络协议、通信速率和软硬件配置等,但通过网络互联技术可以使原先不能相互通信和资源共享的网络之间有条件实现相互通信和信息共享。

采用中继器、集线器、网卡、交换机、网桥、路由器、防火墙和网关等网络互联设备,可以将不同网段或子网连接成企业应用系统。对于一般异种设备的连接,采用直连线;对于同种设备的连接,采用交叉线。

1. 中继器

中继器工作在物理层,是一种最为简单但也是用得最多的互联设备。它负责在两个节点的物理层上按位传递信息,完成行动复制、调整和放大功能,以此来延长网络的长度。中继器不对信号作校验等其他处理,因此即使是差错信号,中继器也照样可以整形、放大。

中继器一般有两个端口,用于连接两个网段,且要求两端的网段具有相同的介质访问方法。

2. 集线器

集线器(HUB)工作在物理层,是对网络进行集中管理的最小单元,对传输的电信号进行整形、放大,相当于具有多个端口的中继器。

3. 网络接口卡

网络接口卡简称网卡。它工作在数据链路层,不仅实现与局域网通信介质之间的物理连接和电信号匹配,还负责实现数据链路层数据帧的封装与拆封、数据帧的发送与接收、物理层的介质访问控制、数据编码与解码以及数据缓存等功能。

网卡的序列号是网卡的物理地址,即 MAC 地址(媒体访问控制地址),用以标识该网卡在全世界的唯一性。

4. 交换机

交换机工作在数据链路层,可以识别数据包中的 MAC 地址信息,根据 MAC 地址进行数据转发,并将 MAC 地址与对应的端口记录在自己内部的一个地址表中;在数据帧转发前先送入交换机的内部缓冲,对数据帧进行差错检查。

5. 网桥

网桥也叫桥接器。它工作在数据链路层,根据 MAC 地址对帧进行存储、转发。它可以有效地连接两个局域网(LAN),使本地通信限制在本网段内,并转发相应的信号至另一网段。网桥通常用于连接数量不多的、同一类型的网段。网桥将一个较大的 LAN 分成子段,有利于改善网络的性能、可靠性和安全性。

网桥一般有两个端口,每个端口均有自己的 MAC 地址,分别桥接两个网段。

6. 路由器

路由器工作在网络层,在不同网络之间转发数据单元。因此路由器具有判断网络地址和选择路径的功能,能在多网络互联环境中建立灵活的连接。

路由器最重要的功能是路由选择，为经由路由器转发的每个数据包寻找一条最佳的转发路径。路由器比网桥更复杂、管理功能更强大，同时更具灵活性，经常被用于多个局域网、局域网与广域网以及异构网络互联。

7. 防火墙

防火墙一方面可以阻止来自因特网的对受保护网络的未授权或未验证的访问，另一方面可以允许内部网络的用户对互联网进行 Web 访问或收发 E-mail 等，还可以作为访问互联网的权限控制关口，如允许组织内的特定人员访问互联网。

8. 网关

网关工作在传输层或以上层次，是最复杂的网络互联设备。网关就像一个翻译器，当对使用不同的通信协议、不同数据格式甚至不同网络体系结构的网络互联时，需要使用这样的设备，因此它又称作协议转换器。与网桥只是简单地传达信息不同，网关对收到的信息需要重新打包，以适应目的端系统的需求。

网关具有从物理层到应用层的协议转换能力，主要用于异构网络互联、局域网与广域网的互联，不存在通用的网关。

2.6　现场总线控制网络

现场总线控制网络用于完成各种数据采集和自动控制任务，是一种特殊的、开放的计算机网络，是工业企业综合自动化的基础。从现场控制网络节点的设备类型、传输信息的种类、网络所执行的任务、网络所处的环境等方面来看，都有别于其他计算机构成的数据网络。

现场总线控制网络可以通过网络互联技术实现不同网段之间的网络连接和数据交换，包括在不同的传输介质、不同传输速率、不同通信协议的网络之间实现互联，从而更好地实现现场检测、采集、控制和执行以及信息的传输、交换、存储与利用的一体化，以满足用户的需求。

2.6.1　现场总线的网络节点

现场总线的网络节点常常分散在生产现场，大多是具有计算与通信能力的智能测控设备。它们可能是普通计算机网络中的 PC 或其他种类的计算机、操作站等设备；也可能是具有嵌入式功能的 CPU，但功能比较单一，计算或其他能力远不及普通计算机，且没有键盘、显示器等人机交互接口，有的设备甚至不带有 CPU，只带有简单的通信接口。

例如，具有通信能力的现场设备有条形码阅读器、各类智能开关、可编程序控制器、监控计算机、智能调节阀、变频器和机器人等，这些都可以作为现场总线控制网络的节点使用。受到制造成本等因素的影响，作为现场总线网络节点的设备，其计算能力等一般比不上普通计算机。

现场总线控制网络就是把单个分散的、有通信能力的测控设备作为网络节点，按照总线、星状、环状等网络拓扑结构连接而成的网络系统。

2.6.2 现场总线控制网络的任务

现场总线控制网络主要完成以下任务。

(1) 将控制系统中现场运行的各种信息(例如,在控制室监视生产现场的阀门的开度、开关的状态、运行参数的测量值及现场仪表的工作状态等)传送到控制室,使现场设备始终处于远程监视之中。

(2) 控制室把各种控制、维护、参数修改等命令送往位于生产现场的测量控制设备中,使生产现场的设备处于可控状态之中。

(3) 与操作终端、上层管理网络实现数据传输与信息共享。

此外,现场总线控制网络还要面临工业生产的高温高压、强电磁干扰、各种机械振动等极其恶劣的工作环境,因此,要求现场总线控制网络能适应各种可能的工作环境。由于现场总线控制网络要完成的工作任务和所处的工作环境,使得它具有许多不同于普通计算机网络的特性。

影响控制网络性能的主要因素有网络的拓扑结构、传输介质的种类与特性、介质的访问方式、信号的传输方式以及网络监控系统等。为了适应和满足自动控制任务的需求,在开发控制网络技术及设计现场总线控制系统时,应重点满足控制系统的实时性要求、可靠性要求,以及工业环境下的抗干扰性控制要求。

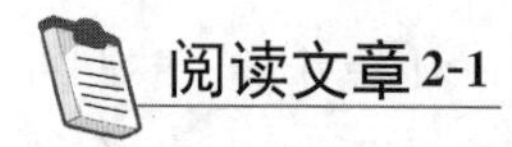

从物联网工厂到手术室:如何设计更好的通信系统

工业4.0的基础是可靠的通信基础设施。决策者通过基础设施从机器、现场设备和工厂提取数据。要保证机器人和人机接口的可靠性,先要深入了解底层技术选项。

工厂车间和手术室虽然截然不同,但所使用的设备都必须能可靠、精准地运行,这对于所执行的任务至关重要。随着设备需要更智能的系统、更多的数据和更高的保真度,它们对带宽的需求也不断增加。与此同时,速度更快的通信接口必须在抵抗环境危害和电磁兼容性(EMC)的同时,提供同等的可靠性和安全性。EMC是指系统能够在其操作环境中发挥预期作用,不生成电噪声,也不被电噪声过度影响。

1) 机器人和机器视觉

视觉引导机器人可以在高价值制造环境中提供更高的灵活性和更高的生产可靠性。如果没有视觉引导,机器人只能重复执行同样的任务,直到被重新编程。有了机器视觉,机器人可以执行更加智能的任务,例如,在生产线中,可扫描传送带上的缺陷产品,并由经过调节的机器人捡取缺陷产品。在危险性EMC环境(如工厂自动化)中,视觉/机器人接口的可靠性和有效性由所选的有线传输技术决定。有多种方式可以实现机器视觉摄像机接口,包括USB 2.0、USB 3.0、Camera Link,或千兆以太网。

工业以太网具有多种优势,采用2对100BASE-TX和4对1000BASE-T1标准的线缆最长可达100m,采用新推出的10BASE-T1L标准的单条双绞线最长可达1km,且EMC性能较高。使用USB 2.0或USB 3.0的线缆不超过5m,除非使用专门的有源USB电缆,且需要使用保护二极管和滤波器来提高EMC性能。但是,随着工业控制器普遍采用USB端口，且带宽最高达到5Gb/s，这为设计人员提供了一些优势。摄像机机器视觉和机器人——工业以太网、USB或Camera Link接口，如图2-46所示。

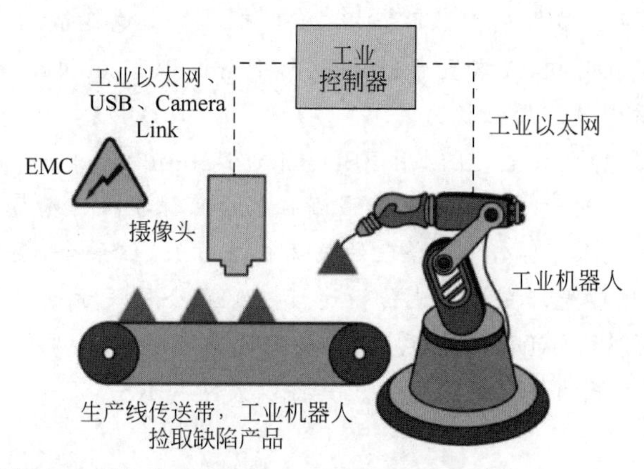

图2-46 摄像机机器视觉和机器人——工业以太网、USB或Camera Link接口

Camera Link要求工业控制器配备专用的帧捕获器硬件。USB或工业以太网无须工业控制器配备额外的帧捕获器卡。Camera Link这个标准最早出现于2000年末，是机器视觉系统最常用的接口。如今，基于USB和以太网的机器视觉摄像机的使用更加广泛，但是，需要对多台摄像机实施预先处理的应用仍在使用Camera Link和帧捕获器，以降低主CPU的负载。与千兆以太网相比，即使在基本速度下，Camera Link标准输出的数据量也是其两倍，且输出距离更短。Camera Link物理层基于低压差分信号(LVDS)，与每条线路耦合的共模噪声都会在接收器端有效消除，因此本身具有EMC稳健性。LVDS物理层的EMC稳健性可通过电磁隔离进行改善。

通过在摄像机和机器人链接上使用以太网，以及采用IEEE 802.1时间敏感网络(TSN)交换机的工业控制器，可以最大限度地实现工业摄像机和机器人操作同步。TSN定义了交换式以太网中用于时间控制数据路由的第一个IEEE标准。ADI公司提供全套以太网技术，包括物理层收发器和TSN交换机，以及系统级解决方案、软件和安全功能。

2) 人机接口

人机接口(HMI)常用于通过人类可读视觉表示方式显示来自可编程逻辑控制器(PLC)的数据。标准HMI可用于追踪生产时间，同时监控关键绩效指标(KPI)和机器输出。操作员可使用HMI执行多项任务，包括开启或关闭交换机，以及增加或降低过程中的压力或速度。HMI通常配备集成式显示屏，但是，配备外接显示屏选项的HMI具有多种优势。采用外部高清多媒体接口(HDMI)端口的HMI装置更小巧，更容易安装到采用标准DIN(德国标准化学会)电源轨的控制台中，也可用于监控PLC。

使用HDMI时，电缆长度可达15m，便于路由到触摸显示屏和控制室。在工业环境中，在更长的电缆上扩展HDMI具有挑战性，因为EMC危害会影响布线。在电机和泵连接至DIN轨道式PLC时，HMI上也可能出现间接瞬变过压。

要确保系统的稳健性，就需要仔细选择接口技术。随着工业以太网的迅速发展，现场总线技术(如CAN或RS-485)变得普及。据业内消息，全球安装的RS-485(PROFIBUS)节点已超过6100万个，PROFIBUS过程自动化(PA)设备同比增长7%。PROFINET(工业以太网实施)安装基数为2600万个节点,仅2018年安装的器件数量就达到510万个。如之前所述,利用基于以太网的技术可以实现高EMC性能,这是因为电磁被写入IEEE 802.3以太网标准,且必须在每个节点使用。RS-485器件可以包含电磁隔离,以提高抗噪声能力;保护二极管可以集成在片内,或者置于通信PCB(Printed Circuit Board,印刷电路板)上,以提高对静电放电和瞬变过压的抵抗力。

HMI通常需要抗静电放电,且利用ESD(Eletro Static Discharge,静电释放)保护二极管来提高信号稳健性。对于工业HMI,集成增强隔离可保护操作人员免除电气危险。虽然目前提供了面向以太网和RS-485的合理的隔离解决方案,但如今,视频传输主要利用成本高昂的光纤来隔离,这些光纤支持千兆传输速度。ADI公司关于电磁隔离技术的最新进展(如ADN4654/ADN4655/ADN4656系列,其数据速率可以超过1Gb/s)为设计人员提供了具有竞争力,且成本更低的替代解决方案。具备以太网和RS-485输入,以及HDMI输出的HMI如图2-47所示。

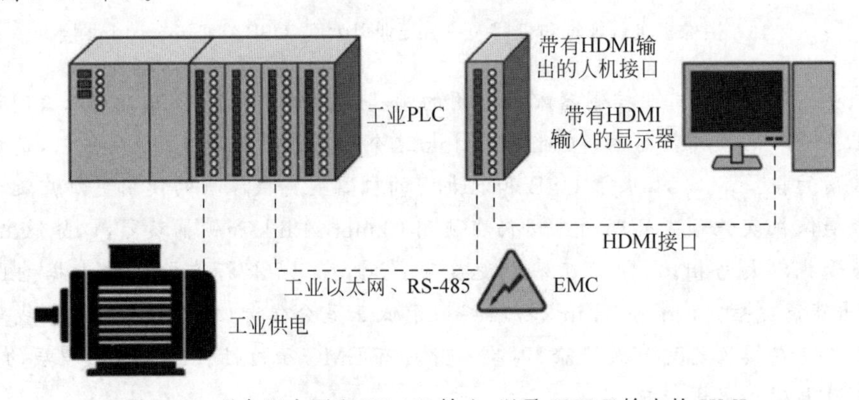

图2-47　具备以太网和RS-485输入,以及HDMI输出的HMI

3) 内窥镜

外科成像,包括内窥镜在内,是一种独特的应用,必须在提供高保真图像的同时确保患者的安全。上一代内窥镜设备被称为视频内窥镜,使用一系列玻璃镜片和一个光导管将图像从成像头传输到电荷耦合器件(CCD)传感器。以可见光为介质,将来自患者的图像传输至内窥镜,这种方法可以隔离有害电流,但是,在制造成本和图像质量方面的表现并不理想。

近期的外科成像设备通过转向数字化来克服这些挑战,且从CCD转向CMOS(互补金属氧化物半导体)图像传感器,后者的尺寸易于扩展,且可嵌入摄像机头部。使用CMOS摄像机之后,无须串行连接多个镜头,且可以改善整体的图像质量。生产成本降低,使得一次性外科内窥镜的使用成为可能,如此则无须担心消毒问题。摄像机进一步缩小,使微创手术成为可能。

在转向数字内窥镜之后,CMOS图像传感器(接触患者)和摄像机控制单元(CCU)之间必须提供高速电子接口。LVDS和可扩展低压差分信号(SLVS)层逐渐成为实现这种互联的常用的物理层,提供高带宽和相对较低的功率。这种接口与视频内窥镜中的接口不同,它目前是电子式的,可能能够传输危险电流。因为不具备光学介质的隔离性,所以该系统在设计时必须保证能够隔离患者和潜在的有害电流。带CMOS图像传感器的数字内窥镜的电子接口如图2-48所示。

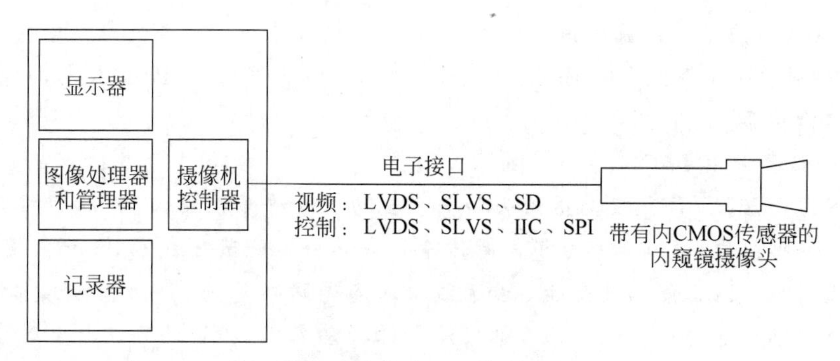

图2-48　带CMOS图像传感器的数字内窥镜的电子接口

对于任何连接主电源的医疗系统，患者的安全至高无上。IEC 60601医疗电气设备标准对保护患者(MOPP)免受有害电压伤害的组件提出了严格要求。要使用高带宽解决方案传输图像数据，同时满足这些严格的安全要求，这给系统设计人员带来了重大挑战。从CMOS图像传感器到CCU之间的电子视频传输就是这样一个示例，两者之间需要建立符合安全要求的高速连接。ADI公司的独有解决方案在可信的安全壁垒内执行高带宽传输，以满足IEC 60601-1标准的要求。

4）医疗显示器

其他医疗设备，如呼吸机和心电图(ECG)，都是直接与患者相连，用于呼吸辅助和监测。关于患者的信息会显示在医疗设备自带的图形显示器中，便于操作员查看。根据IEC 60101标准，该医疗设备中的显示器是已知的、可信的且已经过认证，可作为医疗设备使用。对于任何现成的外部电视和显示器，则无法保证这一点。为了确保患者的安全，应在医疗设备与外围设备之间的外部连接中增加隔离，以保护患者。对于传统的低速接口(如RS-232、RS-485和CAN)来说，这种隔离可能并不重要，可以使用标准数字隔离器来实现。

此外，视频端口与外部显示器的隔离会带来独特的挑战。显示器的标准化接口的带宽要求远远超过使用合适数量的光耦合器或标准数字隔离器可以实现的带宽。尝试隔离视频接口的整个信号链会使复杂度进一步增加。例如，HDMI 1.3a协议不止包含用于传输视频数据的转换最小化差模信号(TMDS)，还包括用于交换视频/格式信息、电源电路，以及检测显示(接收器)设备之间的连接和断开的双向控制信号。在添加系统设计人员视为障碍的电气隔离时，必须考虑这些因素。在许多情况下，可能无法使用之前的方法为这些显示器端口添加安全隔离栅，所以医疗系统中不包含外部显示器端口。ADI公司提供对常用的视频协议(如HDMI 1.3a)实施电气隔离的参考设计，如此，在需要对患者实施保护时，可以直接增加额外的安全保护。

阅读文章2-2

以太网供电采用率随供电能力的提高而增长

以太网协议IEEE 802.3正在从传统IT领域不断扩展到新兴应用和市场。如今，由于时间敏感网络(TSN)等标准的加强，以太网已部署在零售销售点设备、安全监控摄像头以及工业等领域。以太网还在自动驾驶汽车等核心应用中成为必不可少的快速、可靠的安全网络，从而在汽车应用中崭露头角。多年来，以太网的大多数参数改进都集中在提高数据传输速率上，但是，2003 年批准的 IEEE 802.3af 引入了以太网供电(PoE)技术，即能够通过以太网电缆传输功率。

1) 为什么要采用 PoE

对于网络电话(VoIP)、安全摄像头和楼宇自动化等许多应用，随着以太网成为这些新应用的首选网络接口，通过单一电缆同时传输数据和功率既节省成本，又非常便捷，因而变得非常有吸引力。PoE 能够使交换机和无线接入点等网络基础设施的部署更加简洁，不再需要为每个网络设备进行耗时且昂贵的交流电源插座安装，PoE 还可在断电时为一些基础设施设备提供紧急电源。

PoE 支持的设备部署正在不断扩展到零售、制造、安全和访问控制等市场，而且这会反过来给 PoE 标准组织施加压力，要求他们寻求提高功率传输能力的新技术。

2) PoE 标准的演进

PoE 的基本概念涉及使用电源设备(PSE)向受电设备(PD)供电。当今提供的大多数网络基础设施设备都具有 PSE 功能或在订购时可以选择。端跨(Endspan，也称为端点)PD 具有内置电路，可从以太网插槽中汲取功率来进行操作。对于未配备支持 PoE 交换机的现有和传统以太网基础设施，中跨(Midspan)PoE 注入器可为端跨供电。同样，在受电设备处，PoE 分离器用于分离电源和数据信号，并可为未配备 PoE 的受电设备提供稳定的直流电压。

最初的 PoE 标准 IEEE 802.3af 于 2003 年发布，使用 Cat5 以太网电缆中 4 对双绞线中的 2 对(参见图 2-49)。

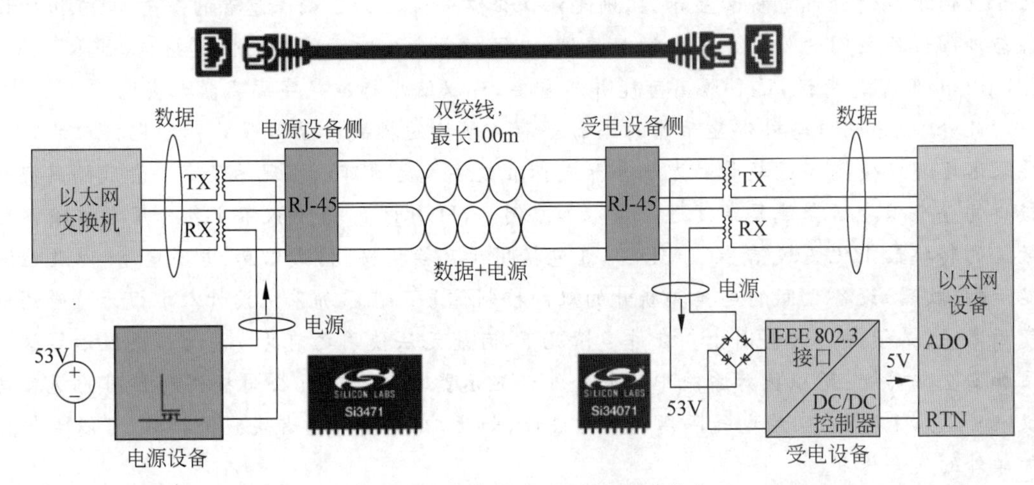

图 2-49　使用两对双绞线的 IEEE 802.3af 兼容 PoE 实现

PoE 标准允许线路损耗，并规定负载的电压范围为 37～57V。在 37V 下提供最大 350mA 电流，功率容量为 12.95W。

随着对更高功率需求的不断增长，陆续发布了新标准，使 Class 8 设备的功率容量达到 90W。在 IEEE 802.3bt 标准(也称为 PoE ＋)下，Class 5 和 Type 3 以上设备使用所有 4 对电缆传输功率。PSE 提供的电压因设备类型而异，对于 Type 4 设备，电压范围为 52～57V，最大额定电流为 960mA。

从早期开始，PoE就已经广泛用于安全摄像头，其13W的受电设备功能足以为大多数简单的摄像头供电。但是，在能够实施远程摇摄、俯仰和变焦的IP摄像头问世之后，这些设备需要更高的功率预算。IEEE 802.3bt标准的推出标志着从使用2个电缆对转变为使用4个电缆对。伴随PoE供电能力的增强，已经迅速为更多应用打开了大门，其中之一是楼宇自动化系统，它可以管理现代化办公室的供暖、通风、照明和访问控制系统等。现在可以通过PoE来管理LED灯串及其相关的控制设备。

通过引入四对配置，IEEE 802.3bt标准提供了一种在单个受电设备中提供两个独立电源轨的机制。这种方法允许创建不同的电压轨，如+3.3 VDC和+5 VDC，或±2V电源。图2-50所示为供电的两种方法：单签名和双签名。

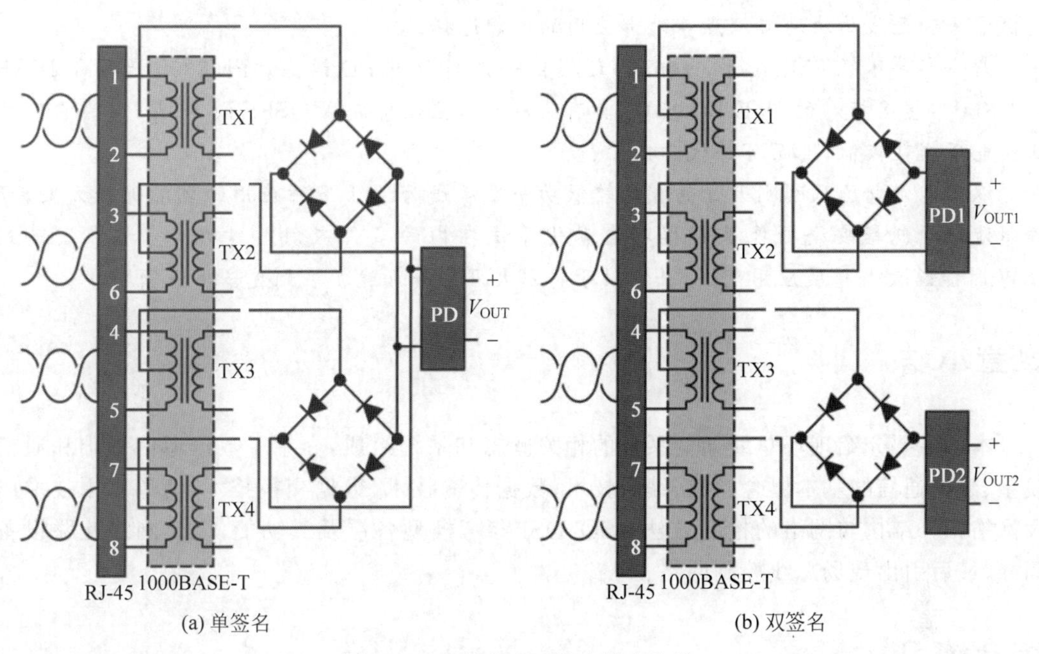

图2-50　单签名和双签名供电方法

随着PoE应用于越来越多的联网设备，尤其是消费类和商用设备，以太网联盟认为PoE的认证计划将能够提供一种快速简便的方法，可以轻松识别能够互操作的产品。目前正在就两对电缆应用进行Class 4及以下级别的认证(称为EA1)，并于2020年末开始引入最高Class 8(EA2)认证。对正式认证框架是否兼容会严重影响任何技术的购买决定，因此，符合PoE认证计划可能会成为所有新产品营销规范的重要方面。工程团队将需要熟知认证要求和测试方法，并在开发周期中花足够的时间来充分准备测试。新罕布什尔大学(University of New Hampshire)是以太网联盟授权的PoE认证唯一测试机构。

3）在设计中实施PoE

在终端节点设备中实现PoE功能需要分离出从PSE(供电设备)接收到的功率，从而实现以太网控制功能和功率的转换。许多制造商将这些功能集成到单个PoE IC。

Si34071AC5V8KIT评估板可提供单签名5V/14A输出，隔离式正向拓扑DC/DC转换器的工作效率优于91%。该设计具有自动分类开关(Class Switching)、瞬态和过压保护等功能。

对于开发PSE端设计，Silicon Labs的Si3474 PSE IC可提供4个90W 802.3bt兼容PoE端口或最多8个30W IEEE 802.3at/af PoE端口。

Microchip可针对PoE应用原型提供全面的PSE和PD IC以及开发套件。Microchip的PD69208T4完全符合IEEE 802.3af、IEEE 802.3at和IEEE 802.3bt标准，支持多达8个2对或4对4型PD要求的端口，最大输出功率为95W，是与PD69210控制器配合使用的PoE电源管理IC。这些PSE IC适合PoE交换机、路由器和中跨设备等应用，它们还适用于各种工业自动化设备和LED照明控制器。

Microchip还提供了完整的中跨PoE注入器单元，其中一款是PD9501GCO，该单端口中跨单元专为室外应用而设计，防护等级为IP67，向后兼容802.3at和802.3af标准，是安全摄像头和无线局域网接入点等外部应用的理想选择。

意法半导体(STMicroelectronics)还提供一系列PoE-PD设备。PM8805是符合IEEE 802.3bt单签名标准的PoE PD接口，具有集成的双主动桥式MOSFETS配置，因为它们的正向电压损耗较低，因而可替代二极管。

以太网供电已从刚刚开始的相对较低功率发展成为适于多种应用的电源选择方案，可理想地用于包括安全摄像头和楼宇自动化系统在内的多种应用。其功率容量在演进到90W时能够大大扩展应用范围，并有助于将以太网部署加速扩展到更多市场领域。

本章小结

本章主要介绍现场总线通信系统的相关概念和系统组成，介绍了数据通信基础和通信模型、数据通信的基本概念、数据编码技术、数据传输技术、数据交换技术、信道复用技术以及网络拓扑结构与网络的控制方法，ISO/OSI参考模型各层及其功能，以及网络互联设备简介，最后引出现场总线控制网络。

综合练习

一、简答题

1. 什么是总线？总线的主设备与从设备各起什么作用？
2. 总线上的控制信号有哪几种？各起什么作用？
3. 总线的寻址方式有哪些？各有什么特点？
4. 数据通信系统由哪些设备组成？各起什么作用？
5. 试举例说明数据与信息的区别。
6. 什么是数据传输率？它的单位是什么？
7. 试比较串行通信和并行通信的优缺点。
8. 什么是异步传输？什么是同步传输？
9. 串行通信接口标准有哪些？试分别阐述其电气特性。
10. 工业通信网络有几种拓扑结构？
11. 分析总线型拓扑结构的优缺点。
12. 常用的网络控制方法有哪些？

13. 试阐述以令牌传递方式发送数据和接收数据的过程。
14. 在CSMA/CD中,什么情况会发生信息冲突?如何解决?
15. 通常使用的数据交换技术有几种?各有什么特点?
16. 曼彻斯特波形的跳变有几层含义?
17. 有一比特流10101101011,画出它的曼彻斯特编码波形。
18. 有一比特流10101101011,画出它的差分曼彻斯特编码波形。
19. 什么是差错控制?列举两种基本的差错控制方式。
20. 简要说明光缆传输信号的基本原理。
21. 采用光缆传输数据有哪些优势?
22. 试比较双绞线与同轴电缆的传输特性。
23. 为什么要引进ISO/OSI参考模型?它能解决什么问题?
24. 对ISO/OSI参考模型划分层次的原则是什么?
25. 简述ISO/OSI参考模型结构和每层的作用。
26. 试描述ISO/OSI参考模型中数据传输的基本过程。
27. 列出几种网络互联设备,并说明其功能。
28. 集线器、交换机和路由器分别工作在ISO/OSI参考模型的哪一层?
29. 什么是防火墙?它在网络系统中起什么作用?
30. 试阐述现场总线控制网络的特点和它承担的主要任务。

二、思考题

现场总线技术中的网络与通信和日常生活中的网络与通信有哪些不同?

三、观察题

根据所学知识,寻找身边网络与通信技术的例子,分析它们带来了哪些便利。

第3章 PROFIBUS总线技术

内容提要

PROFIBUS总线是一种开放式的现场总线国际标准,目前世界上许多自动化技术生产厂家生产的设备都提供PROFIBUS接口。PROFIBUS总线广泛适用于制造业自动化、流程工业自动化和楼宇/交通/电力等其他领域自动化。PROFIBUS是一种用于工厂自动化车间级监控和现场设备层数据通信与控制的现场总线技术。可实现现场设备层到车间级监控的分散式数字控制和现场通信网络,从而为实现工厂综合自动化和现场设备智能化提供了可行的解决方案。

学习目标与重点

◆ 掌握PROFIBUS总线的基本特性及其分类。

◆ 了解PROFIBUS总线的行规。

◆ 理解PROFIBUS总线的发展前景。

关键术语

PROFIBUS总线、PROFIBUS-PA、PROFIBUS-FMS。

◎引入案例

PROFIBUS总线在污水处理控制系统中的应用

PROFIBUS是德国于20世纪90年代初制定的国家工业现场总线协议标准,代号DIN19245。它是一种国际化的开放式现场总线标准,即EN50170欧洲现场总线标准。该标准为供应商和用户的投资提供了最佳的保护,并确保了供应商的独立自主性。PROFIBUS具体规定了串行现场总线的技术和功能特性,它可使分散式数字化控制器从现场底层到车间级网络化。PROFIBUS总线分为主设备(主站)和从设备(从站)。主站决定总线上的数据通信方式。当主站得到总线控制权时,不用外界请求就可以主动发送信息。从站为外围设备,典型的从站包括输入输出装置、阀门、驱动器和测量变送器。它们没有总线控制权,仅对接收到的信息给予确认或当主站发出请求时向它发送信息。

1. 工艺简介

传统的活性污泥处理工艺存在基建投资高、运行费用高以及电耗高等问题。SBR(序批式活性污泥法)是近年来国际上比较先进的污水处理方法。虽然在20世纪初国外就已经研究出这种工艺,但是至今国内各大污水处理厂真正采用它的还不多。主要原因就是它对时间要求比较严格,对自控要求比较苛刻。采用SBR工艺的污水处理厂地点分散,设备量大,但各个工作段位要求衔接紧密,设备间需密切配合,这正给PROFIBUS总线提供了用武之地。

SBR污水处理控制系统主要包括进水泵房控制系统、旋流沉砂池控制系统、主反应池控制系统、出水泵房控制系统、鼓风机房控制系统、脱水机房控制系统等。

城市污水管网收集到的污水经泵站加压到进水泵房,在这里大的固体杂质被格栅机过滤,然后较稀的污水被提升泵送到旋流沉砂池。在这里,由于搅拌机和吸砂机的作用,污水中的固体颗粒又被去除。下一道工序是污水先被送到SBR池的厌氧池,目的是去磷、脱氮,然后流入好氧池,这里有相应的菌种来分解、净化污水。反应池中的污泥细菌生态系统维持存活的主要条件有两个:一个是污水中含有有机物杂质,另一个就是有氧气的供应。所以污水处理厂专门设有鼓风机房,通过池底的管道,直接对污水进行曝气。经过处理后达标的污水可直接排放,多余的污泥被排泥泵送到脱水机房,通过脱水处理,污泥被压干制成饼,用作肥料。

2. 系统配置及说明

1) 总体控制要求及功能

污水处理厂自控系统的要求是对污水处理过程进行自动控制和自动调节,使处理后的水质符合要求。在公司中控室发出上传指令时,将当前时刻运行过程中的主要工作参数(水质参数、流量、液位等)、运行状态及一定时间段内的主要工艺过程曲线等信息上传到公司中控室。

功能如下:

(1) 控制操作。在中心控制室能对被控设备进行在线实时控制,如启停某一设备,调节某些模拟输出量的大小,在线设置PLC的某些参数等。

(2) 显示功能。用图形实时地显示各现场被控设备的运行工况,以及各现场的状态参数。

(3) 数据管理。依据不同运行参数的变化快慢和重要程度,建立生产历史数据库,存储生产原始数据,供统计分析使用。将实时数据库和历史数据库中的数据进行比较和分析,得出一些有用的经验参数,有利于优化SBR池的准闭环控制,并把一些必要的参数和结果显示到实时画面和报表中。

(4) 报警功能。当某一模拟量(如电流、压力、水位等)的测量值超过给定范围或某一开关量(如电机启停、阀门开关)阀发生变位时,可根据不同的需要发出不同等级的报警。

(5) 打印功能。可以实现报表和图形打印以及各种事件和报警实时打印功能。打印方式可分为定时打印、事件触发打印。

2) 控制系统网络结构

如果采用常规PLC集中控制方式,将现场信号通过电缆连接到集中控制室内的PLC上,由于工艺线路长、现场控制点分布范围广,需要敷设大量的电缆及桥架,且现场环境恶劣,其施工难度非常大。鉴于此,采用了PROFIBUS-DP现场总线技术,根据工艺划分,系统共设了三个主站、五个子站、两个操作员站。采用SIMENS的S7-300系列PLC,主站采用CPU315-2DP,其带有一个DP(一种计算机电子元件)通信口和一个MPI(多点接口)。子站采用通用性较好的ET200M现场模块,用于现场数据的采集和控制,并借助PROFIBUS(工业现场总线),方便控制网络系统的建立。

控制系统分为三个级别，即管理级、控制级、现场级。

(1) 管理级。

管理级集中监控各个分站设备的运行状态。管理级现场总线选择 PROFIBUS-FMS 总线，两台安装组态软件的冗余服务器作为 PROFIBUS-FMS 现场总线的主站安装在控制室内，可以同时收集现场数据。服务器采用 WinCC 组态软件，并配有服务器软件包选项。

SIMATIC S7-314、MDS2701 无线电台负责与公司的无线数据通信。

(2) 控制级。

控制级的主要功能是接收管理层设置的参数或命令，对污水处理生产过程进行控制，将现场状态输送到管理层。PLC1 和 PLC2 分别由一个电源模块 PS 307 和一个 CPU315-2 DP 模块组成，它们互为热备，集中处理所有的控制算法，监控设备的自动运行。集中控制使整个污水厂控制系统的各个部分之间能够完全协调地工作。

(3) 现场级。

现场级控制采用 PROFIBUS-DP 现场总线，从而十分方便地实现对系统的冗余控制。ET200M 远程单元通过两个 IM153-2 总线接口模块分别连接在两条 PROFIBUS-DP 总线上。污水厂配置有 6 个 ET200M 远程单元，其中两个在 SBR 池，其余四个分别在进水泵房、出水泵房、鼓风机房和污泥脱水机房。每个 ET200M 单元均由两个 IM153-2 总线接口模块和其他若干数字量、模拟量输入输出模块组成。IM153-2 总线接口模块通过总线接收主控主站的命令，实现数据采集和设备控制，其中只有主控 PLC 的命令生效，而热备 PLC 的命令被忽略。数字量、模拟量输入输出模块的数量和配置由当地所需控制和采集的点数决定。

3.1 PROFIBUS 基本特性

PROFIBUS 可使分散式数字化控制器从现场底层到车间级网络化，系统还分为主站和从站。主站决定总线的数据通信，当主站得到总线控制权(令牌)时，没有外界请求也可以主动发送信息。主站从 PROFIBUS 协议讲也称为主动站。

从站(也称为被动站)为外围设备，典型的从站包括输入输出装置、阀门、驱动器和测量变送器。它们没有总线控制权，仅对接收到的信息给予确认或当主站发送请求时向主站发送信息。

1. 协议结构

PROFIBUS 协议结构是根据 ISO 7498 国际标准，以开放式系统互联网络(Open System Interconnection，OSI)作为参考模型的。该模型共有七层，如图 3-1 所示。

(1) PROFIBUS-DP：定义了第 1、2 层和用户接口。第 3～7 层未加描述。用户接口规定了用户和系统以及不同设备可调用的应用功能，并详细说明了各种不同 PROFIBUS-DP 设备的设备行为。

(2) PROFIBUS-FMS：定义了第 1、2、7 层，应用层包括现场总线报文规范(Fieldbus

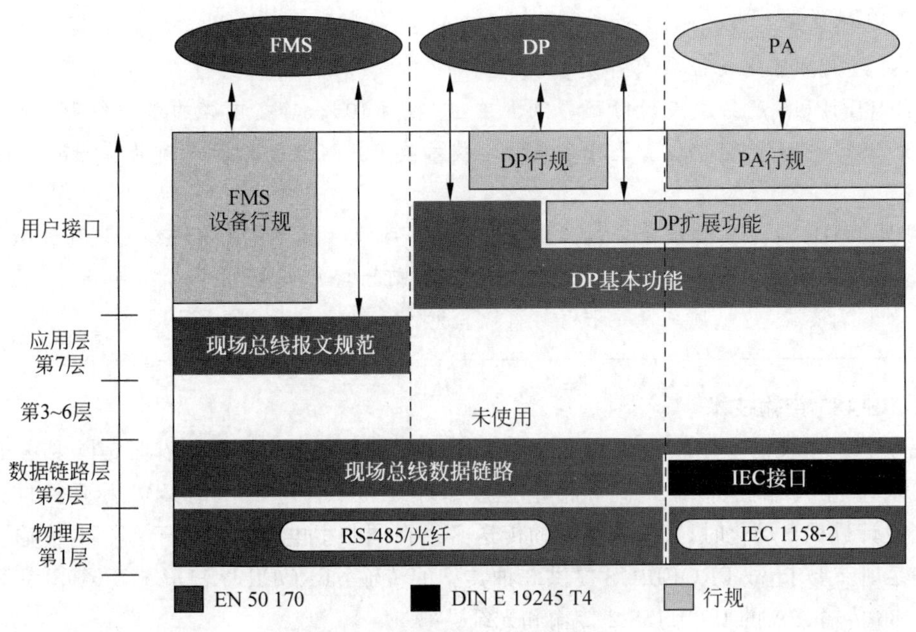

图 3-1　PROFIBUS 协议结构

Message Specification,FMS)和低层接口(Lower Layer Interface,LLI)。FMS 包括了应用协议并向用户提供了可广泛选用的强有力的通信服务。LLI 协调不同的通信关系并提供不依赖设备的第 2 层访问接口。

(3) PROFIBUS-PA：PA 的数据传输采用扩展的 PROFIBUS-DP 协议。另外,PA 还描述了现场设备行为的 PA 行规。根据 IEC1158-2 标准,PA 的传输技术可确保其本征安全性,而且可通过总线给现场设备供电。使用连接器可在 DP 上扩展 PA 网络(注：第 1 层为物理层,第 2 层为数据链路层,第 3～6 层未使用,第 7 层为应用层)。

PROFIBUS-DP 和 PROFIBUS-FMS 系统使用了同样的传输技术和统一的总线访问技术,因此这两套系统可在同一根电缆上同时操作。

知识链接 3-1

PROFIBUS 总线技术的发展

PROFIBUS 是德国于 20 世纪 90 年代初制定的国家工业现场总线协议标准,代号为 DIN19245。

1996 年获批成为欧洲标准,即 DIN50170 v. 2。

2000 年获批成为 IEC61158 现场总线国际标准之一。

PROFIBUS 国际(PROFIBUS International,PI)组织于 1995 年成立。我国的 PROFIBUS 用户组织或 PROFIBUS 专业委员会(CPO)于 1997 年 7 月在北京成立。

PROFIBUS 是唯一的全集成 H1(过程)和 H2(工厂自动化)的现场总线解决方案,是一种不依赖于制造商的开放式现场总线标准。

与其他现场总线技术相比,PROFIBUS 的最大优点在于其具有稳定的国际标准做保证,并经实际应用验证具有普遍性。

PROFIBUS 产品的市场份额占欧洲首位,约为 40%,其在中国的市场份额占有率也已达到 30%~40%,目前世界上许多自动化技术生产厂家生产的设备都提供 PROFIBUS 接口。

PROFIBUS 能够覆盖大多数工业应用领域,可用于有严格时间要求、需高速数据传输的场合,也可用于大范围的复杂通信场合。目前已经广泛应用于加工制造、过程和楼宇自动化等领域,是一项成熟的技术。

2. RS-485 传输技术

现场总线系统的应用在很大程度上取决于选用的传输技术,选用依据是既要考虑一些总的要求(传输可靠性、传输距离和传输速度),又要考虑一些简单而又费用不多的机电因数。当设计过程自动化时,数据和电源的传送必须在同一根电缆上。由于单一的传输技术不可能满足所有要求,故 PROFIBUS 提供 3 种类型的传输:PROFIBUS-DP 和 PROFIBUS-FMS 的 RS-485 传输、PA 的 IEC 1158-2 传输和光纤。

RS-485 传输是 PROFIBUS 提供的 3 种传输类型中最常用的一种,通常称为 H2,采用屏蔽双绞同轴电缆,共用一根导线对,适用于需要高速传输和设施简单而又便宜的领域。RS-485 传输技术的基本特性如表 3-1 所示。

表 3-1 RS-485 传输技术的基本特性

传输技术	基本特性
网络拓扑	线性总线,两端有源的总线终端电阻
介质	屏蔽/非屏蔽双绞线,取决于环境条件
站点数	每段有 32 个站;最多有 127 个站
插头连接器	最好是 9 针 D 型插头连接器

RS-485 易于操作,其总线结构允许增加和减少站点,分步投入不会影响到其他站点的操作。可选用 9.6kb/s~12Mb/s 的传输速度,一旦设备投入运行,全部设备均需选用同一传输速度。电缆的最大长度取决于传输速度,如表 3-2 所示。

表 3-2 RS-485 传输速度与 A 型电缆距离的关系

传输速度/(kb/s)	9.6	19.2	93.75	187.5	500	1500	12 000
距离/m	1200	1200	1200	1000	400	200	100

3. 用于 PROFIBUS-PA 的 IEC1158-2 传输技术

IEC1158-2 传输技术能满足化工和石化工业的要求,可保持其本质安全性,现有设备通过总线供电。此技术是一种位同步协议,可进行无电流的连续传输,通常称之为 H1,用于 PROFIBUS-PA。

IEC1158-2 传输技术以下列原理为依据。

(1) 每段只有一个电源作为供电装置。

(2) 当站收发信息时,不向总线供电。

(3) 各站现场设备所消耗的为常量稳态基本电流。

(4) 现场设备的作用如同无源的电流吸收装置。

(5) 主总线两端起无源终端线的作用。

(6) 允许使用线状、树状和星状网络。

(7) 设计时可采用冗余的总线段,用以提高可靠性。

IEC1158-2 传输技术的基本特性如表 3-3 所示。

表 3-3 IEC1158-2 传输技术的基本特性

传输技术	基本特性	传输技术	基本特性
数据传输	数字式,位同步,曼彻斯特编码	防爆	可能进行本质或非本质安全操作
传输速度	31.25kb/s,电压式	拓扑	线状或者树状,或两者结合
数据可靠性	预兆性,为避免误差采用起始和终止限定符	站数	每段最多有 32 个,总数最多有 126 个
电缆	双绞线	转发器	最多可扩展至 4 台
远程电源	通过数据线		

4. 光纤传输技术

在电磁干扰很大的环境下应用 PROFIBUS 总线时,可使用光纤导体以延长高速传输的最大距离。价格低廉的塑料光纤为传输距离在 50m 以内时使用,玻璃光纤为传输距离小于 15km 时使用。许多厂商提供专用的总线插头,可将 RS-485 信号转换成光纤信号,或将光纤信号转换成 RS-485 信号,为在同一系统上使用 RS-485 和光纤传输技术提供一套十分方便的开关控制方法。

5. 总线仲裁协议

PROFIBUS 总线均使用单一的总线仲裁协议,通过 OSI 参考模型的第 2 层实现,包括数据的可靠性以及传输协议和报文的处理。在 PROFIBUS 中,第 2 层称为数据链路层,介质访问控制层用于具体控制数据传输的程序,其必须确保在任何时刻只能有一个站点发送数据。

PROFIBUS 协议的设计旨在满足介质访问控制的基本要求:在复杂的主站间通信,必须保证在精确定义的时间间隔内,任何一个站点要有足够的时间来完成通信任务;在可编程控制器和简单的 I/O 设备(从站)间通信时,应尽可能快速又简单地完成数据的实时传输。

PROFIBUS 总线存取协议包括主站之间的令牌传递方式和主站与从站之间的主从传递方式,如图 3-2 所示。

令牌传递程序保证了每个主站在一个确切规定的时间框内得到总线存取权(令牌),令牌在所有主站中可循环的最长时间是事先规定的。在 PROFIBUS 中,令牌只在各主站之间通信时使用。

主从传递方式允许主站在得到总线存取令牌时可与从站通信,每个主站均可向从站发送或索取信息,通过这种方法有可能实现下列系统配置:纯主-从系统、纯主-主系统(带令牌

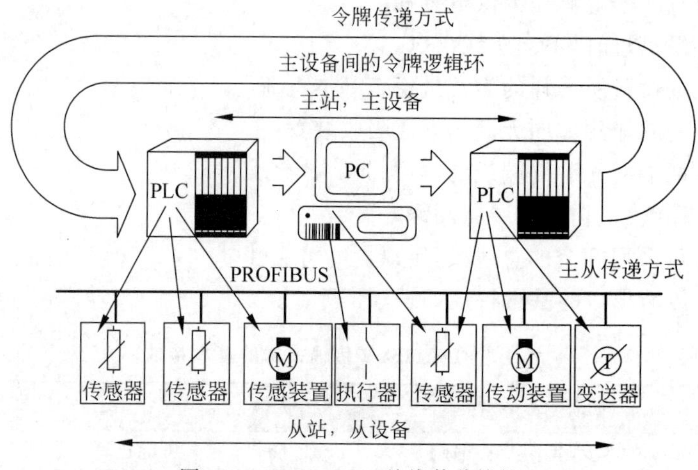

图 3-2 PROFIBUS 总线仲裁协议

传递)和混合系统。

图 3-2 中的三个主站构成令牌逻辑环，当某主站得到令牌电文后，该主站可在一定的时间内执行主站的工作，在这段时间内，它可依照主-从关系与左右从站通信，也可依照主-主关系与所有主站通信。

令牌环是所有主站的组织链，按照主站的地址构成令牌逻辑环。在这个环中，令牌在规定的时间内按照地址的升序在各主站中依次传递。

知识链接 3-2

PROFIBUS 总线技术的趋势

随着近年来 PROFIBUS 的迅速发展，PROFIBUS 现场总线又增加了以下几个重要的版本。

(1) PROFIdrive：主要用于运动控制方面，用于对诸如各种变频器及精密动态伺服控制器的数据传输通信。

(2) PROFIsafe：PROFIsafe 是根据 IEC61508 制定的首部通信标准，主要应用在对安全要求特别高的场合。

(3) PROFINET：PROFINET 是 PROFIBUS 国际为自动化制定的开放的工业以太网标准，符合 TCP/IP 和 IT 标准。PROFINET 为自动化通信领域提供了完整的网络解决方案。

3.2 PROFIBUS 总线

PROFIBUS 根据应用特点可分为 PROFIBUS-FMS、PROFIBUS-DP 和 PROFIBUS-PA 三个兼容版本，如图 3-3 所示。

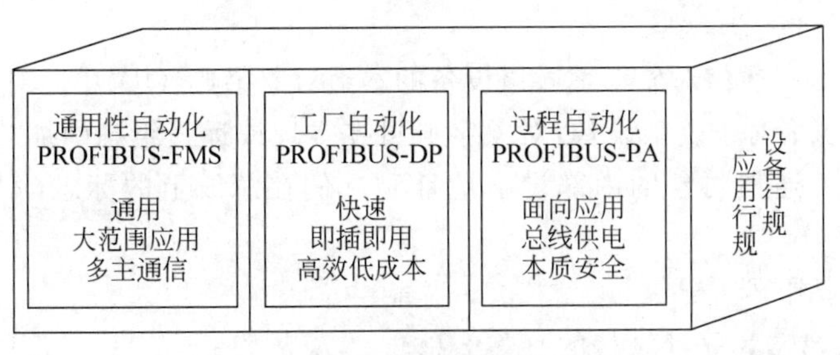

图 3-3　PROFIBUS 总线的三个版本

3.2.1　PROFIBUS-FMS

PROFIBUS-FMS 的设计旨在解决车间级的通用性通信任务，提供大量的通信服务，完成中等传输速度的循环和非循环通信任务：主要是可编程控制器(PLC 和 PC)间的互相通信。

1) PROFIBUS-FMS 的应用层

应用层提供用户可用的通信服务，有了这些服务才可能存取变量、传送程序并控制执行，而且可传送事件。PROFIBUS-FMS 应用层包括两部分：现场总线报文规范(FMS)用于描述通信对象和服务，低层接口(LLI)用于将 FMS 适配到第 2 层。

2) PROFIBUS-FMS 的通信模型

PROFIBUS-FMS 的通信模型可以使分散的应用过程利用通信关系表统一到一个共用的过程中。现场设备中用来通信的那部分应用过程叫作虚拟现场设备(VFD)。图 3-4 所示为实际现场设备与虚拟现场设备之间的关系。

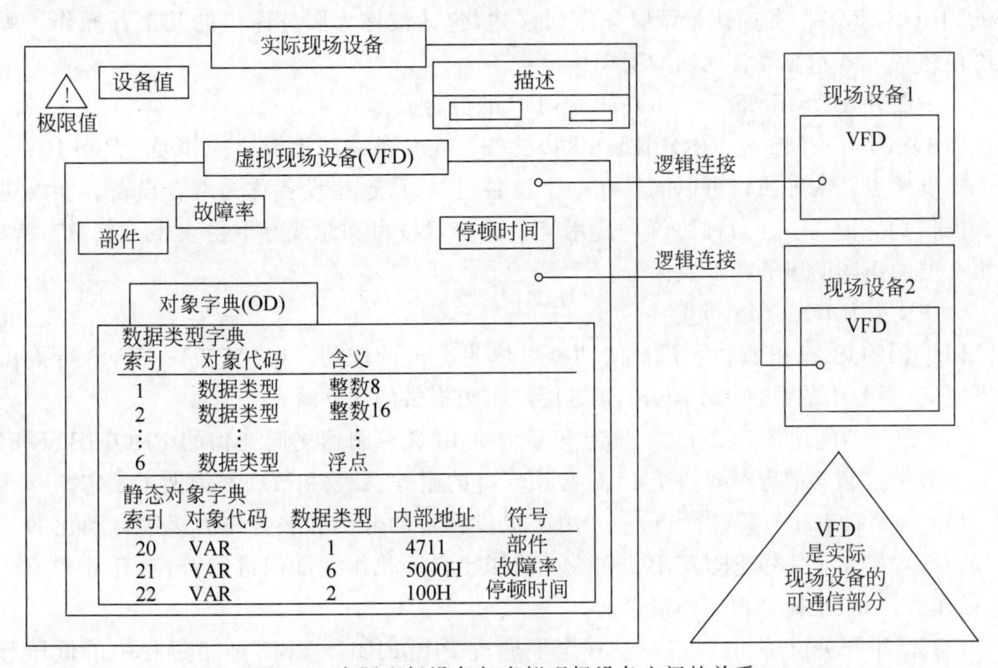

图 3-4　实际现场设备与虚拟现场设备之间的关系

3）通信对象和对象字典

每个设备的所有通信对象都填入该设备的本地对象字典(OD)中。对于简单设备，对象字典可以预先定义；对于复杂设备，对象字典可在本地或远程组态中加载。对象字典可描述数据类型、结构、通信对象的内部设备地址和它们在总线上的标志（索引/名称）之间的关系。

对象字典包括下列元素。

① 头——包含对象字典结构的有关信息。

② 静态数据类型表——所支持的静态数据类型列表。

③ 静态对象字典——包含全部静态的通信对象。

④ 变量列表的动态列表——所有已知变量表列表。

⑤ 动态程序列表——所有已知程序列表。

对象字典的各部分只有当设备实际支持这些功能时才提供。

静态通信对象均填入静态对象字典，可由设备的制造者预定义或在总线系统组态时指定。PROFIBUS-FMS 能识别 5 种通信对象：简单变量、数组（一系列相同类型的简单变量）、记录（一系列不同类型的简单变量）、域和事件。

动态通信对象填入对象字典的动态部分，它们可以用 FMS 服务预定义、定义、删除或改变。PROFIBUS-FMS 支持两种类型的动态通信对象：程序调用和变量列表（一系列简单变量、数组或记录）。

4）PROFIBUS-FMS 服务

PROFIBUS-FMS 服务是 ISO 9506 制造信息规范（Manufacturing Message Specification，MMS）服务的子集，已在现场总线应用中被优化，增加了通信对象管理和网络管理功能。PROFIBUS-FMS 服务的执行用服务序列描述，包括被称为服务原语的几个互操作。服务原语描述请求者和应答者之间的互操作。

5）PROFIBUS-FMS 和 PROFIBUS-DP 的混合操作

PROFIBUS-FMS 和 PROFIBUS-DP 设备可在一条总线上混合操作是 PROFIBUS 的一个主要优点。两种协议可以同时在一个设备上执行，这些设备称为混合设备。能够进行混合操作的原因有：这两种协议均使用统一的传输技术和总线存取协议，不同的应用功能由第 2 层的不同的服务存取点区分。

6）PROFIBUS-FMS 行规

PROFIBUS-FMS 提供了广泛的功能以满足普遍的应用。PROFIBUS-FMS 行规做了如下定义（括号中的数字为 PROFIBUS 用户组织提供的文件号）。

(1) 控制器间通信(3.002)——定义了用于 PLC 控制器之间通信的 PROFIBUS-FMS 服务。根据控制器的等级对每个 PLC 必须支持的服务、参数和数据类型做了规定。

(2) 楼宇自动化行规(3.011)——用于提供特定的分类和服务作为楼宇自动化的公共基础。行规描述了使用 PROFIBUS-FMS 的楼宇自动化系统如何进行监控、开环和闭环控制、操作员控制、报警处理和档案管理。

(3) 低压开关设备(3.032)——规定了通过 PROFIBUS-FMS 通信过程中的低压开关设备的应用行为。

3.2.2　PROFIBUS-DP

PROFIBUS-DP 用于设备级的高速数据传送，中央控制器通过高速串行线同分散的现场设备（如 I/O、驱动器、阀门等）进行通信。智能化现场设备还需要非周期性通信，以进行配置、诊断和报警处理。

1）基本功能

中央控制器周期地读取设备的输入信息，并周期地向从设备发送输出信息，总线循环时间必须要比中央控制器的程序循环时间短。除周期性的用户数据传输外，PROFIBUS-DP 还提供了强有力的诊断和配置功能，数据通信是由主机和从机进行监控的。

PROFIBUS-DP 的基本功能如下。

(1) 传输技术：RS-485 双绞线双线电缆或光缆，波特率为 9.6kb/s～12Mb/s。

(2) 总线存取：各主站间令牌传送，主站与从站间数据传送，支持单主或多主系统以及主-从设备，总线上最多的站点数为 126 个。

(3) 功能：DP 主站和 DP 从站间的循环用户数据传送，各 DP 从站的动态激活和撤销，DP 从站组态的检查，强大的诊断功能，三级诊断信息，输入或输出的同步，通过总线给 DP 从站赋予地址，通过总线对 DP 主站（DPM1）进行配置，每个 DP 从站最大为 246 字节的输入或输出数据。

(4) 设备类型：第二类 DP 主站（DPM2，可编程、可组态、可诊断的设备）；第一类 DP 主站（DPM1），中央可编程控制器，如 PLC、PC 等；DP 从站，带二进制或模拟输入输出的驱动器、阀门等。

(5) 诊断功能：经过扩展的 PROFIBUS-DP 诊断功能是对故障进行快速定位，诊断信息在总线上传输并由主站收集，这些诊断信息分为 3 类：本站诊断操作，诊断信息表示本站设备的一般操作状态，如温度过高、电压过低；模块诊断操作，诊断信息表示一个站点的某 I/O 模块出现故障（如 8 位的输出模块）；通道诊断操作，诊断信息表示一个单独的输入输出位的故障。

(6) 系统配置：PROFIBUS-DP 允许构成单主站或多主站系统，这就为系统配置组态提供了高度的灵活性。系统配置的描述包括站点数目、站点地址和输入输出数据的格式、诊断信息的格式以及所使用的总体参数。

输入和输出信息量的大小取决于设备形式，目前允许的 I/O 信息最多为 246 字节。

单主站系统中，在总线系统操作阶段只有一个活动主站。图 3-5 所示为一个单主站系统，PLC 为一个中央控制部件。单主站系统可获得最短的总线循环时间。

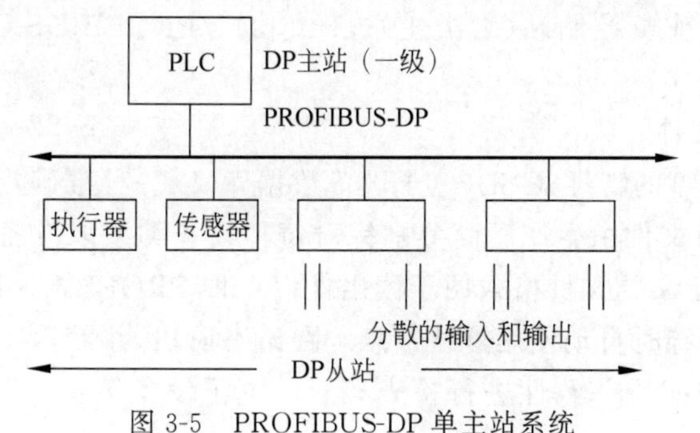

图 3-5　PROFIBUS-DP 单主站系统

多主站系统配置中，总线上的主站与各自的从站构成相互独立的子系统或是作为网上的附加配置和诊断设备，如图 3-6 所示。任何一个主站均可读取 DP 从站的输入输出映像，但只有一个主站(在系统配置时指定的 DPM1)可对 DP 从站写入输出数据，多主站系统的循环时间要比单主站系统的循环时间长。

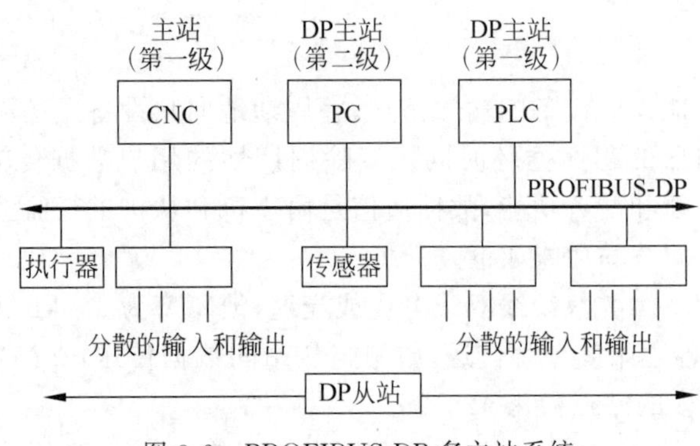

图 3-6　PROFIBUS-DP 多主站系统

(7) 运行模式：PROFIBUS-DP 规范包括了对系统行为的详细描述，以保证设备的互换性。系统行为主要取决于 DPM1 的操作状态，这些状态由本地或总体的配置设备所控制，主要有如下 3 种状态。

① 运行——I/O 数据的循环传送。DPM1 由 DP 从站读取输入信息向 DP 从站写入输出信息。

② 清除——DPM1 读取 DP 从站的输入信息并使输出信息保持为故障-安全状态。

③ 停止——只能进行主-主数据传送，DPM1 和 DP 从站之间没有数据传送。

(8) 通信：点对点(用户数据传送)或广播(控制指令)；循环主-从用户数据传送和非循环主-主数据传送。

(9) 同步：控制指令允许输入和输出同步。同步模式：输出同步；锁定模式：输入同步。

(10) 可靠性和保护机制：所有信息的传输在汉明距离 HD=4 时进行；DP 从站带看门狗定时器；DP 从站带输入输出数据存取与保护装置；DP 主站带可变定时器的用户数据传送与监视装置。

2) 扩展功能

PROFIBUS-DP 允许扩展非循环的读写功能。对从站参数和测量值的非循环读写功能可用于某些诊断或操作员控制站(二类主站，DPM2)。PROFIBUS-DP 可满足某些复杂设备的要求。

3) 设备数据库文件

对于一种设备类型的特性，GSD(电子设备数据库)以一种准确定义的格式给出其全面而明确的描述。GSD 文件由生产厂商分别针对每种设备类型以设备数据库清单的形式提供给用户，这种明确定义的文件格式便于读出任何一种 PROFIBUS-DP 设备的 GSD 文件，并且可在组态总线系统时自动使用这些信息。在组态阶段，系统自动地对与整个系统有关的数据的输入误差和前后一致性进行检查核对。电子设备数据库的开放式组态如图 3-7 所示。

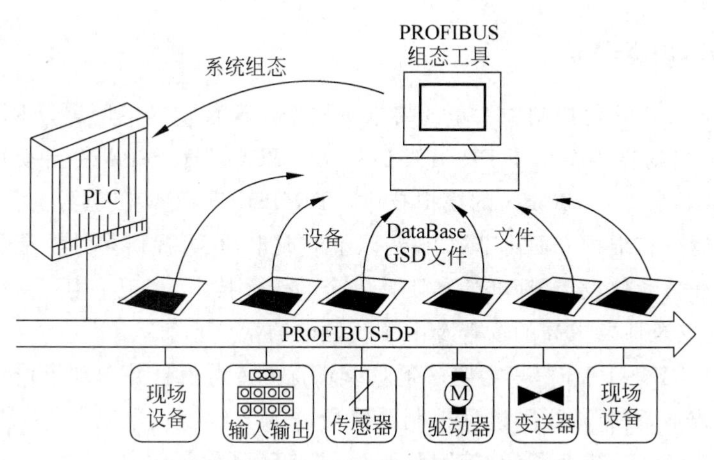

图 3-7 电子设备数据库的开放式组态

GSD分为如下三部分。

(1) 总体说明：包括厂商和设备名称、软/硬件版本情况、支持的波特率、可能的监控时间间隔及总线插头的信号分配。

(2) DP主设备相关规格：包括所有只适用于DP主站设备的参数(如可连接的从设备的最多台数或加载和卸载能力)。从站设备没有这些规定。

(3) 从设备的相关规格：包括与从站设备有关的所有规定(如I/O通道的数量和类型、诊断测试的规格及I/O数据的一致性信息)。

4) 行规

行规对用户数据的含义做了具体说明，并且具体规定了PROFIBUS-DP如何用于应用领域。利用行规可使不同厂商所生产的不同零部件互换使用。下列PROFIBUS-DP行规是已更新过的，括号内的数字是文件编号。

(1) NC/RC行规(3.052)。

NC/RC行规描述如何通过PROFIBUS-DP对操作机器人和装配机器人进行控制，根据详细的顺序图解，从高级自动化设施的角度描述机器人的运动和程序控制。

(2) 编码器行规(3.062)。

编码器行规描述带单转或多转分辨率的旋转编码器、角度编码器和线性编码器与PROFIBUS-DP的连接。这些设备分两种等级定义了基本功能和附加功能，如标定、中断处理和扩展诊断。

(3) 变速传动行规(3.071)。

传动技术设备的主要生产厂共同制定了变速传动行规。此行规规定了传动设备如何参数化，以及如何传送设定值和实际值。这样，不同厂商的传动设备可以互换。此行规包括对速度控制和定位的必要的规格参数，规定基本的传动功能而又为特殊应用扩展和进一步发展留有余地。

(4) 操作员控制和过程监视行规。

操作员控制和过程监视行规规定了操作员控制和过程监视设备如何通过PROFIBUS-DP连接到更高级的自动化设备上。此行规使用扩展的PROFIBUS-DP功能进行通信。

3.2.3 PROFIBUS-PA

为了解决过程自动化控制中大量的要求本质安全通信传输的问题，PROFIBUS 国际组织在 DP 之后有针对性地推出了 PROFIBUS-PA。PROFIBUS-PA 将自动化系统与现场设备连接起来，可以取代 4～20mA 的模拟技术。PROFIBUS-PA 在现场设备的规划、电缆敷设、调试、投入运行和维护方面可节省 40%以上的成本，并可提供多种功能和安全性。该总线技术专为过程自动化设计，标准的本质是安全的传输技术，实现了 IEC1158-2 中规定的通信规程，用于对安全性要求高的场合及由总线供电的站点。

使用 PROFIBUS-PA 时，只需要一条双绞线就可传送信息并向现场设备供电。这样不仅节省了布线成本，而且减少了过程控制系统所需的 I/O 模块数量。PROFIBUS-PA 可通过一条简单的双绞线来进行测量、控制和调节，并向现场设备供电，且适用于本质安全地区。PROFIBUS-PA 允许设备在操作过程中进行维修、接通或断开，即使在潜在的爆炸区也不会影响到其他站点。

由于 PROFIBUS-DP 和 PROFIBUS-PA 使用不同的数据传输速度和方式，为使它们之间平滑地传输数据，使用 DP/PA 耦合器和 DP/PA 链路设备作为网关。PROFIBUS-PA 现场设备可以通过 DP/PA 链路设备连接到 PROFIBUS-DP。

DP/PA 耦合器用于在 PROFIBUS-DP 与 PROFIBUS-PA 间传递物理信号。DP/PA 耦合器有两种类型：非本质安全型和本质安全型。系统组态后，DP/PA 耦合器是可见的。

1）传输协议

PROFIBUS-PA 使用 PROFIBUS-DP 的基本功能传输测量值和状态，使用 PROFIBUS-DP 扩展功能对现场设备设置参数及操作。其传输采用基于 IEC1158-2 的两线技术。PROFIBUS-PA 第 1 层采用 IEC1158-2 技术，第 2 层和第 1 层之间的接口在 DIN19245 系列标准的第 4 部分作了规定。

在 IEC1158-2 段传输时，物理层报文被加上起始和结束界定符，其格式如 3-8 图所示。

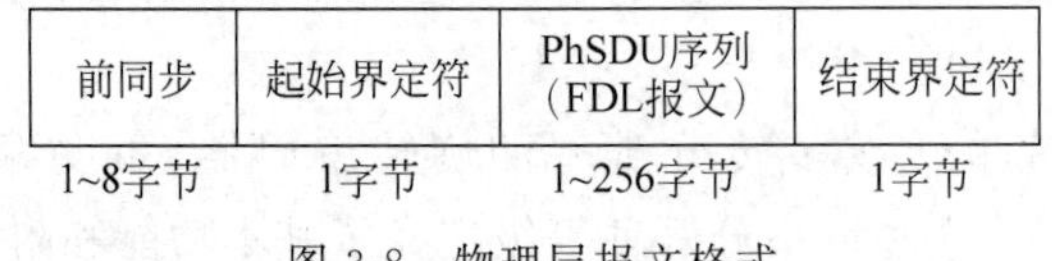

图 3-8　物理层报文格式

2）行规

PROFIBUS-PA 行规保证了不同厂商生产的现场设备的互换性和互操作性，它是 PROFIBUS-PA 的组成部分，可从 PROFIBUS 用户组织订购，订购号为 3.042。

PROFIBUS-PA 行规的任务是根据现场设备类型选择实际需要的通信功能，并为这些设备功能和行为特性提供所有需要的规格说明。

PROFIBUS-PA 行规包括适用于所有设备类型的一般要求和适用于各种设备类型组态信息的数据单。

知识链接 3-3

PROFIBUS在工厂自动化中的位置

典型的工厂自动化系统为三层网络结构,各层分别如下。

(1) 现场设备层:主要功能是连接现场设备,完成现场设备控制及设备间连锁控制。

(2) 车间监控层:完成车间与生产设备之间的连接以及车间级设备监控。

(3) 生产管理层:车间操作员工作站可通过集线器与车间办公管理网连接,将车间生产数据送到车间监控层。

PROFIBUS是一种用于工厂自动化车间监控层和现场设备层数据通信与控制的现场总线技术。

可实现现场设备层到车间监控层的分散式数字控制和现场通信网络,为实现工厂综合自动化和现场设备智能化提供了可行的解决方案。

3.3 PROFIBUS与ISO/OSI参考模型

PROFIBUS现场总线可以将数字自动化设备从低级(传感器/执行器)到中间执行级(单元级)分散开来。通信协议按照应用领域进行了优化,故几乎不需要复杂的接口即可实现。参照ISO/OSI参考模型,PROFIBUS只包含了第1层、第2层和第7层,如图3-9所示。

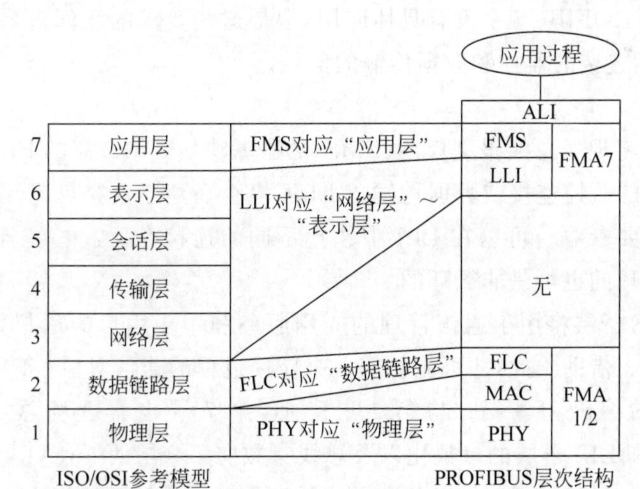

图3-9 OSI参考模型与PROFIBUS体系结构的对比

1. 第1层

第1层(PHY)规定了线路介质、物理连接的类型和电气特性。PROFIBUS通过采用差分电压输出的RS-485实现电流连接。在线状拓扑结构下采用双绞线电缆,树状结构还可能用到中继器。

2. 第 2 层

第 2 层的 MAC 子层描述了连接到传输介质的总线存取方法。PROFIBUS 采用一种混合访问方法。由于不能使所有设备在同一时刻传输，所以在 PROFIBUS 主站（Master）设备之间用令牌的方法。为使 PROFIBUS 从站（Slave）设备之间也能传递信息，从站设备由主站设备循环查询。图 3-10 描述了上述两种方法。

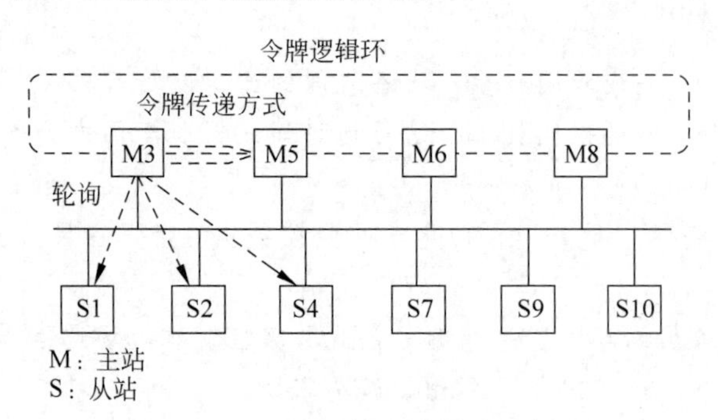

图 3-10　PROFIBUS 总线存取方法

第 2 层的现场总线链路控制（FLC）子层规定了对 LLI 有效的第 2 层服务，提供服务访问点（SAPs）的管理和与 LLI 相关的缓冲器。

第 2 层的现场总线管理（FMA1/2）子层完成第 2 层（MAC 子层）特定的总线参数的设定和第 1 层（PHY）的设定。FLC 和 LLI 之间的 SAPs 可以通过 FMA1/2 子层激活或撤销。此外，第 1 层和第 2 层可能出现的错误事件会被传递到更高层（FMA7）。

3. 第 3～6 层

第 3～6 层在 PROFIBUS 中没有具体应用，但是这些要求的任何重要功能都已集成在 LLI 中。例如，包括连接的监控和数据传输的监控。

4. 第 7 层

第 7 层的 LLI 将现场总线报文规范（FMS）的服务映射到第 2 层的 FLC 子层的服务中。除了上面已经提到的监控连接或数据传输，LLI 还检查在建立连接期间用于描述一个逻辑连接通道的所有重要参数。可以在 LLI 中选择不同的连接类型：主-主连接或主-从连接。数据交换既可是循环的也可是非循环的。

第 7 层的 FMS 子层将用于通信管理的应用服务和用于用户的用户数据（变量、域、程序、事件通告）分组。借助于此，才可能访问一个应用过程的通信对象。FMS 主要用于协议数据单元（PDU）的编码和译码。与第 2 层类似，第 7 层也有现场总线管理（FMA7）。FMA7 保证 FMS 和 LLI 子层的参数化以及总线参数向第 2 层的 FMA1/2 子层传递。在某些应用过程中，还可以通过 FMA7 把各个子层的事件和错误显示给用户。

5. 应用层接口

位于第 7 层之上的应用层接口（ALI）构成了到应用过程的接口。ALI 的目的是将过程对象转换为通信对象。转换的原因是每个过程对象都是由它在所谓的对象字典中的特性（数据类型、存取保护、物理地址）所描述的。

3.4 PROFIBUS设备配置与数据交换

3.4.1 PROFIBUS的设备配置

两个设备之间交换数据或信息的通信是通过信道进行的,有逻辑信道与物理信道之分。逻辑信道是从用户视角来看的,可以有不同的特性。为了描述这些特性,PROFIBUS已经定义了参数,提供了这些信道的定量和定性的定义。

由于两个独立的、局部的信道可以分别定义,用户能够优化远程应用过程之间的通信。一个信道的所有参数列于通信关系表(CRL)中。每个信道在CRL中有一个入口,它是通过通信关系(CR)唯一寻址的。

PROFIBUS设备的物理信道具有下列特性。

(1) 物理地址(设备地址)。

(2) 传输介质,包括到传输介质的接口(MAU,介质连接单元)。

(3) 执行数据传输所需要的其他参数(传输速率、时间参数等)。

(4) 物理通信所需要的所有参数配置好后,即可以通过传输介质传输数据。

(5) 从用户的角度看,与应用过程之间的通信是通过逻辑信道进行的。

(6) 逻辑信道是设计阶段在CRL中定义的。

(7) CRL包括两部分:FMS-CRL和LLI-CRL,包含了与这些子层有关的所有必要的信息。

知识链接 3-4

PROFIBUS总线设备配置要解决的问题

具体来说,PROFIBUS总线设备配置要解决以下几个问题。

(1) 数据传输是循环的还是非循环的?

(2) 允许并行服务吗?即可以同时处理多个任务吗?

(3) 每个信道允许使用哪些服务?

(4) 每次传输允许传送或接收多少用户数据?

(5) 与其他站的连接如何监控?

(6) 与哪个包含该信道(连接终点)的站进行通信?

3.4.2 面向连接的数据交换

两个站之间面向连接的通信要经历如下4个步骤。

(1) 启动。数据传输开始之前,要对设备(第2层)接口参数赋值。必须设定站地址和波特率,并且激活SAP。SAP需要的参数包含在CRL中。

(2) 建立连接。当总线上各站做好数据传输准备时,首先要建立逻辑连接。

(3) 数据传输。总是由主站启动建立连接。主站的用户调用FMS的INITIATE服务启动连接。连接建立之后主站开始传输数据。

(4) 连接释放。可以完成从从站到主站的数据传输后,再断开逻辑连接。释放连接既可以从主站启动也可以由从站启动。

3.5 PROFIBUS 控制系统集成技术

3.5.1 PROFIBUS 控制系统的组成

PROFIBUS 控制系统主要包括以下内容。

(1) 一类主站:指 PC、PLC 或可作一类主站的控制器。一类主站完成总线通信控制与管理。

(2) 二类主站:操作员工作站(如 PC+图形监控软件)、编程器、操作员接口等,完成各站点的数据读写、系统配置、故障诊断等。

(3) 从站。

① PLC(智能型 I/O)。PLC 自身有程序存储,PLC 的 CPU 部分执行程序并按程序指令驱动 I/O。作为 PROFIBUS 主站的一个从站,在 PLC 存储器中有一段特定区域作为与主站通信的共享数据区,主站可通过通信间接控制从站 PLC 的 I/O。

② 分散式 I/O。通常由电源部分、通信适配器部分、接线端子部分组成。分散式 I/O 不具有程序存储和程序执行的功能,通信适配器接收主站指令,按主站指令驱动 I/O,并将 I/O 输入及故障诊断等信息返回给主站。通常分散式 I/O 由主站统一编址。

③ 驱动器、传感器、执行机构等现场设备。即带 PROFIBUS 接口的现场设备,可由主站在线完成系统配置、参数修改、数据交换等功能。至于哪些参数可进行通信以及参数格式由 PROFIBUS 行规规定。

PROFIBUS-DP:可构成单主和多主系统,主站和从站间采用循环数据传输方式工作。

PROFIBUS-FMS:可构成实时多主网络系统,一般 PROFIBUS-FMS 和 PROFIBUS-DP 混合使用。

PROFIBUS-PA:为 PROFIBUS-DP 使用连接器扩展而成的网络,一般作为从站设备与 PROFIBUS-FMS 和 PROFIBUS-DP 混合使用。

3.5.2 PROFIBUS 控制系统的配置

1. 按现场设备类型配置

根据现场设备是否具有 PROFIBUS 接口,PROFIBUS 控制系统配置可分为如下三种模式。

1) 总线接口型

现场设备不具有 PROFIBUS 接口,采用分散式 I/O 作为总线接口与现场设备连接。这种模式在现场总线技术的应用初期应用较广。如果现场设备能分组,组内设备相对集中,这种模式会更好地发挥现场总线技术的优点。

2) 单一总线型

现场设备都具有 PROFIBUS 接口是一种理想情况。可使用现场总线技术来实现完全的分布式结构,从而充分获得这一先进技术所带来的便利。

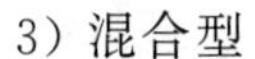

3）混合型

一种相当普遍的情况是部分现场设备具有 PROFIBUS 接口，这时应采用 PROFIBUS 现场设备加分散式 I/O 混合使用的方法。

2. 按实际应用需要配置

根据实际需要及经费情况，通常有如下几种结构类型。

（1）以 PLC 或控制器作为一类主站，不设监控站，但调试阶段配置一台编程设备。PLC 或控制器完成总线通信管理、从站数据读写、从站远程参数化工作。

（2）以 PLC 或控制器作为一类主站，监控站通过串口与 PLC 一对一连接。监控站不在 PROFIBUS 网上，不是二类主站，不能直接读取从站数据或完成远程参数化工作。监控站所需的从站数据只能从 PLC 或控制器中读取。

（3）以 PLC 或其他控制器作为一类主站，监控站作为二类主站连接在 PROFIBUS 总线上。监控站完成远程编程、参数化以及在线监控功能。

（4）使用 PC 加 PROFIBUS 网卡作为一类主站，监控站与一类主站一体化。这是一个低成本方案，但 PC 应选用具有高可靠性、能长时间连续运行的工业 PC。PC 一旦出现故障将导致整个系统瘫痪。通信模板厂商通常只提供一个模板的驱动程序，总线控制程序、从站控制程序、监控程序可能需要由用户自己开发，开发的工作量可能会比较大。

（5）坚固式 PC＋PROFIBUS 网卡＋Soft PLC 的结构形式。如果将上述方案中的 PC 换成一台坚固式 PC，系统可靠性将大大增强。但这是一台监控站与一类主站一体化控制器工作站，要求它的软件完成支持编程、执行应用程序、主/从站故障报警、设备在线图形监控等功能。

（6）充分考虑未来的扩展需要，如增加几条生产线和扩展出几条 DP 网络，车间要增加几个监控站等，因此采用两级网络结构。

3.6　PROFIBUS 通信接口与主从站实现

目前，PROFIBUS 协议芯片系列较多。原则上，只要微处理器配有内部或外部的异步串行接口，PROFIBUS 协议在任何微处理器上就都可以实现。但是如果协议的传输速度超过 500kb/s 或与 IEC1158-2 传输技术连接时，建议使用 ASIC 协议芯片。

采用何种实现方法主要取决于现场设备的复杂程度、需要的性能和功能。各种方式所需的硬件和软件可在市场上从不同厂家购买到。表 3-4 为一些厂家的 PROFIBUS 协议芯片一览表。

表 3-4　PROFIBUS 协议芯片一览表

厂　家	芯　片	类　型	FMS	DP	PA
IAM	PBS	从	√	√	×
IAM	PBM	主	√	√	×
Motorola	68302	主-从	√	√	×
Motorola	68360	主-从	√	√	×
Delta-t	IXI	主-从	√	√	√
SMAR	PA-ASIC	MODEM	×	×	√

续表

厂　家	芯　片	类　型	FMS	DP	PA
SIMENS	SIM1	MODEM	×	×	√
SIMENS	SIM4	从	√	√	√
SIMENS	SIM3	从	×	√	×
SIMENS	SIM2	从	×	√	×
SIMENS	ASPC2	主	√	√	√
SIMENS	LSPM2	从		√	

1. PROFIBUS 协议 ASIC 芯片

选择 PROFIBUS 协议 ASIC 芯片需注意如下问题。

主-从：指芯片只作主站、从站或主-从站。调制解调器可将 RS-485 转换成 IEC1158-2 传输技术的驱动芯片。可用于 PA 接口。

FMS/DP/PA：指芯片可支持的协议。

加微控制器：指芯片是否需要外接微处理器。Motorola68302/68360、SIEMENS SPM2/LSPM2 不需要外接微处理器。

2. DP 从站单片实现

DP 从站单片实现是最简单的协议实现方式。单片中包括了协议的全部功能，不需要任何微处理器或软件，只需外加总线接口驱动装置、晶振和电力电子。

如 SIMENS 的 LSPM2/SPM2 ASIC(见图 3-11)或 Delta-t 的 IXI 芯片，使用这些 ASIC 芯片只受 I/O 数据位数多少的限制。

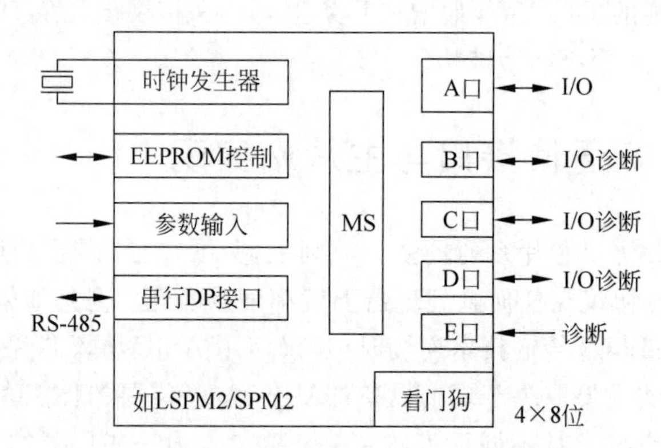

图 3-11　SIMENS LSPM2/SPM2 从站 ASIC 芯片

3. PROFIBUS FMS 和 DP 从站的实现

PROFIBUS 协议的关键时间部分由协议芯片实现，其余部分由微控制器的软件完成。智能化从站设备芯片有 SIMENS 的 ASIC、SPC4，Delta-I 的 IXI 和 IAM 的 PBS。这些 ASIC 芯片提供的接口是通用性的，它可与一般的 8 位或 16 位微处理器连用。

4. 复杂的 FMS 和 DP 主站的实现

在复杂的 FMS 和 DP 主站的实现方式中，PROFIBUS 协议的关键时间部分由协议芯片实现，其余部分由微控制器的软件完成。提供这些主站设备的有 SIMENS 的 ASIC、ASPC2，Delta-t 的 IXI 和 IAM 公司的 PBM，这些芯片均可与各种通用的微处理器连用。

5. PA 现场设备的实现

实现 PA 现场设备时，低电源消耗特别重要，电流量仅为 10mA。为此，SIMENS 开发了一种专门的 SIM1 MODEM 芯片，它通过 IEC1158-2 电缆得到全部设备的电源，并向设备的其他部件供电。

3.7 PROFIBUS 的技术发展

1. 与以太网的透明连接功能

为了进一步减少工程成本和扩展应用范围，需要在专用总线的场合使用统一的、透明的通信系统。因此 PROFIBUS 的技术创新所关注的是开放的 PROFIBUS 与以太网(Ethernet)之间的透明连接。

2. 用于运动控制的新功能

对于变速设备的应用领域，PROFIBUS 用户组织的目的是与驱动器制造商一起应用 PROFIBUS 提供高速运动的顺序控制。这种技术需要在 PROFIBUS 协议中补充一些新功能(用于时钟同步和设备级的从站与从站通信)来实现，目标是在无干扰循环下允许用于运行、监视和工程任务的非循环的参数存取。

现有的开放系统中，不仅驱动控制需要总线，读取和显示分布式 I/O 或显示和操作功能也需要总线，通常用户仍需通过若干条总线来分散这些功能。

新的 PROFIBUS 运动控制功能将扩展 PROFIBUS 的总线功能，使用户在许多应用中不必再使用专用的驱动总线。

3. 出版者/预订者模型

为了实现从站与从站间的通信，可使用出版者/预订者(Publisher/Subscriber)模型。声明作为出版者的从站来安排它们的输入数据有效地提供给其他从站(即预订者)，因此这些作为预定者的从站就可以读取这些数据。

还没有实现协议扩展的现有从站能在同一个总线段上与已经支持新功能的驱动器共同运行。

4. PROFINET

PROFINET 实现了 PROFIBUS 的纵向集成。PROFINET 技术的纵向集成主要由两方面组成。一方面它代表了从 I/O 层到工厂层的高度分散型系统的统一标准的结构，该结构允许系统的无缝集成。另一方面，PROFINET 定义了开放的、面向对象的运行期概念和独立于制造商的功能设计概念。PROFINET 覆盖了分散型自动化系统的整个寿命周期。

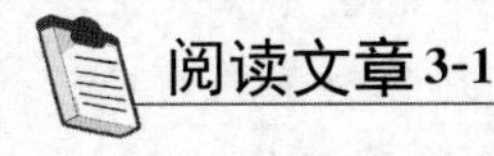

阅读文章 3-1

PROFIBUS 现场总线技术在火电厂的应用

当前，各个领域都处在数字化转型的重要时期，对于国内各发电企业而言，建设、推行数字化电厂是发展的必由之路。现场总线技术是一种新型数据通信方式，具有数字式、串行、双向、多点的优势，是目前自动化技术的热点和发展趋势，成为建设数字化电厂的基础。随着电力设备厂商不断提高其自身产品的智能化水平，现场总线控制系统 PROFIBUS 不但可以实现常规的控制要求，还能实现设备在线监视和诊断，实现资产在线管理，为电厂实现数字化、智能化管理提供了条件。

目前，国内各发电集团都十分关注现场总线控制技术的应用，现场总线控制系统在国内电厂中的应用范围已不再局限于辅助车间。本文以国电电力邯郸东郊热电有限公司（简称“东郊热电”）为例，介绍 PROFIBUS 现场总线技术在全厂范围内的应用情况。

东郊热电一期工程建设规模为 2 台 350MW 的超临界供热机组。锅炉采用的是北京巴布科克·威尔科克斯有限公司生产的超临界参数、变压运行螺旋管圈、直流炉、单炉膛、一次中间再热、前后墙对冲燃烧方式、平衡通风、固态排渣、π 型锅炉。汽轮机采用北京北重汽轮电机有限责任公司生产的超临界参数、单轴、双缸双排汽、一次中间再热、湿冷抽汽、凝汽式汽轮机。DCS 采用北京国电智深公司开发的 EDPF NT＋系统，总线控制设备采用冗余/单路转换器、耦合器等控制，通过智深公司独立开发的 PB 卡实现与系统的信息交换，由华电天仁公司提供技术支持。

业内普遍认为，比较适合过程自动化的总线技术有 3 种，即 PROFIBUS、FF、WorldFIP，东郊热电采用的是 PROFIBUS。PROFIBUS 是作为德国国家标准 DIN19245 和欧洲标准 EN 50170 的现场总线。ISO/OSI 模型也是其参考模型，由 PROFIBUS-DP、PROFIBUS-FMS、PROFIBUS-PA 组成了 PROFIBUS 系列。

FMS 是最初的 PROFIBUS 系统，主要用于车间级职能主站的通信，目前已经逐渐被取代。东郊热电采用 DP 和 PA 两类设备，PROFIBUS-DP 网络的通信速率是 187.5kb/s（理论上可以达到 12Mb/s），采用 RS-485 方式传输或光线方式传输，适合于高速数据传输，专门用于设备级控制系统与分散式 I/O 的通信，使用 PROFIBUS-DP 可取代 24V DC 或 4～20mA 信号传输，通信协议为 DP-V0，通信方式为循环数据通信。PROFIBUS-PA 网络通信速率为 31.25kb/s，主要是为了过程控制的特殊要求而设计的，其取代了过程控制中传统的 4～20mA 标准信号，以模拟量控制为主，通信协议为 DP-V1，通信方式不仅有循环数据通信，而且还有非循环数据通信。

鉴于汽轮机数字电液控制系统（DEH）、小汽轮机数字电液控制系统（MEH）、汽轮机危机遮断控制系统（ETS）、小汽轮机危机遮断控制系统（METS）、旁路控制系统（BPS）、炉膛安全监视系统（FSSS）、汽轮机轴系监测系统（TSI）、6kV 及其以上高压动力启停操作等对机组安全运行至关重要，回路处理速度要求高，东郊热电的上述系统仍采用成熟的常规控制方式。温度测量方面，对于炉膛壁温、发电机本体温度等均采用常规接线方式引出至单独处理模块（智能前端采集器），采集后通过 RS-485 通信接口统一上传至 DCS，而 DCS 系统采用虚拟 DPU（中央处理器分散处理单元）进行接收实现数据采集；其他正常温度信号若采用现场总线变送器则成本过高，故仍沿用常规 I/O 方式。除上述系统外，东郊热电其余系统均采用现场总线控制技术。包括主机系统、热网系统、厂用低压动力段的马达保护装置的启停操作系统、脱硫脱硝系统、化学补给水系统、除灰除尘系统。总线设备类型有电动门、气动门、压力变送器、料位计、流量计、化学分析仪表、阀岛、马达（保护器）控制器等。

东郊热电采用的现场总线控制网络拓扑结构如图 3-12 所示，分为 3 个层级，分别为管理监控层、设备控制层、就地设备层。

管理监控层是现场总线控制系统的人机交互口，负责系统组态、监控、参数设定以及报警显示、记录和故障诊断等。典型构成由操作员站和工程师站组成，数量依据设计而定；设

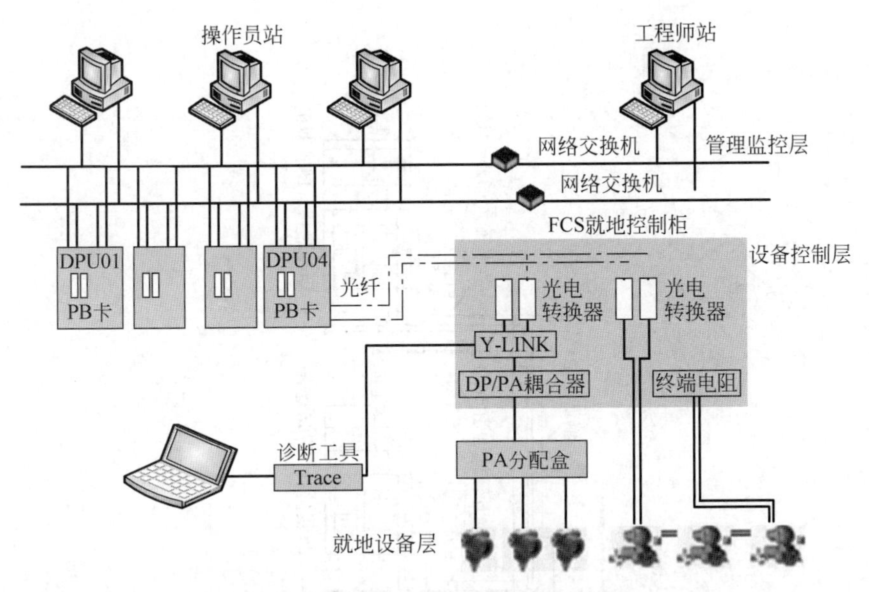

图 3-12 现场总线控制网络拓扑结构

备控制层由智深公司生产的DPU控制柜(内含有1对或2对冗余总线控制PB卡)和分布在现场的总线柜组成。其中,总线柜内有光电转换器、冗余/单路转换器(Y-LINK)、PROFIBUS DP/PA转换器(耦合器)、终端电阻、中继器(可选用)等组成;就地设备层由具备总线功能的智能仪表、执行机构、阀岛组成。东郊热电主机系统按双网同时运行设计,上位机完成网络的切换功能,而一般辅网控制系统在设备层处单网运行,既能满足安全要求,又节约成本。

现场总线技术已经在新建电厂中得到了大量的应用,但是在国产350MW机组中全厂范围内的应用还未见报道,邯郸东郊热电一期工程迈出了创新的一步,同时为后续电厂数字化建设打下了坚实的基础。

阅读文章3-2

基于PROFIBUS-DP现场总线技术的电气改造设计研究

滤棒存储输送系统作为烟草机械铺连设备,在烟草企业中扮演着重要角色,其生产工艺流程如图3-13所示。该系统的作用在于使烟草的加工生产实现自动化,并将滤棒进行干燥和固化,使之符合接下来的工艺要求。

滤棒存储输送系统在工作时会存在一些问题,从而降低了其使用效率,具体问题如下:①输送通道的电机采用的是直流控制系统,该直流方式会增加企业的成本,也不利于维修保养。②主体部分的电机采用的是三相交流力矩电机,该电机的控制模式比较容易操作,但是其灵活性不好,而且这种模式会造成滤棒的输送质量降低,不利于烟草企业的生产。③滤棒存储输送系统的机械设备较大,主控制器PLC距离其他检测点较远,导致信号传输路径较长,容易受到影响,从而影响系统的工作效率。④滤棒存储输送系统没有人机交互界面,而且对于现代科技要求来说,这样的控制模式已经不符合时代的要求,会造成系统信息集成度

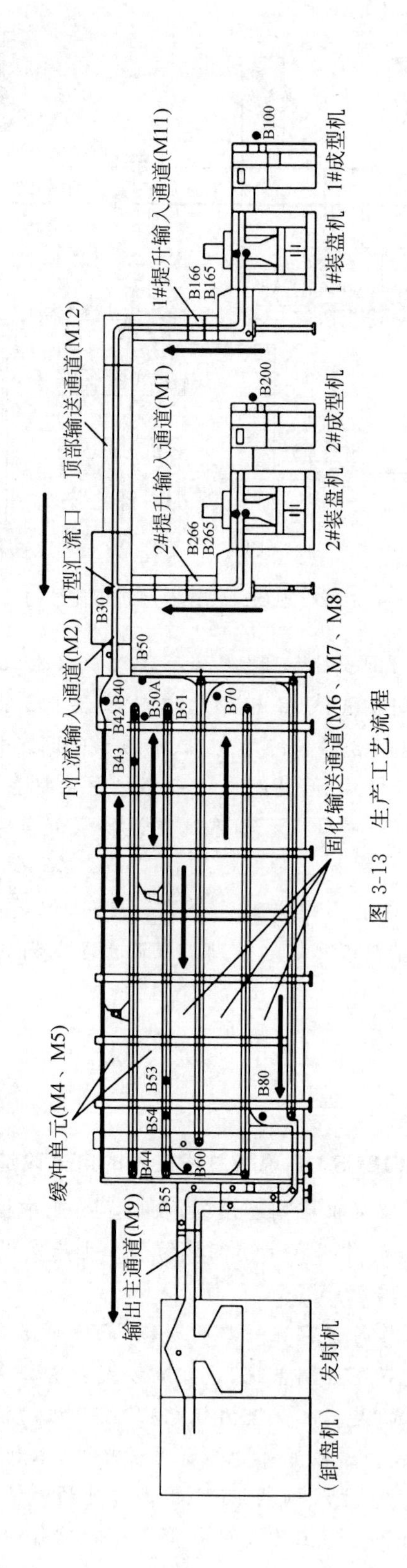
顶部输送通道(M12)
1#提升输入通道(M11)
B166
B165
B100
1#装盘机
1#成型机
2#提升输入通道(M1)
B200
B266
B265
2#装盘机
2#成型机
T型汇流口
B30
T汇流输入通道(M2)
B50
B40
B42
B50A
B51
B70
B43
固化输送通道(M6、M7、M8)
缓冲单元(M4、M5)
B53
B54
B44
B60
B80
B55
输出主通道(M9)
（卸盘机）
发射机

图 3-13　生产工艺流程

差,存在很多不方便之处。由于上面的种种原因,其中最重要的一个问题就是电气设备的不完善,所以为了弥补电气设计的不足,本文基于 PROFIBUS-DP 现场总线技术对滤棒存储输送系统的电气进行改造。

为了使系统更加完善,需要选择与其相适应的配置,本文选择了带 PROFIBUS 总线接口的变频器,以及 TP270 触摸屏,因为该触摸屏含 MPI/DP 等通信接口。电控系统的整体结构示意如图 3-14 所示。

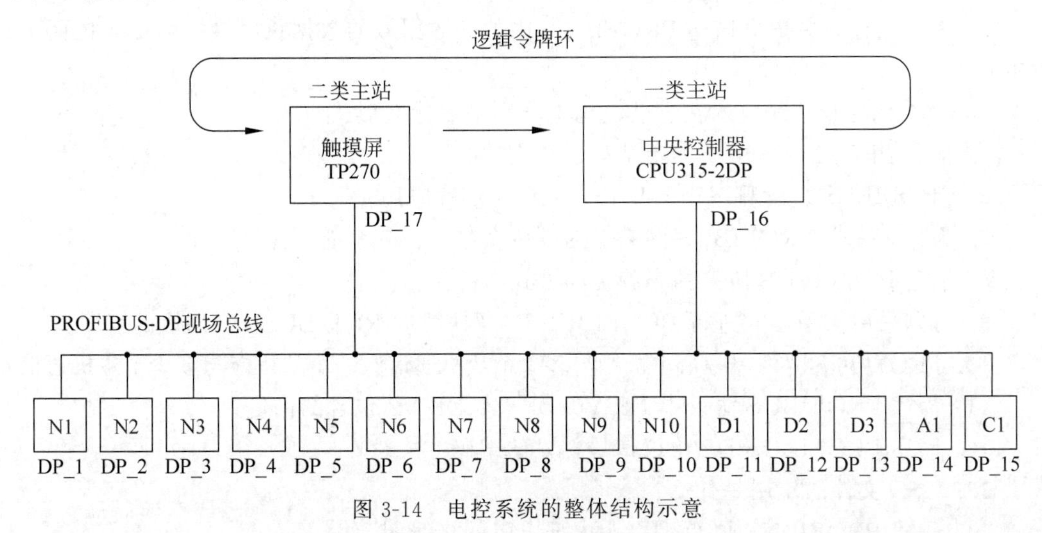

图 3-14 电控系统的整体结构示意

通过 PROFIBUS-DP 现场总线技术改造滤棒存储输送系统的电气,其主要的改造设计如下:通道处和主体部分的电机通过 PROFIBUS-DP 现场总线技术进行改造,使其变为变频调速控制。系统的协调控制通过分布式 I/O 模块决定。系统的集成化更加庞大,可以获得非常多的信息。人机界面的设计更加先进、方便、有效,能让用户更加清晰地明白如何操作,从而提高整个系统的稳定性。

通过使用 PROFIBUS-DP 现场总线技术,使电气改造后的系统更加简便,让电气设计更加简单,而且还能够降低设计成本,继而为企业节约了相应的成本。通过对电气的改造,还提高了产品的生产质量。

综上所述,基于 PROFIBUS-DP 现场总线技术的电气改造,提高了滤棒存储输送系统的工作效率,还对系统的稳定性有所提高,增大了信息数据的准确性,还节约了电气成本,使系统更加简单化,易于操作,总的来说,基于 PROFIBUS-DP 现场总线技术的电气改造,使滤棒存储输送系统更加完善,功能更加强大。通过对硬件和软件同时改造,从而获得更大的优势。与传统的滤棒存储输送系统相比,改造后的系统的性能有着非常明显的提高。

本章小结

本章先介绍了 PROFIBUS 相关内容,包括 RS-485 总线、PROFIBUS-PA、FMS、DP 相关内容,然后介绍了 PROFIBUS 总线的设备配置方法与系统集成技术,最后介绍了 PROFIBUS 总线技术的发展现状。

综合练习

一、简答题

1. PROFIBUS-DP 中的传输速率超过 1.5Mb/s 时，对接线有何特殊要求？

2. 比较 RS-485 与 RS-232 协议的区别。

3. 为什么有的书籍里描述 PROFIBUS 中 DU 数据域的数据长度最大为 244 位而不是 246 位？

4. CAN 和 FF 总线技术在主从结构上分别采取什么形式？

5. 描述 PROFIBUS 中一类主站与二类主站的功能。

6. PROFIBUS 包含哪三个子集？分别针对哪种应用？

7. 为什么一个 PROFIBUS 网络上的设备个数为 126 个而不是 127 个？

8. 描述 PROFIBUS 协议的令牌传递方式。

9. 可以采用何种方式进行 PROFIBUS-PA 网段与 PROFIBUS-DP 网段的互联？

10. PROFIBUS 网络中一个主机能与多少个从机通信？一个从机能与多少个主机通信？

11. 简述 PROFIBUS 协议中 DP-V0、DP-V1、DP-V2 包含的内容。

12. 简述 PROFIBUS-DP 协议信号传输的编码方式。

13. GSD 文件的作用是什么？

14. 画出 PROFIBUS 的 D 型接头内部电阻的接线图。

15. 描述 PROFIBUS 中从站间通信的通信机制。

16. 简单描述通常实现工控设备的 PROFIBUS 通信方案。

17. 基于 SIMENS PLC 做一类主站的组态配置软件名称是什么？基于 PC＋网卡做一类主站的组态配置软件名称是什么？

18. PROFIBUS-PA 协议每位的传输时间为多少？

19. 传统的 DP/PA 耦合器在链接网段时，对 DP 侧的网速有何要求？

20. 一般赋给链接器后面的 PA 网段设备的地址范围是多少？

21. PROFIBUS-DP 协议中，二类主站能否与从站进行周期性通信？

22. PROFIBUS 协议中 SAP 的作用是什么？

23. 描述 PROFIBUS 协议中同步方式和锁存方式的差异。

24. 由于 PROFIBUS 协议中组态时需要估计循环时间，请写出怎样估算信息循环时间。

二、思考题

查阅资料，比较 CAN、FF、PROFIBUS 总线的实际应用情况，包括应用领域、特点、趋势。

三、观察题

根据所学知识，寻找你身边应用 PROFIBUS 现场总线的例子，并分析其带来了哪些便利。

第4章　LonWorks总线技术

内容提要

LON(Local Operating Networks)总线是美国Echelon公司于1991年推出的局部操作网络,为集散式监控系统提供了很强的实现手段。

LonWorks总线技术是美国Echelon公司推出的一个实现控制网络系统的完整的开发平台。它可以解决在控制网络的设计、构成、安装和维护中出现的大量问题。目前采用LonWorks总线技术的产品广泛应用在工业、楼宇、家庭、能源等自动化领域。LON总线也是当前最为流行的现场总线之一。

学习目标与重点

◆ 掌握LonWorks总线技术以及其系统结构。

◆ 了解LonWorks总线技术的基本特点。

◆ 理解LonWorks总线的芯片编程方法。

关键术语

LonWorks总线、神经元芯片、LonTalk协议。

◎引入案例

LonWorks总线控制技术在楼宇自动化中的应用

1. 楼宇自动化的介绍

1) 楼宇自动化概述

智能建筑是建筑技术与计算机信息技术相结合的产物,是信息社会的需要,也是未来建筑发展的方向。其中,楼宇自动化系统(Bulding Automation System,BAS)是智能建筑中最基本和最重要的组成部分。楼宇自动化系统是利用计算机及其网络技术、自动控制技术和通信技术构建的高度自动化的综合管理和控制系统,将大楼内部的各种设备连接到一个控制网络上,通过网络对其进行综合的控制。楼宇自动化系统对整个建筑的所有公用机电设备,包括空调与通风监控系统、给排水监控系统、照明监控系统、电力供应监控系统、电梯运行监控系统、制冷系统、综合保安系统、消防监控系统和结构化综合布线系统,通过集中监测和遥控来提高建筑的管理水平,降低设备故障率,减少维护及运营成本。

2) 主要的总线控制技术

据不完全统计,目前国际上有40种宣称为开放型的现场总线标准。于是现场总线呈现出杂乱纷呈的局面。这些现场总线中不乏优异的现场总线,如CAN、ModBus、PROFIBUS、LonWorks、BACnet、DeviceNet、EIB等。其中LonWorks、BACnet、CAN、EIB等现场总线在楼宇自动化领域得到了较广泛的应用。对楼宇自动化系统而言,LonWorks总线技术的发展速度已远远超过其他现场总线,其应用在楼宇自动化系统中的技术产品已较为成熟。世界各大楼宇自控公司一致认为LonWorks是当前较为先进的、有非常大潜在能力的技术。

3）总线控制与集散控制相结合

DCS(集散控制系统)实际上是一个分级递阶的控制系统。它主要由现场执行级、监控级和管理级构成。现场执行级的主要任务是直接负责现场控制，如现场数据的采集处理、执行控制输出等。监控级用来对现场级进行监控，主要设置操作员站，必要时也可加设工程师站。操作员站通过人机交互及友好的界面对整个系统进行集中监控和在线管理。工程师站的主要任务则是进行离线管理，如完善系统运行组态软件和相关数据的下载记录等。

从智能建筑系统集成度方面考虑，管理级是极为重要的一级，其主要任务是将管理部门的决策引入监控级的控制策略中，实施各相关系统间的协调与信息共享。精度越高的级，其智能化程度越低；反之亦然。显然现场级要求的控制精度最高，而管理级所需的智能化程度最高。

DCS采用“控制分散，信息集中”的结构，这也是称其为集散控制系统的原因。它与CCS相比，具有无可比拟的优越性。首先，它极大分散了系统的危险，从而使系统的可靠性、灵活性和可扩展性都有了较大提高。其次，它同时也进一步分散了监控、控制功能，从而使系统配置、反应速度都有了较明显的改善。LonWorks总线技术与DCS结合的系统结构如图4-1所示。

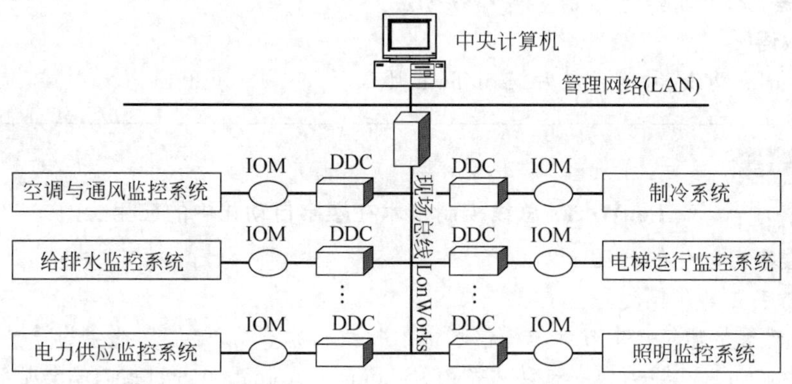

图4-1　LonWorks总线技术与DCS结合的系统结构

注：DDC——直接数字控制。

2. LonWorks总线控制技术与楼宇自动化

1）变配电系统

LonWorks单点智能节点(SPN)有一个Neuron微处理器和网络接口，允许以节点的形式存在于LonWorks网络中，它能够作为温度和湿度传感器、单输出继电器的节点。可以对智能建筑物的供电状况进行实时监控，包括对各级电力开关设备，配电柜高压和低压侧状态，主要回路的电流、电压及功率因数，变压器及电缆的温度，发电机运行状态等的监测与控制，对故障进行报警等；另外，通过对用电情况的计量和统计，利用科学的管理方法，合理均衡负荷，以保障安全、可靠地供电。

2）空调系统

LonWorks中可编程智能节点(PSN)是一种可根据设备监控需求来定制控制程序的小型控制器，它为系统安装者提供了生成定制控制程序的能力。

PSN可用于小型空气传送器、冷却塔、热交换器等，其应用程序和内部操作系统存储在PSN中的非易失性存储器中。可对不同区域的空调系统按预先编制的时序或根据环境温度自动控制建筑物内的中央空调制冷机组、冷冻水泵、冷却塔风机、电磁阀门、风机的启停，并监视和记录各设备的状态，室内外各测点的温湿度、送风压力、流量、阀门开度和运行时间等参数，系统能够自动进行故障报警或停机，动态显示有关水阀、风机的位置、状态等。

3）电梯系统

LonWorks中基于主机的智能节点（HSN）能提供两种应用：其一可作为连接LonWorks网络与其他网络的通信网关；其二可适用一些大型非封装设备系统的控制应用。电梯是建筑物内交通的重要枢纽。对带有完备装置的电梯，利用此节点将其控制装置与楼宇自动化系统相连接，以实现相互间的数据通信，使管理中心能够随时掌握各个电梯的工作状况，并在火灾、安保等特殊场合对电梯的运行进行直接控制。

4）照明、给排水系统

LonWorks中特定的智能节点（ASN）是一种有Neuron芯片、网络接口、必要的输入输出和存储资源的小型控制器，它可通过设计和编程实现对诸如VAX（风冷式冷/热水机组）箱、热泵、风扇线圈、封装的暖风空调等设备的控制，提供了一种针对封装设备系统的低成本解决方案。

按编制的时序，ASN对各楼层的配电盘办公室照明灯、门厅照明灯、走廊照明灯、庭院或停车场等处照明灯、广告霓虹灯、节日装饰彩灯、航空障碍照明灯等设备自动进行启停控制，并自动实现对照明回路的分组控制、对用电过大时的自动切断，以及对厅堂和办公室等地的“无人熄灯”控制。

对各给水泵、排水泵、污水饮用水泵的运行状态、各种水箱及污水池的水位进行实时监测，并通过对给水系统压力的监测以及根据这些水位、压力状态、启停相应的水泵，以保证给排水系统的正常运行。

5）消防、保安系统

LonWorks中输入输出模块（IOM）的主要任务是提供传统的温度/湿度传感器、控制继电器等传感和控制设备接口。基于LonWorks的IOM单元的输入是对那些传统的传感和监控信息进行连接，如温度、湿度、流速、空气质量、报警状态等；输出被用于控制风扇、泵、照明电路、继电器等消防系统时只能建筑楼宇自动化中的重要组成部分，它实施对建筑物内消防系统中的消火栓、喷淋水、消防水泵、稳压水泵、火灾烟感、温度探测报警器、防火排烟阀、消防电梯、消防广播、消防电话等消防设备建立监视与自动控制，一旦出现火警，立即通过楼宇自动化系统向变配电、给排水、空调、电梯等相关系统发出进入消防模式的命令，由这些设备自身的控制系统协调和实现消防动作。并通过对闭路电视监视、出入口控制、防盗报警保安巡更等基本手段辨别出运行物体、火焰、烟，以及其他异常状态，并进行报警及自动录像，对有关通道进行进出入对象控制，最大限度保证安全。

智能建筑中楼宇自动化的各个子系统之间是相互协调的，具有互操作特性，因此还需要有一个能实现集中管理与协调的系统，以便各个子系统有机集成在一起，共同构成建筑物的自动控制网络。

综上所述,支持LonWorks网络的各种现场智能节点,能使传感器、变送器与执行器本身带有数据处理和数据通信功能,它们十分有效地支持了楼宇自动化系统的构建,所有匹配SPN、PSN、HSN、ASN、IOM控制能力的各种楼宇设备系统所组成的应用,都能被方便地组成真正意义上的分布式监控网络。

4.1 LonWorks总线概述

1. LonWorks总线技术的特点

LonWorks总线技术有以下特点。

(1) 网络协议开放,对任何用户平等。

(2) 可用任何介质进行通信,包括双绞线、电力线、光纤、同轴电缆、无线电波、红外等,而且在同一网络中可以有多种通信介质。

(3) LonWorks总线技术的通信协议LonTalk是符合国际标准化组织(ISO)定义的开放系统互联(OSI)模型。任何制造商的产品都可以实现互操作。

(4) 网络结构可以是主从式、对等式或客户/服务式结构。

(5) 网络拓扑有星状、总线、环状以及自由结构。

(6) 网络通信采用面向对象的设计方法。LonWorks网络技术被称为"网络变量",它使网络通信的设计简化为参数设置,增加了通信的可靠性。

(7) 通信的每帧有效字节数可为0~228字节。

(8) 通信速率可达1.25Mb/s,此时有效距离为130m;通信速率为78kb/s的双绞线,直线通信距离可达2700m。

(9) LonWorks网络控制技术在一个测控网络上的节点数可达32 385个。

(10) 提供强有力的开发工具平台——LonBuilder与Nodebuilder。

LonWorks技术核心元件——Neuron芯片内部装有3个8位微处理器、34种I/O对象核定时器/计数器,还有LonTalk通信协议。Neuron芯片具备通信和控制功能,改善了CSMA(载波监听多路访问)技术存在的问题,采用可预测P-坚持CSMA,这样,在网络负担很重的情况下,不会导致网络瘫痪。

2. LonWorks系统结构

LON现场控制网络通过智能设备或节点与其所处的环境进行交互作用,以及通过不同的通信介质与其他节点进行通信。这种通信采用一种基于报文的控制协议。节点可以将神经元芯片作为通信处理器和测控处理器,当系统I/O接口比较多时,也可采用基于主机的节点,即神经元芯片只作为通信处理器,测控工作由其他计算机完成。

LON现场控制网络包括节点、通信介质和通信协议。LonWorks技术是集成这样一个LON网络的完整的开发平台。LonWorks技术包含所有设计、配置和维护网络所需要的技术,主要包括以下部分。

(1) LonWorks节点和路由器。

(2) LonTalk协议。

(3) LonWorks收发器。

(4) LonWorks 网络和节点开发工具。

LonWorks 节点又称为智能型节点，其核心技术是采用了神经元芯片。神经元芯片通过硬件、固件相结合的技术，使一个神经元芯片包含了一个现场节点的大部分功能块——应用 CPU、I/O 处理单元、通信处理器以及固件中的 LonTalk 协议。神经元芯片加上收发器就可以构成典型的 LonWorks 智能节点。

路由器是 LonWorks 总线所特有的设备，路由器使 LON 总线突破传统的现场总线的限制——不受通信介质、通信距离、通信速率的限制。

LonTalk 协议是一种面向对象的协议，支持 OSI 参考模型的 7 层协议，具体实现形式是网络变量。在构造需要的网络时，仅仅通过 LonWorks 网络配置工具 LonMaker 将各节点的网络变量进行连接即可实现节点间的数据通信。LonTalk 协议固化在 Neuron 芯片中，使开发变得简单方便。

LonWorks 收发器包括双绞线收发器、电力线收发器、无线收发器、光纤收发器、红外收发器等多种，以适应多种介质的通信需要。在 LON 总线中提供了一系列的网络管理工具来完成网络安装、网络维护、网络监控的功能，LonWorks 现场总线在这种意义上是一种现场网络。经常使用的工具是 LonBuilder、LonMaker、NodeBuilder 等。

3. Neuron 芯片及通信协议

LON 网上的每个控制点被称为 LON 节点或 LonWorks 智能设备，它包括一片 Neuron 芯片、传感器和控制设备、收发器(用于建立 Neuron 芯片与传输之间的物理连接)和电源。图 4-2 所示为一种典型的 LON 节点的方框图。

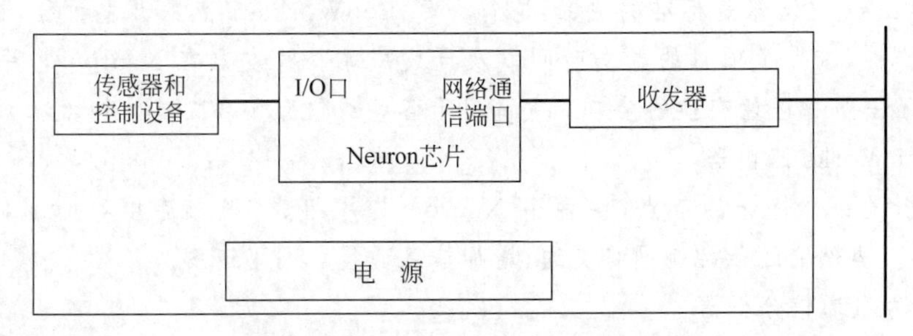

图 4-2　一种典型的 LON 节点的方框图

1) Neuron 芯片

由图 4-2 可以看出，Neuron 芯片是节点的核心部分，它包括一套完整的通信协议，即 LonTalk 协议。从而可以确保节点间使用可靠的通信标准进行互操作。因为 Neuron 芯片可直接与其所监视的传感器和控制设备连接，所以一个 Neuron 芯片可以传输传感器或控制设备的状态，执行控制算法，和其他 Neuron 芯片进行数据交换等。使用 Neuron 芯片，开发人员可集中精力设计并开发出更好的应用对象而无须耗费太多的时间去设计通信协议、通信的软件和硬件或系统操作，这样就减少了开发的工作量，从而节省了大量的开发时间。

Neuron 芯片在大多数 LON 节点中是一个独立的处理器。如果节点需要具备更强的信号处理能力或 I/O 通道，Neuron 芯片还可以用于与其他处理器进行通信，共同构成所需的节点。

2) LonTalk 协议

LonTalk 协议是遵循 OSI 参考模式的完整的 7 层协议。由于 Neuron 芯片的协议处理与通信介质无关,因而能支持多种通信介质,如双绞线、电力线、射频、红外线、同轴电缆和光纤等。

LonTalk 寻址体系由三级构成。最高一级是域(Domain),只有在同一个域中的节点才能相互通信,可以说一个域即是一个网;第二级是子网(Subnet),每个域可以有多达 255 个的子网;第三级是节点(Node),每个子网可有多至 127 个节点。节点还可以编成组,编成组的节点可以是不同子网中的节点。一个域内可指定 256 个组。

Neuron 芯片在制造后即有一个 48 位的字符串,用来唯一且永久地标识每个芯片,用 Neuron ID 表示。

LonTalk 协议还提供四种消息服务类型:应答(ACKD)、请求/响应(REQUEST)、非应答式重发(UNACKD-RPT)、非应答式(UNACKD)。

知识链接 4-1

LonWorks 产品

LonWorks 拥有开发、制作、安装以及维护 LON 网所需要的所有工具。

1) LonWorks 收发器

LonWorks 收发器是标准的成品,它简化了 LonWorks 节点的开发过程,提供了良好的互操作性,减少了项目的开发时间以及开发成本。收发器在 Neuron 芯片和 LON 网间提供了一个物理量交换的接口。它适用于各种通信介质和拓扑结构。

2) LonWorks 路由器

路由器是一个特殊的节点,由两个 Neuron 芯片组成,用来连接不同通信介质的 LON 网络。当然它还能控制网络交通,增加信息通量和网络速度。

3) 电力线通信分析器

电力线通信分析器(PLCA)是一种易于使用的成本-效果分析仪器,用于分析应用设备中电力线通信的可靠性。用 PLCA 测试电力线任意两点间的通信,可以测试电路是否对 Echelon 电力线收发器适用。

4) LonWorks 控制模块

与收发器相同,LonWorks 控制模块也是标准的成品,在模块中有一个 Neuron 芯片、通信收发器(也可不带)、存储器和时钟振荡器,只需加一个电源、传感器/执行器和写在 Neuron 芯片中的应用程序就可以构成一个完整的节点。

5) LonWorks 网络接口和网间接口

LonWorks 网的网络接口允许 LonWorks 应用程序在非 Neuron 芯片的主机上运行,从而实现任意微控制器、PC、工作站或计算机与 LON 网络的其他节点的通信。此外,网络接口也可以作为与其他控制网络联系的网间接口,把不同的现场总线的网连在一起,并用 LON 网接到异型网上。

6) LON 网服务工具

LON 网服务工具用于安装、配置、诊断、维护以及监控 LON 网络。LON 节点的寻址、构造、建立的连接可以归纳于安装。这是靠固化在 Neuron 芯片里的网络管理服务的协议来支持的,全部或部分的网络安装可能在最初生产时就开始了,也有可能要在现场进行。无论安装工作是在生产的开始还是在现场,系统都需要修改错误节点或重构网络。

LonManager 工具可解决系统安装和维护的需要,既可用于实验室又可用于现场。

7) LonBuilder 和 NodeBuilder 开发工具

LonBuilder 和 NodeBuilder 用于开发基于 Neuron 芯片的应用。NodeBuilder 开发工具可使设计和测试 LonWorks 控制网络中的单独节点变得简单。它用大家熟悉的 Windows 开发环境为用户提供易于使用的联机帮助。

LonBuilder 开发工具平台集中了一整套开发 LON 控制网络的工具,这些工具包括以下三个方面。

(1) 开发多节点、调试应用程序的环境。

(2) 安装、构造节点的网络服务程序。

(3) 检查网络交通以确定适当容量和调试改正错误的协议分析器。

3) 网络变量及显式消息

(1) 网络变量。

LonTalk 协议的表示层中的数据被称为网络变量。一个网络变量(Network Variables,NV)是节点的一个对象,LON 网络的节点之间的联系主要是通过网络变量来实现的。它可定义为输出网络变量,也可定义为输入网络变量。每个节点可定义 62~4096 个网络变量。

当一个网络变量在一个节点的应用程序中被赋值后,LonTalk 协议将修改了的输出网络变量新值构成隐式消息,透明地传递到可与之共享数据的其他节点,所以网络变量又被称为隐式消息。应用程序不必考虑发送和接收的问题,因而用它开发网络应用系统较为方便,且开发周期短。节点间共享数据是通过连接输出网络变量到输入网络变量来实现的。只有数据类型相同的网络变量才能建立输入和输出的连接,且只能在网络安装时借助 LonBuilder 管理器或 LonManagr,LonMaker 安装工具才能完成网络变量的连接。

对于网络变量,它可以是整数、布尔数或字符串等,用户可以完全自由地在应用程序中定义各种类型的网络变量。为增加网络的互操作性,LonTalk 协议中定义了标准网络变量(SNVT)。目前,它支持的标准网络变量有 255 种。当然用户不一定要使用标准网络变量。

网络变量的使用极大地简化开发和安装分散系统的处理过程,各个节点可以独自定义,然后简单地连接在一起或断开某几个连接,以构成新的 LonWorks 应用。

网络变量通过提供给节点相互之间明确的网络接口而极大地提高了节点产品的互操作性。互操作性带来的好处是:节点能很方便地安装到不同类型的网络中,并保持节点应用的网络配置独立性。节点可以安装到网络中并且只要网络变量数据类型匹配,就可以逻辑地建立与网上的其他节点的连接。为进一步提高互操作性,LonTalk 协议还提供标准网络变量以及 LonMark 对象。

综上所述，网络变量是一个节点中的一个对象，它可以与一个或多个其他节点的网络变量相连接。一个节点的网络变量从网络的观点定义了它的输入和输出，同时允许在分布式应用环境中共享数据。无论何时，如果一个程序更新了其网络变量的值，则该值通过网络传递给所有的与该输出网络变量相连接的其他节点的输入网络变量。网络变量大大地简化了开发和安装分布式系统的过程，促进了节点间的互操作。

(2) 显式消息。

尽管大多数应用系统采用的是网络变量，但由于每个网络变量的数据长度一经确定就不能改变，且最多只有 31 字节，所以限制了它的使用范围。为此，Neuron C 提供显式消息(Explicit Messages)这一数据类型。

显式消息的数据长度是可变的，且最长可以是 228 字节。它提供有请求/响应机制。某个节点发出请求消息能调动另一个节点做出相应的响应，从而实现远程过程调用。但与网络变量相比，显式消息是实现节点之间交换信息的更为复杂的方法。编程人员必须在应用程序中生成、发送和接收显式消息，因而要求编程人员必须深入了解更底层的知识，如分配消息缓存区、节点寻址、请求/响应及消息重发处理等。

节点使用消息标签(MessageTags)发送和接收显式消息。消息标签可以说是一个节点的通信 I/O 口，每个节点有一个默认的输入消息标签(msg-in)。同网络变量一样，必须在网络安装时建立输入和输出消息标签之间的连接，消息才能被发送至正确的节点，这样，接收节点之间进行通信除了通过网络变量外，还可以通过更加灵活的显式报文来交换数据。

每种类型的网络变量(实际上是一种隐式报文)的数据长度都是固定的，任何一种类型的网络变量的长度不能超过 31 字节；而显式报文恰恰相反，它的数据长度是可变的。相同的报文码(Message Code)在一个应用中可能只包含 1 字节的数据，而在另一个应用中包含 25 字节的数据，在显式报文中，数据的最大长度为 228 字节。因此，在数据量较大的应用(如数据的长度大于 31 字节)中，使用显式报文比使用网络变量更有效。

显式报文提供有四种服务方式：①确认方式；②非确认重复方式；③非确认方式；④请求/应答方式。

显式报文不像网络变量那样只需要简单地赋值就可将数据发送到网络中，它必须通过有关函数显式地发送与接收。Neuron C 预定义了两个对象：msg-out 和 msg-in 来表示发送和接收的显式报文。

4.2 LonWorks 节点

LonWorks 节点是同物理上与之相连的 I/O 设备进行交互，并使用 LonTalk 协议与其他节点相互通信的一类对象。

一个典型的现场控制节点主要包含以下几部分功能块：应用 CPU、I/O 处理单元、通信处理器、收发器和电源。

LonWorks 节点有两种基本组成类型。一种是将 Neuron 芯片作为节点中唯一的处理器，既充当 LON 网的节点又要完成基本的测控任务。这种结构适合于 I/O 设备简单、处理任务不复杂的系统，称为基于 Neuron 芯片的(Neuron Chip Based)节点。另外一种是将 Neuron 芯片制作为节点的通信处理器，充当着 LON 网的网络接口，节点应用程序由功能更强的处理器来完成。这类节点适合于对处理能力、输入输出能力要求较高的系统，称为基于主机的(Host-Based)节点。

无论哪种类型的节点,都有一片 Neuron 芯片用于通信和控制、一个 I/O 接口用于连接一到多个 I/O 设备,另外,还有一个收发器负责将节点连接上网。图 4-3 是基于 Neuron 芯片节点和基于主机节点的结构组成示意图。下面具体分析基于 Neuron 芯片节点和基于主机节点的结构组成。

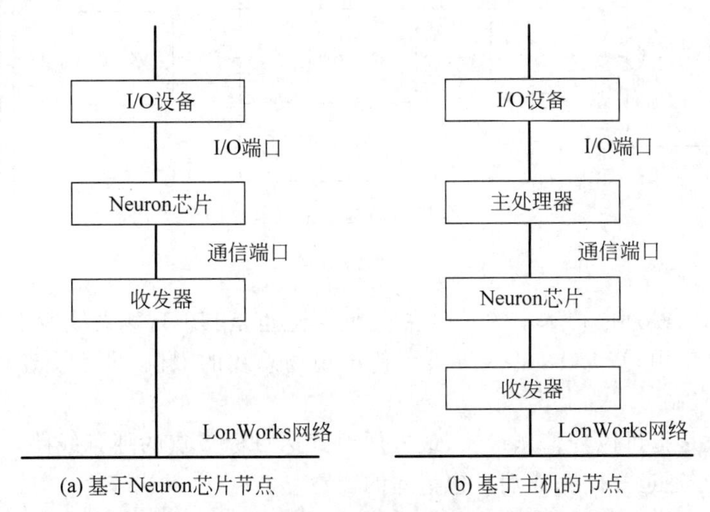

图 4-3　基于 Neuron 芯片节点和基于主机的节点的结构

1. 基于 Neuron 芯片的 LonWorks 节点

神经元芯片是一组复杂的 VLSI(超大规模集成电路)器件,通过独具特色的硬件与软件相结合的技术,使一个神经元芯片几乎包含一个现场节点的大部分功能块——应用 CPU、I/O 处理单元、通信处理器。因此,一个神经元芯片加上收发器便构成一个典型的现场控制节点。图 4-4 所示为一个神经元节点的结构框图。

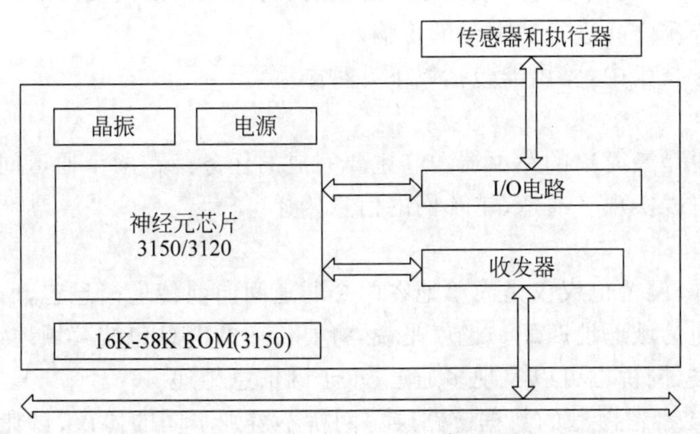

图 4-4　一个神经元节点的结构框图

2. 基于主机的 LonWorks 节点

神经元芯片有一个 8 位的总线,目前支持的最高主频是 10MHz,因此其所能完成的功能有限,对于一些复杂的控制,如带有 PID 算法的单回路、多回路、多点的控制就显得力不从心。采用基于主机的节点结构是解决这一矛盾的好方法,即将神经元芯片作为通信协议处理器,用高级主机的资源来完成复杂的测控功能。图 4-5 所示为一个典型的基于主机节点的结构框图。

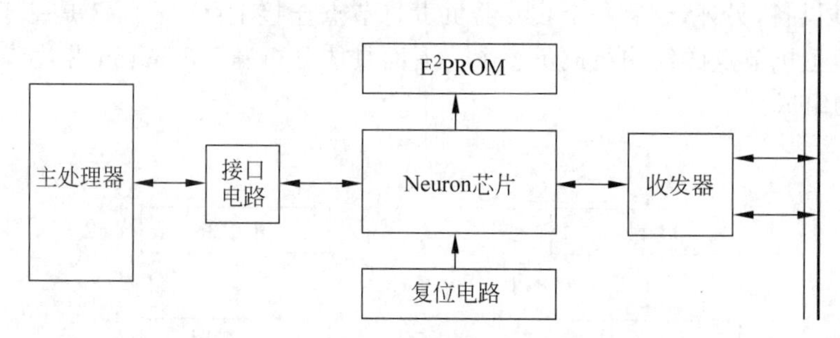

图 4-5　一个典型的基于主机节点的结构

3. 路由器

路由器是 LonWorks 技术中的一个主要部分,这也是其他现场总线所不具备的功能,正是由于路由器的使用,使 LON 总线突破了传统现场总线的限制,即不受通信介质、通信距离、通信速率的限制。

所谓路由就是指可以使信息最快、最方便地到达目标节点的那条线路。路由器是用来连接两通道,并在通道之间完成消息包传递的装置。

路由器工作在网络层,用来完成网络层设备的连接,并可用于互联不同类型的网络。其提供各子网间网络层的接口,用来处理数据包,把帧中的数据封装进底层的帧而不改变数据中所含的网络地址,确定数据包的路由线路。

使用路由器互联网络的特点是:各互联的逻辑子网仍保持独立性,各个子网可以采用不同的拓扑结构、传输介质和网络协议,网络结构层次分明。

路由器可以过滤子网内部的数据包,只传送跨子网的信息。路由器不仅可以用于局域网的互联,也可以用于局域网与广域网之间、广域网与广域网之间的互联。也可以在速度不同的网络和传输介质之间进行数据包的传输。

在 LonWorks 技术中,路由器包括以下几种类型。

1) 中继器

中继器可以说是最简单的路由器。它主要完成的任务是在两个通道间向前简单地传递消息包。中继器可以实现多通道、单子网的信息传递。

2) 网桥

同中继器一样,网桥也仅仅是简单地在两个通道间向前传递消息包,所不同的是它必须完成所传送消息包的域地址匹配。也就是说,将要传递的消息包按其域地址传送,而且不会传送到其他的域去,网桥也可以实现多通道、单子网信息传递。

网桥位于 OSI 参考模型的数据链路层。网桥不辨别不同的协议,可让任何一个协议的数据自由通过,网桥工作于数据链路层的 MAC 子层,它是存储转发设备,在数据链路层将数据帧存储转发,对转发的帧不作修改或作少量的修改。根据数据链路层的 MAC 地址,网桥能够解析其所接收到的数据帧,并将数据发往要去的目的地。通过网桥可以将两个或多个网段(或局域网)连接起来,可以滤掉属于本网段内部传送的信息,只传送跨网段的信息。网桥在工作时监听网上所有的数据传输,可以理解数据帧上的目标地址(MAC 地址),由此决定是否将数据向其他网段转发。如果数据的目标地址与原地址不在同一网段上,则说明

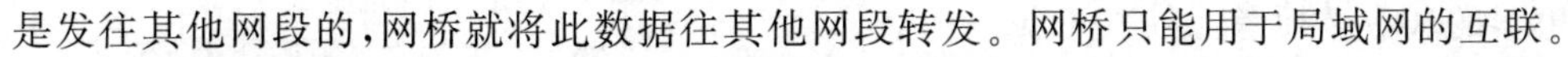

是发往其他网段的，网桥就将此数据往其他网段转发。网桥只能用于局域网的互联。

3）学习路由器

学习路由器可以监视网络的通信并学习域/子网的网络拓扑关系，然后，应用它所学到的知识在通道间选择路由消息包。学习路由器不能学习组编址的拓扑关系，也就是说，它不能使用组编址的所有消息包。

学习网络拓扑关系是通过学习建立自己的路由表的。

对于学习路由器，首先必须建立路由表以明确子网相对路由器的位置，例如是在路由器的左方还是在路由器的右方。

知识链接 4-2

学习路由器路由表的建立过程

下面通过例子来介绍学习路由器路由表的建立过程。如图4-6所示，设想一个点对点通信过程，当节点6有消息要发往节点2时，学习路由器1会检测到该消息并检测消息的源子网地址，然后在路由表中注释子网2位于本路由器的下方，比较源子网地址和目标子网地址，已不在同一个地址，所以消息被向上路由到子网1。与此同时，学习路由器2也检测到节点6发出的消息，和学习路由器1一样，首先检查消息的源子网地址，然后在路由表中注释子网2位于本路由器上方，由于是节点6发往节点2的消息，所以此时的学习路由器2并不知道目标子网相对于自己的位置（本子网没有这一地址），它只会向下路由消息。

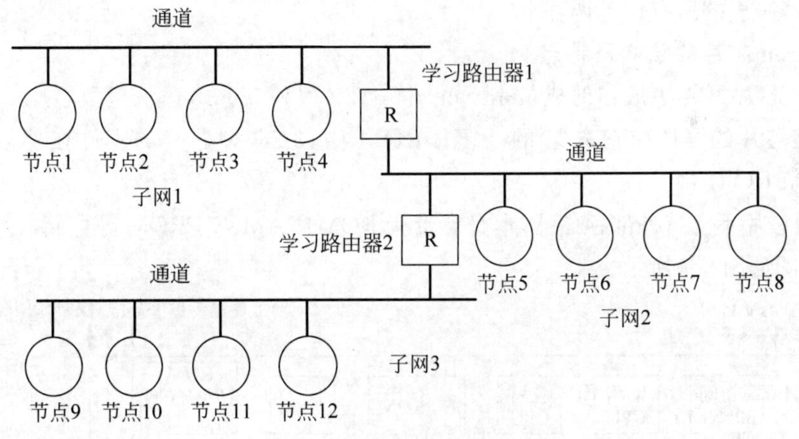

图4-6　路由表的建立过程

假设节点2回送应答消息，则学习路由器1会检测到该消息并在路由表中注释子网1位于本路由器上方，然后在路由表中发现子网2在本路由器的下方，从而将这个消息向下路由。当消息到达子网2时，节点6以及学习路由器2都会检测到，对于此时的学习路由器2，已知目标在自己的上方，所以它仅会在自己的路由表中，子网1和子网2一样位于本路由器的上方，而不会再路由该消息。

总之，各子网首先必须发送消息，学习路由器在收到子网发送的消息后才能学习到子网的存在，从而正确地建立路由表。

路由器的选取必须考虑以下几点。

(1) 如果在学习路由器的过程中出现通信量的急剧增加就可能带来拥挤问题。

(2) 如果是环状网,学习路由器将无法精确地建立它的网络映像。

(3) 学习路由器在不断地学习,它会依照网络拓扑结构的变化来修改自己的路由表。

(4) 学习路由器中的路由表不必显示编程。

(5) 学习路由器无法建立组地址路由表。

当消息包在每个通道间传送时,如果使用智能路由器可以提高整个系统的容量,例如,增加节点数目和增加节点捆绑连接的数目。

4) 配置路由器

同学习路由器一样,配置路由器能借助内部的路由表在通道间选择路由消息包,所不同的是,内部的路由表示有网络管理器建立。网络管理器可以通过建立子网地址及组网地址的路由表来优化网络的通信能力,使网络的通信能力达到最佳。

4.3 LON 总线分散式通信控制处理器——Neuron 芯片

Neuron 芯片是 LonWorks 技术的核心。它既能管理通信,同时具有输入输出和控制功能。Neuron 芯片内部有三个 8 位的微处理器:MAC processor(介质访问 CPU)、NETWORK processor(网络 CPU)和 APPLICATION processor(应用 CPU)。其中,前两个处理器管理通信,后一个留给用户开发应用程序。Neuron 芯片的片内附有固件 (Firmware),该固件实现 LonTalk 通信协议的所有任务调度。

1. Neuron 芯片的结构及特点

Neuron 芯片家族中最初的成员是 Neuron 3120 型和 Neuron 3150 型芯片。

3120 型芯片的固件在它本身 的 10KB ROM 中,3150 型芯片的固件在外接的 ROM/EPROM/E^2PROM 中。

3120 型芯片不支持外部存储器,本身自带有 ROM、RAM、E^2PROM 等存储器。Neuron 芯片的结构框图如图 4-7 所示。

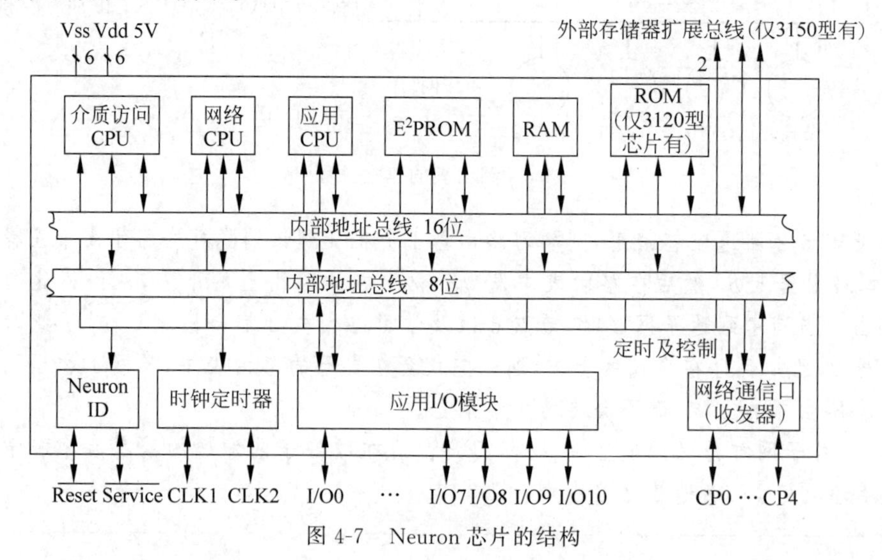

图 4-7 Neuron 芯片的结构

3150 型芯片支持外部存储器，芯片内无内部 ROM，但拥有访问外部存储器的接口，寻址空间可达 64KB。3150 型芯片可用于设计应用更复杂的控制系统。拥有外部存储器接口，从而使系统开发人员能够使用 64KB 空间中的 42KB 空间作为程序存储区。对 3150 型芯片而言，因为不具有内部 ROM，所以通信协议等固件皆由开发工具携带，并与应用程序代码一起写入外部存储器中。

2. Neuron 芯片的 CPU 结构

Neuron 芯片内部有三个 CPU：MAC CPU、网络 CPU 和应用 CPU，如图 4-8 所示。

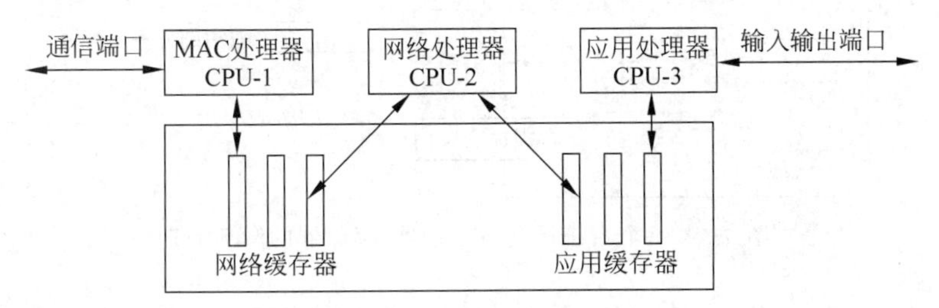

图 4-8　Neuron 芯片的 CPU 结构

其中，CPU-1 是 MAC CPU，即介质访问控制处理器，完成介质访问控制，处理 LonTalk 协议的第 1 层和第 2 层[ISO 的 OSI 七层协议的第 1 层和第 2 层(物理层和数据链路层)]，这包括驱动通信子系统硬件和执行避免冲突的算法。介质访问控制处理器 CPU-1 和网络处理器 CPU-2 通过共享存储器中的网络缓存器进行通信，正确地对网上报文进行编解码。也就是说，MAC 处理器接收的信息通过共享的存储器传送给网络处理器。

CPU-2 是网络 CPU，它实现 LonTalk 协议的第 3～第 6 层，处理网络变量、寻址、事务处理、权限证实、背景诊断、软件计时器、网络管理和路由等。同时，它还控制网络通信端口，物理地发送和接收数据包。该处理器用共享存储区中的网络缓存器与 CPU-1 通信，用应用缓存器与 CPU-3 通信。

CPU-3 是应用 CPU，它完成用户的编程，其中包括用户程序对操作系统的服务调用。

每个处理器都有寄存器集，但三个处理器均可共享数据、地址，以及存储访问电路。在 3150 型芯片中，被任一处理器使用的地址、数据和读/写线均接到对应的外部总线上。

每个 CPU 的最小指令周期之间包括三个系统时钟周期；每个系统时钟周期等于两个输入时钟周期。三个处理器的最小指令周期之间分别间隔一个系统时钟周期，因而每个处理器在每个指令周期内能够访问存储器和 ALU 一次。

这样，在系统中三个处理器以流水线方式作业，在不影响性能的前提下降低了硬件要求。三个处理器可并行工作，不会造成耗时中断和上下文交换。一个处理器指令周期为 3 个系统时钟周期，或 6 个输入时钟周期。大多数指令需 1～7 个处理器指令周期。

在最大输入时钟周期频率为 10MHz 时，指令执行时间为 0.6μs～4.2μs。指令计算公式如下：

指令时间＝CPU 指令周期×6/输入时钟频率

一个系统周期各处理器/存储器的激活周期如图 4-9 所示。

3. 直接 I/O 对象

直接 I/O 对象就是 I/O0～I/O10 中的每个引脚均可配置成单个的位输入或位输出或

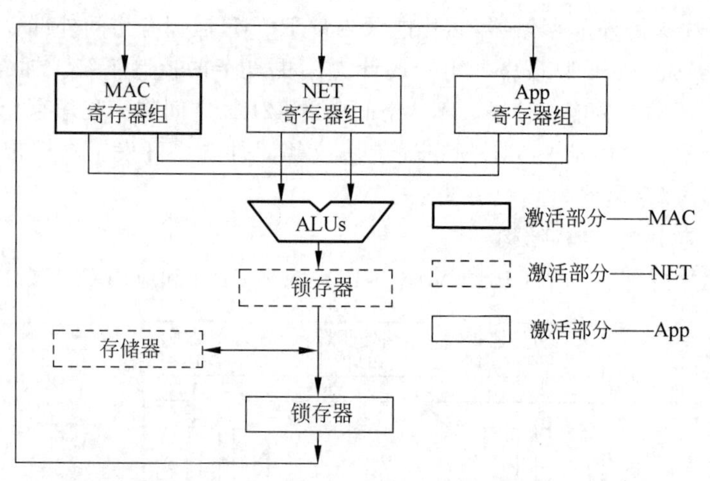

图 4-9　一个系统周期各处理器/存储器的激活周期

其他功能的端口。输入信号的电平为 TTL 电平，位输入可从外接的逻辑电路，如触点式表决器以及类似的电路中读取与 TTL 电平兼容的逻辑信号。位输出是 CMOS 电平，因而可驱动外接的与 CMOS 电平以及 TTL 兼容的逻辑电路，如开关晶体管等。其中，I/O0～I/O3 所具有的高电流吸收能力也可用于驱动较高电流的外部设备，如步进电机等。

这种 I/O 对象类型用于读或控制单个引脚的逻辑状态，0 相当于低电位，而 1 相当于高电位。对于位输入，io_in()函数返回值的数据类型为 unsigned int；对于位输出，输出值被作为布尔类型，所以任何非零值均被当作 1。

直接 I/O 对象包括位 I/O 对象、字节 I/O 对象、电平检测输入对象、半字节 I/O 对象。

知识链接 4-3

直接 I/O 对象的各种不同的应用

表 4-1 列出了直接 I/O 对象的各种不同的应用。

表 4-1　直接的 I/O 对象的各种不同的应用

对　　象	用到的引脚	输 入 输 出
位(bit)输入	I/O0～I/O10	0、1 二进制数据
位(bit)输出	I/O0～I/O10	0、1 二进制数据
字节(B)输入	I/O0～I/O7	0～255 二进制数据
字节(B)输出	I/O0～I/O7	0～255 二进制数据
电平检测(Level Detect)输入	I/O0～I/O7	逻辑 0 电平检测
半字节(Nibble)输入	I/O0～I/O7 任意相邻的 4 个引脚	0～15 二进制数据
半字节(Nibble)输入	I/O0～I/O7 任意相邻的 4 个引脚	0～15 二进制数据

1）位 I/O 对象

I/O0～I/O10 中的每个引脚均可配置成单个的位输入或位输出功能。其中，I/O0～I/O3 具有高电流吸收能力，可吸收电流 20mA，I/O4～I/O7 具有内部可编程上拉电阻。

2）字节 I/O 对象

I/O0～I/O10 中的 I/O0～I/O7 引脚均可配置成字节输入或输出功能。I/O0～I/O3 具有高电流吸收能力，可吸收电流 20mA，I/O4～I/O7 具有内部可编程上拉电阻。

位和字节 I/O 对象引脚配置图如图 4-10 所示。

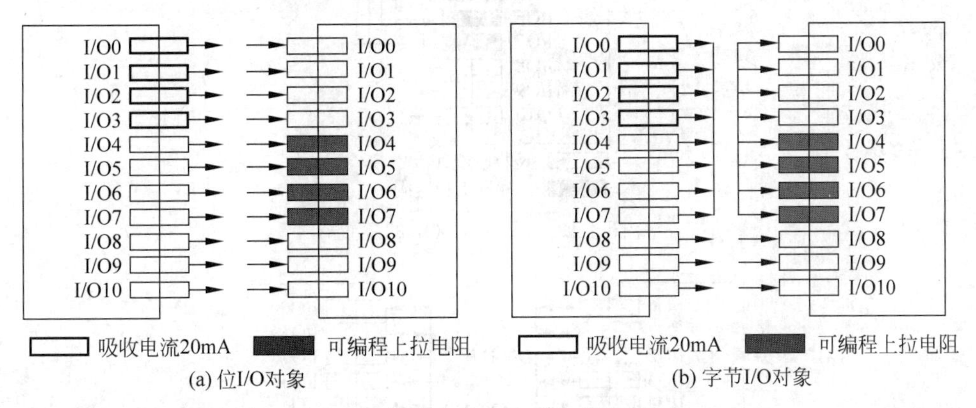

图 4-10　位和字节 I/O 对象引脚配置图

3）电平检测输入对象

I/O0～I/O7 可分别配置为电平检测输入端口，用于检测某一输入端输入的逻辑为 0 的电平。它能锁存输入引脚的负跳变，即使该负脉冲的脉宽很窄（10MHz，能检测到的最短脉宽为 200ns 的负脉冲）。主要应用在脉冲计数（如多表的水表、气表的脉冲计数），而像这样 200ns 的窄脉冲可能会在软件循环查寻检测时漏掉，从而影响检测精度。电平检测输入对象的引脚配置和定时图如图 4-11 所示。

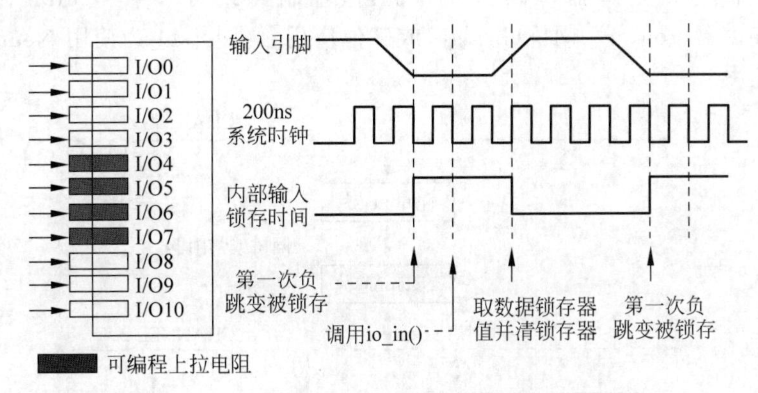

图 4-11　电平检测输入对象的引脚配置和定时图

4）半字节 I/O 对象

I/O0～I/O7 可分别配置为半字节 I/O 端口，相邻引脚可任意组合。图 4-12 为 I/O0～I/O7 的配置。

4. 并行双向 I/O 对象

并行双向 I/O 对象有并行 I/O 对象、多总线 I/O 对象。

并行 I/O 对象使用所有 11 只引脚，其中 I/O0～I/O7 是 8 位双向数据线，I/O8～I/O10 是 3 位控制信号线。借助令牌传递/握手协议，并行 I/O 可用来外接处理器，实现 Neuron 芯片与外接处理器之间的双向数据传输，最高传输速率可达 3.3Mb/s。图 4-13 是并行方式引脚图。

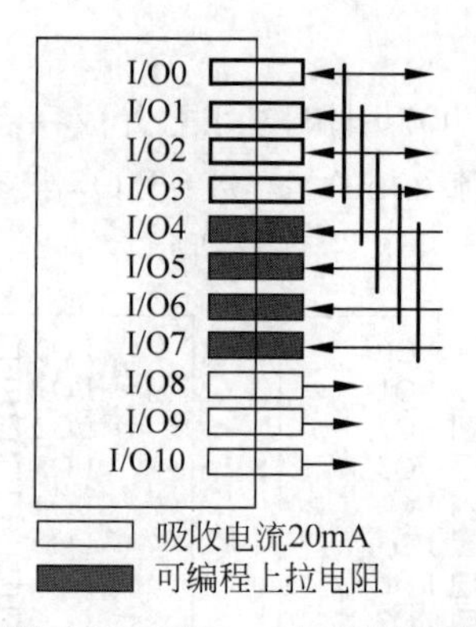

图 4-12 I/O0～I/O7 的配置

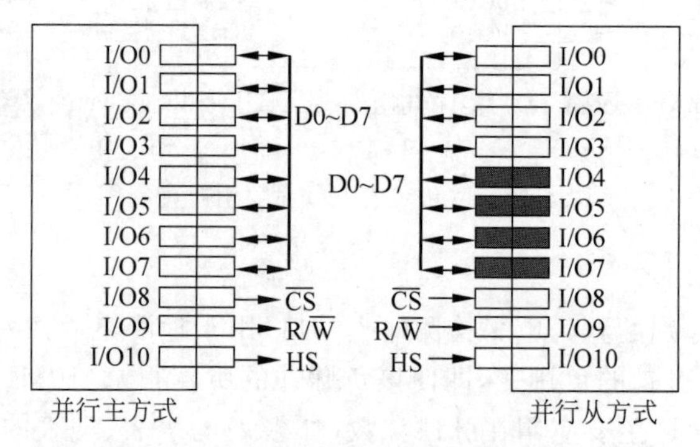

图 4-13 并行方式引脚图

并行方式的外接处理器可以是计算机、微控制器或另一个 Neuron 芯片[如网关(gateway)、路由器(router)、网桥(bridge)或其他应用]。图 4-14 为使用 Neuron 芯片并行 I/O 的典型应用。

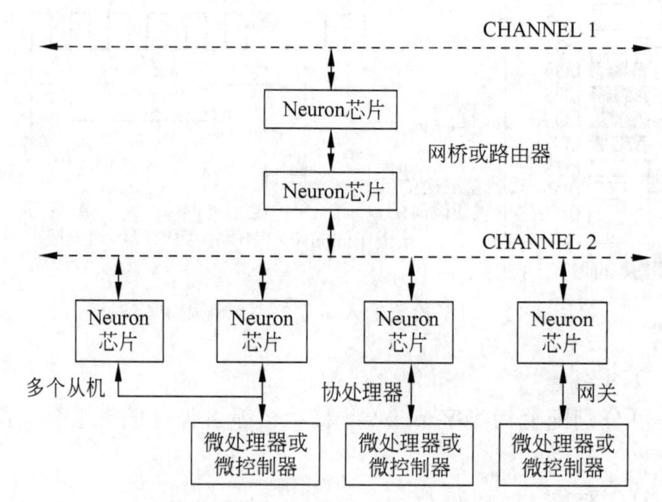

图 4-14 Neuron 芯片并行 I/O 的典型应用

5. 串行双向 I/O 对象

I/O8、I/O10 分别作为串行输入和串行输出端。串行通信采用异步通信方式，帧结构由起始位、数据位、停止位组成。串行双向 I/O 时序图如图 4-15 所示。

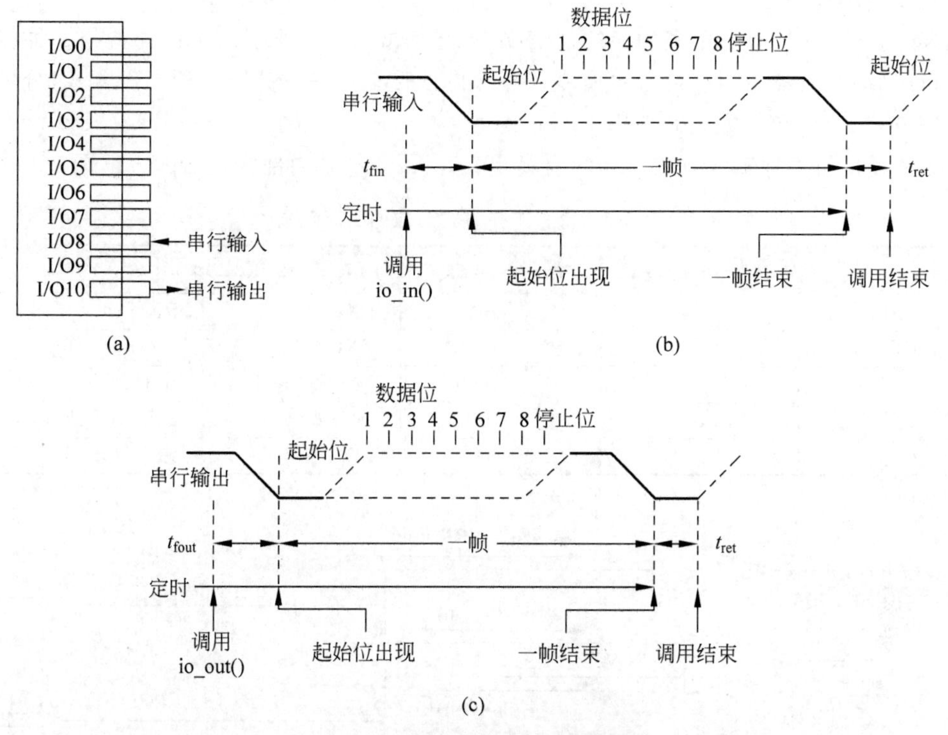

图 4-15　串行双向 I/O 时序图

6. 两个 16 位定时器/计数器

定时器/计数器中有一个处理器可写的 16 位加载寄存器、一个 16 位计数器和一个处理器可读的 16 位锁存器，该 16 位的寄存器一次只能访问 1 字节。

定时器/计数器 1 输入引脚可以是 I/O4、I/O5、I/O6、I/O7 中的任意引脚，输出引脚为 I/O0；定时器/计数器 2 的输入引脚为 I/O4，输出引脚为 I/O1。I/O 引脚并非固定分配给定时器/计数器，可以通过程序设定为不同功能的引脚。

定时器/计数器的时钟和使能信号可由外部引脚或系统时钟分频得到，两个定时器/计数器的时钟相互独立。图 4-16 是定时器/计数器引脚图。

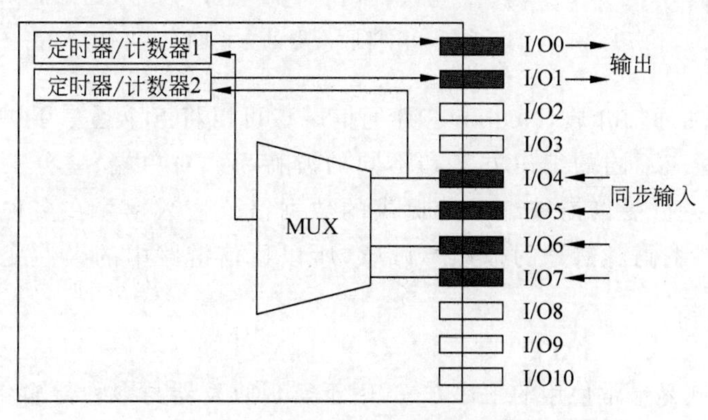

图 4-16　定时器/计数器引脚图

7. 通信端口

Neuron 芯片拥有一个多功能的通信端口，通信端口有 5 个引脚可以配置与多种传输介质接口(网络收发器)相连接，且可实现较宽范围的传输速率。并有三种工作方式，分别是单端工作方式、差分工作方式和专用工作方式。

表 4-2 是与每种工作方式对应的引脚定义。图 4-17 是内部收发器的方框图。

表 4-2　每种工作方式对应的引脚定义

引　脚	驱动电流/mA	差 分 模 式	单 端 模 式	专 用 模 式
CP0	1.4	RX＋(in)	RX(in)	RX(in)
CP1	1.4	RX－(in)	TX(out)	TX(out)
CP2	40	TX＋(out)	TX 使能输出	位时钟输出
CP3	40	TX－(out)	睡眠输出	睡眠输出或唤醒输入
CP4	1.4	CDct(in)	CDet(in)	帧时钟输出

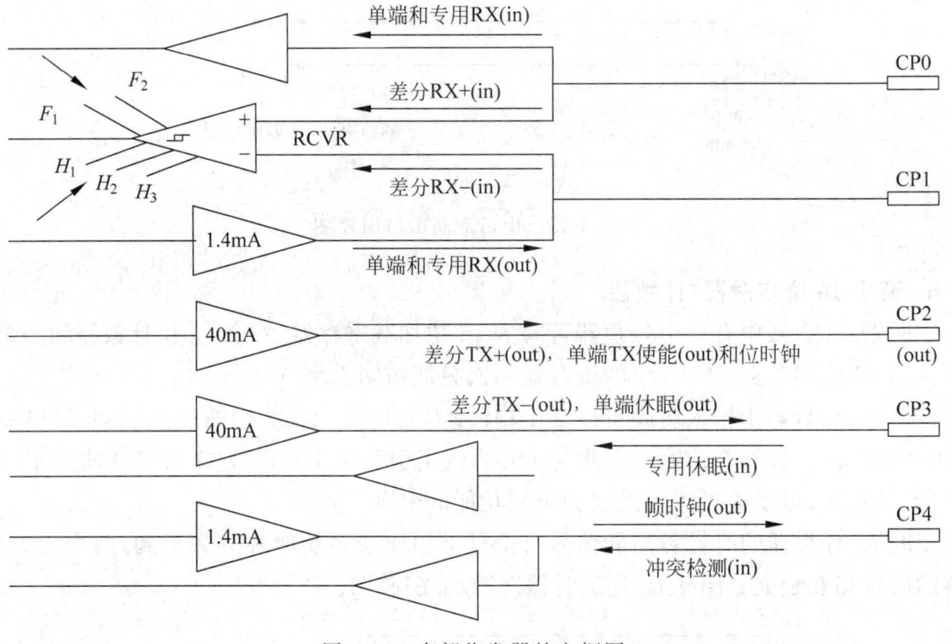

图 4-17　内部收发器的方框图

为适合不同的通信介质，Neuron 芯片通信端口可以将五个通信引脚配置成三种不同的接口模式，以适应不同的编码方案和不同的波特率。对单端、差分工作方式使用差分曼彻斯特编码。差分曼彻斯特编码所提供的数据格式使数据可在多种介质中传送。此外，差分曼彻斯特编码对信号的极性不敏感，所以通信链路中的极性变化不会影响数据的接收。

1) 单端工作方式

单端工作方式是最常使用的工作方式，用于实现收发器与多种传输介质的连接，例如，构成自由拓扑结构的双绞线、射频、红外、光纤以及同轴电缆网络。

图 4-18 所示是单端工作方式时通信端口的配置。数据通信实际发生在 CP0 以及 CPl

引脚的单端入/出缓存器中。CP3 引脚在 Neuron 芯片进入休眠状态时输出低电平，收发器依此切断有源电路的电源。CP4 是冲突检测输入，当硬件冲突检测电路检测到信道上有冲突时，通过该引脚告知 Neuron 芯片。该引脚低电平有效。

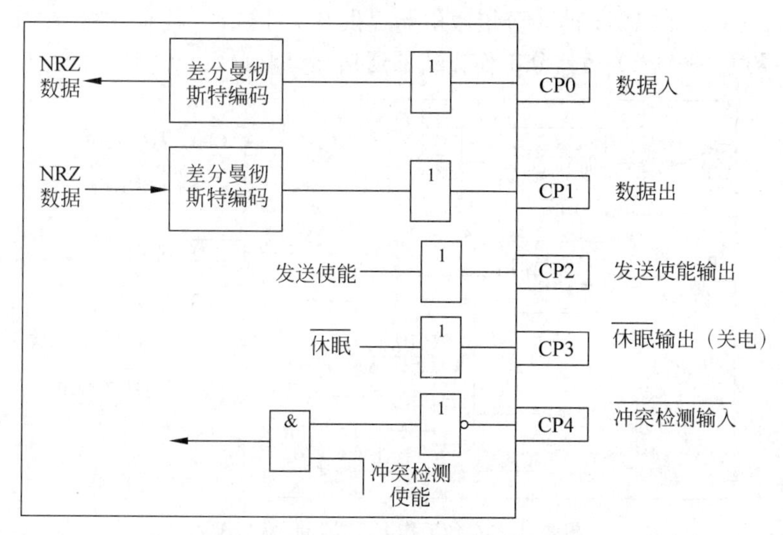

图 4-18　单端工作方式通信端口的配置

在单端工作方式中，通信端口采用差分曼彻斯特编、解码技术来编码、解码发送及接收的数据。图 4-19 是数据帧结构的示意图。

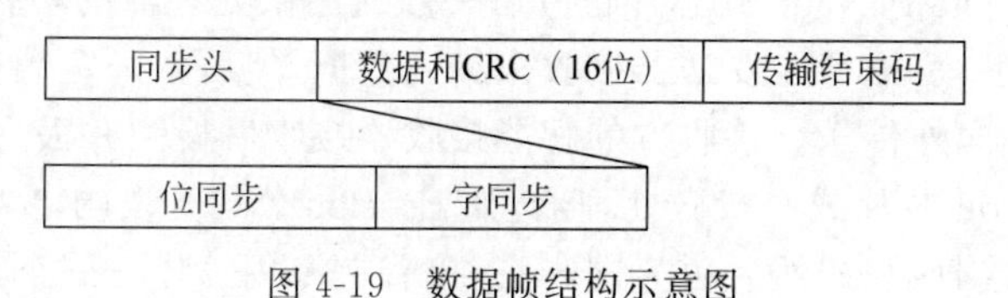

图 4-19　数据帧结构示意图

(1) 数据帧结构。

① 同步头(至少 6 位)：用于接收和发送节点之间的同步。包括位同步和字节同步。

- 位同步：是一串全 1 码。
- 字节同步：是一个位长的 0 码，用于表明同步头的结束、数据包第一字节的开始。

② 传输结束码(至少两位)：用于表明发送包的结束。码字是 1 或是 0 取决于发送数据的最后一位的状态。

(2) 冲突检测。

Neuron 芯片有可选的冲突检测功能。如果数据发送期间冲突检测使能来自收发器的冲突检测输入为低电平，且低电平持续时间至少有一个系统时钟周期(10MHz 对应的时间即 200ns)，Neuron 芯片即被告知数据发送过程中发生冲突，数据应重发。固件在同步头和数据包的结束处检查冲突检测标志。

如果不使用冲突检测，那么判断消息是否发送成功的唯一方法是采用应答服务。

使用应答服务时必须设置重发定时器，以便节点有足够的时间发送消息并收到应答(如果线路上无路由器，传输速率为 1.25Mb/s，一个节点发送及收到应答的时间的典型值是 48ms～96ms)。如果重发定时器时间溢出，节点将重发消息。

2）差分工作方式

驱动以及接收电路配置是差分线传输。在发送期间，数据输出引脚 CP2 和 CP3 的状态是反相的（驱动状态），即送出差分信号。当无数据发送时，状态是高阻状态（非驱动状态）。

接收引脚 CP0 和 CP1 上的差分接收电路提供有磁滞选择，后面紧跟一个可选的低通滤波器来抑制噪声。图 4-20 是差分工作方式的通信端口配置。

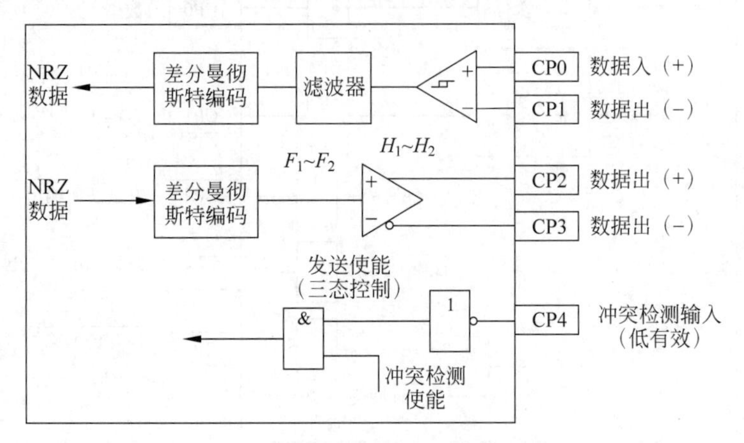

图 4-20　差分工作方式的通信端口配置

3）专用工作方式

在某些特殊应用中，需要 Neuron 芯片提供无编码数据，且无同步头的同步数据传输方法。使用这种方法可以使 Neuron 芯片也具有一般通用微处理器的串行通信功能。

在这样的情况下，可由智能发送器接收未编码数据，然后依一定数据格式组报并插入同步头，以同步头方式向外传送。接收方的智能接收器接收后检测并丢弃同步头，将还原的未编码数据送至 Neuron 芯片或一般微处理器，如 Echelon 公司开发的电力线传输模块 PLT-22 就是先以同步方式接收数据，然后丢弃同步头，接着在专用工作方式下将未编码数据以串行方式传输。其串行通信的时序图如图 4-21 所示。

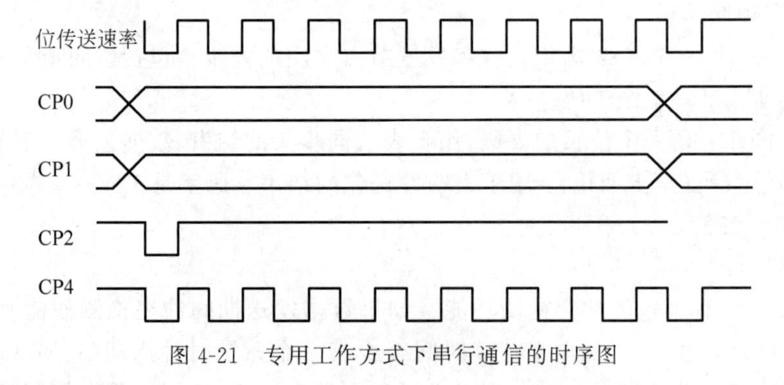

图 4-21　专用工作方式下串行通信的时序图

从图 4-21 中可看出，在专用工作方式中，CP0 是串行数据输入端，CP1 是串行数据输出端，CP2 是数据传输的帧同步端，相当于帧起始位，CP4 是位同步端。位同步速率就是系统的位传送速率。

这样的收发器具有自身的输入、输出数据缓存器，智能控制功能以及提供握手信号，保证数据在 Neuron 芯片和收发器之间正确传递。此外，专用工作方式的收发器还有如下许多特点。

(1) 能够从 Neuron 芯片配置收发器的各种参数。

(2) 能够将收发器的各种参数告知 Neuron 芯片：①多种通道工作；②多种位传送速率工作；③使用 FEC(前向纠错编码)；④使用冲突检测。

使用专用工作方式的权利是受限的，仅允许购买了 Neuron 芯片以及收发器的用户使用。

当使用专用工作方式时，在 Neuron 芯片和收发器间使用专用协议。该协议的内容是 Neuron 芯片和收发器之间每次以最高 1.25Mb/s(这时 Neuron 芯片的输入时钟是 10MHz)的速率连续地交换 16 位一帧，这 16 位包括 8 位状态字。由于有与握手有关的开销，实际可达到的最大位传递速率是 156kb/s。

8. 服务引脚

服务引脚(SERVICE)输入和漏极开路输出交替进行，频率是 76Hz，波形占空比是 50%。当其作为输出时，它能吸收 20mA 电流用于驱动一个 LED；当其用作输入时，它有一个可选的片内上拉电阻使输入能被拉高为高电平而进入无效状态。当然这只在 LED 与上拉电阻未连接时才使用。

在 Neuron 芯片的固件控制下，服务引脚主要用在节点配置、安装以及维护等过程中。例如，当节点还未配置网络地址信息时，LED 闪烁，频率是 0.5Hz。当服务引脚接地时，节点会在网上发送一个含有 Neuron 芯片 ID 值的网络管理消息，网络管理设备将使用该消息中包含的信息来安装及配置该节点。

图 4-22 所示的是一个典型的服务引脚电路，表 4-3 列出了该电路上 LED 的状态。复位时，服务引脚的状态不确定，服务引脚的上拉电阻默认是使能。

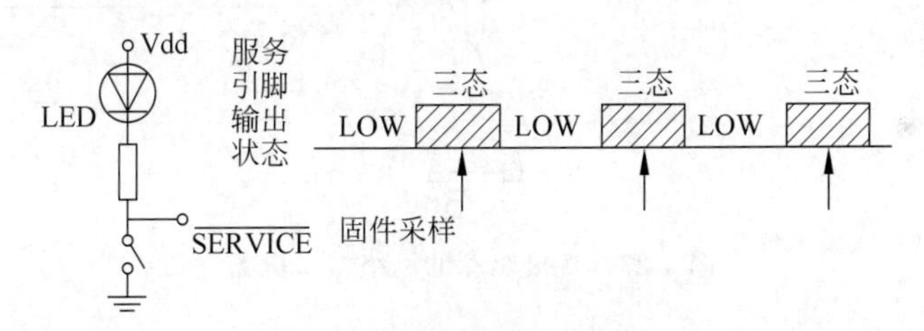

图 4-22　典型的服务引脚电路

表 4-3　服务引脚电路的 LED 状态

节 点 状 态	状 态 代 码	服务引脚电路的 LED 状态
非应用或未配置	3	亮
未配置(有应用)	2	闪烁
已配置，硬件脱机	6	关闭
已配置	4	关闭

4.4 LonWorks 总线通信

LonWorks 总线的一个非常重要的特点是它对多通信介质的支持。由于突破了通信介质的限制，LonWorks 总线可以根据不同的现场环境选择不同的收发器和介质。

1. 双绞线收发器

双绞线收发器是一种最通用的类型，在许多设计方案中都会使用它。配置双绞线收发器可满足性价比要求。双绞线收发器与 Neuron 芯片的接口有三种基本类型：直接驱动接口、EIA-485 接口和变压器耦合接口。

1）直接驱动接口

直接驱动接口使用 Neuron 芯片的内部收发器，并配有外接电阻、限流二极管和 ESD 保护装置。如果网络上的节点数不超过 64 个，且各节点使用普通电源供电，电路板所支持的数据传输速率最高不超过 1.25Mb/s，网络配置选择直接驱动接口是较为理想的。在这种模式下，一般的电压范围限制在 0.9V～1.75V。另外，为了使收发器的输入引脚具有输入 ESD 保护，电路配置使用了 2kΩ 的电阻，并用 51Ω 的线路平衡电阻来预防短路和实现过压保护。图 4-23 所示为直接驱动的网络接口电路。

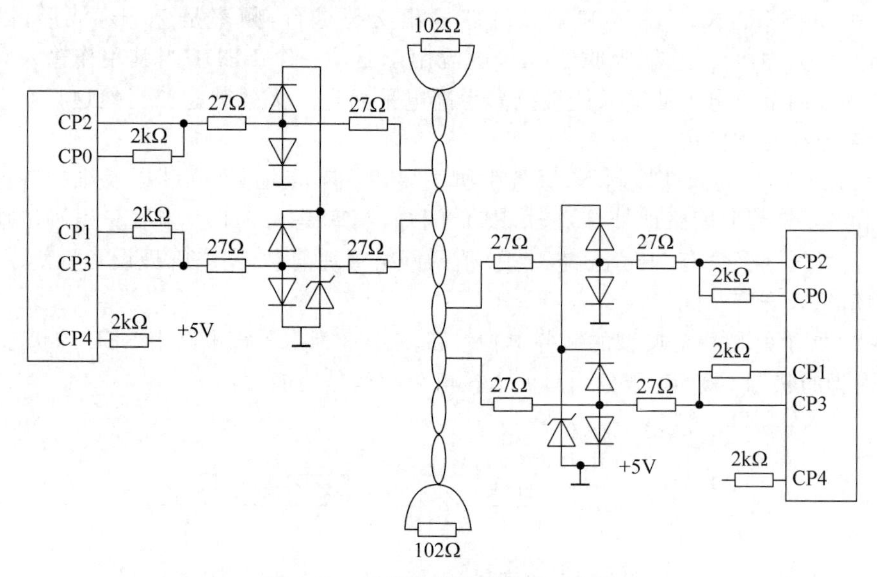

图 4-23　直接驱动的网络接口电路

直接驱动方式的网络节点数不超过 64 个，数据传输速率最高不超过 1.25Mb/s，传输距离不超过 30m。

2）EIA-485 接口

EIA-485 接口是现场总线中经常使用的电气接口，LON 总线也同样支持该电气接口，LON 总线可支持多种通信速率（最高可达 1.25Mb/s），不同速率的其他通信参数可参考 EIA-485 标准的性能指标。使用 EIA-485 共模电压比直接驱动要好，但不如变压器耦合。EIA-485 共模电压是－7V～＋12V，也可以在共模电压中加入隔离。LonMark 建议使用的 EIA-485 的通信速率是 39kb/s，可达 32 个节点，最长距离是 660m。在 EIA-485 中最好所有节点使用共同的电压，否则如果节点的共模电压没有加入隔离，由于 EIA-485 需要共地，很容易损坏节点。

3）变压器耦合接口

变压器耦合接口能够满足系统的高性能、高共模隔离以及同时具有噪声隔离的要求。因此，目前相当多的网络的收发器采用变压器耦合的方式。LON 总线中也有相当一部分采用变压器隔离的方式。

知识链接 4-4

采用变压器隔离方式的常用收发器

表4-4所示为采用变压器隔离方式的几种收发器。

表4-4 采用变压器隔离方式的几种收发器

型号	通信速率	拓扑类型	节点数/个	距离/m	类型
TPT/XF-8	78kb/s	总线拓扑	64	1400	变压器隔离
TPT/XF-1250	1.25Mb/s	总线拓扑	64	130	变压器隔离
FTT-10	78kb/s	总线/自由拓扑	64	2700/500	变压器隔离

这里以使用最为广泛的收发器FTT-10自由拓扑收发器为例加以说明。FTT-10收发器支持没有极性、自由拓扑(包括总线、星状、环状、树状,甚至几种方式的组合)的互连方式。因此,FTT-10收发器可以极大地方便现场网络布线。

在传统的控制系统中,一般采用总线拓扑,节点收发器包含一个线路接收和发送控制,通过带屏蔽的双绞线互连一起;根据EIA-RS-485标准,所有设备必须通过双绞线,采用总线方式互连在一起,防止线路反射和可靠通信。FTT-10收发器很好地解决了这一限制,但采用自由拓扑是以距离为代价的——总线连接可达2700m,而其他连接方式只有500m。值得注意的是,对于总线拓扑,节点和总线的距离不能超过1m,否则不是总线拓扑。

FTT-10收发器包含一个隔离变压器和一个曼切斯特编码器,采用厚膜电路集成在一个芯片中。

2. 电源线收发器

这里的电源线指的是通信线和电源线共用的一对双绞线。使用电源线的意义在于,所有节点通过一个48V DC中央电源供电,这对于一些电力资源匮乏的地区(例如,长距离的输油管线的监测,每隔一段距离就设置一个电源对节点供电,显然是不经济的;使用电池也有需要经常替换的问题)具有非常重要的意义;另一方面,通信线和电源线共用一对双绞线,可以节约一对双绞线。

电源线收发器由于采用的是直流供电,所以它可以和变压器耦合的双绞线直接互连。

3. 电力线收发器

电力线收发器是将通信数据调制成载波信号或扩频信号,然后通过耦合器耦合到220V或其他交直流电力线上,甚至是没有电力的双绞线。这样做的好处是利用已有的电力线进行数据通信,大大减少了通信中遇到的烦琐的布线。LonWorks电力线收发器提供了一种简单、有效的方法将神经元节点加入电力线中。电力线收发器的结构框图如图4-24所示。

众所周知,电力线上通信的关键问题是:电力线间歇性噪声较大——某些电器的启停、运行都会产生较大的噪声;信号衰减很快;线路阻抗也经常波动。这些问题使在电力线上的通信非常困难。Echelon公司提供的几种电力线收发器针对电力线通信的问题进行了一些改进。

每个收发器包括一个数字信号处理器(DSP),用于完成数据的接收和发送。短报文头纠错技术使收发器能够根据纠错码恢复错误报文。

图4-25是一个实用的通过变压器耦合的隔离电路。

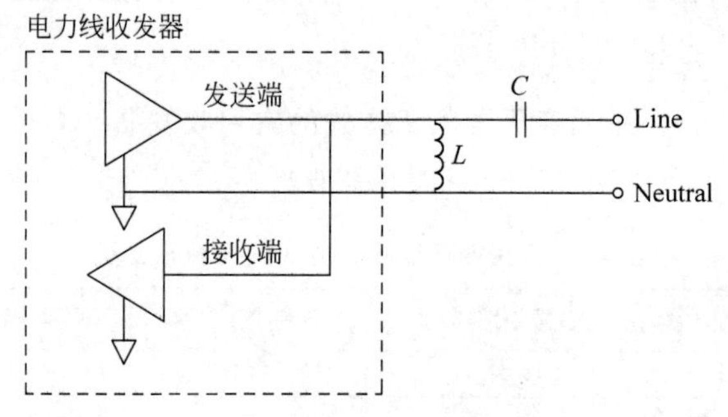

图 4-24　电力线收发器的结构

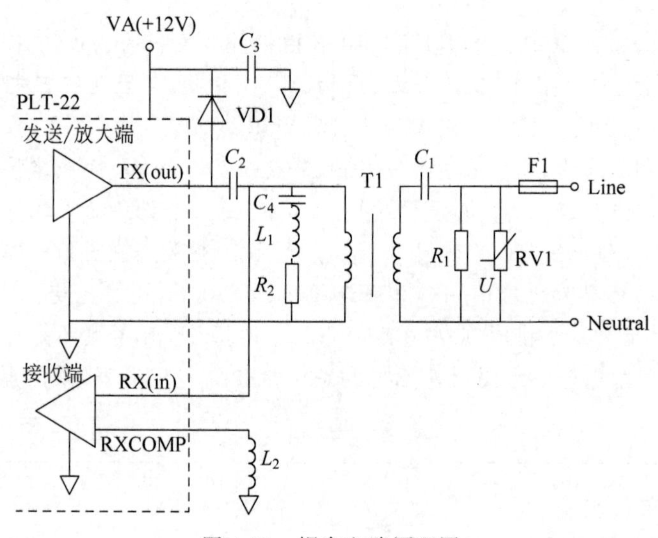

图 4-25　耦合电路原理图

电力线上传输的是 50Hz 的工频交流电，而有效信号是 110～140kHz 的高频信号。耦合器的作用就是将信号叠加到工频正弦波上，然后在另一端再将其还原。

对于电容值的选取，一方面，要在通信频率下呈现低阻抗，在工频下呈现高阻抗；另一方面，电容的阻抗值是发送端输出阻抗的一部分，在通信频率下，要对信号的分压作用小，以减少信号的衰减。对于电感值的选取，一方面，应该在通信频率下呈现高阻抗；另一方面，电感可看作输入阻抗的一部分，增大阻抗能减小信号的衰减。

知识链接 4-5

Echelon 公司的改进方案

Echelon 公司提供的几种电力线收发器针对电力线通信的问题进行了如下几方面改进。

(1) 每个收发器包括一个数字信号处理器(DSP)，用于完成数据的接收和发送。

(2) 短报文头纠错技术，使收发器能够根据纠错码恢复错误报文。

(3) 动态调整收发器灵敏度算法，根据电力线的噪声动态地改变收发器的灵敏度。

(4) 三态电源放大/过滤合成器。

4.5　LonWorks 通信协议——LonTalk

LonTalk 协议是 LonWorks 系统的核心。该协议提供一系列通信服务，使一个设备的应用程序可以在不了解网络拓扑、名称、地址或其他设备功能的情况下发送和接收网络上其他设备的报文。LonTalk 协议能提供端到端报文确认、报文认证、报文打包业务和优先传送服务，提供网络管理服务的支持，并允许远程网络管理工具与网络设备进行信息交换。

1. LonTalk 协议介绍

1993 年，美国 Echelon 公司推出了 LonWorks 新技术，提供了开放的低层通信网络——局部操作网络(LON)，局部操作网的通信协议称为 LonTalk 协议。采用 Neuron 芯片的网络节点含有 LonTalk 协议固件，使网络节点能够可靠地通信，实现各种功能。

LonTalk 协议遵循了 ISO/OSI 参考模型协议，提供了 OSI 参考模型的所有 7 层协议。即含有物理层、数据链路层、网络层、传输层、会话层、表示层和应用层，是一套完整、安全、有效的通信协议系统。

知识链接 4-6

LonTalk 协议的特点与提供的服务

1. LonTalk 协议的特点

LonTalk 协议是为 LonWorks 总线设计的专用协议，和以往商用网络的通信协议不同，它具有以下特点。

(1) LonTalk 协议采用分级编址方式，即域、子网和节点地址。

(2) LonTalk 协议支持多种通信介质，包括双绞线、电力线、同轴电缆、无线电和红外线、光纤传输介质等。

(3) 互操作性强，网络上的任一节点可以对其他节点进行操作，传输控制信息。

(4) 响应时间快，通信安全可靠。

(5) 发送的报文都是很短的数据(通常几个到几十个字节)。

(6) 通信带宽不高(几 kb/s 到 2Mb/s)。

(7) 网络上的节点往往是低成本、低维护的单片机。

(8) 多节点，多通信介质。

(9) 可靠性高。

(10) 实时性高。

2. LonTalk 协议的功能

国际标准化组织 LonTalk 协议提供的服务包括：物理信息管理；命名机制、数据包寻址和路由选择；高可靠性通信；优先级管理、外部帧和数据表示等。

LonTalk 协议是一个分层的、基于数据包的对等通信协议。像 Ethernet 网络和 Internet 协议，它是一个公认的标准并遵循 ISO/OSI 参考模型的分层规则。为了确保其满足控制网络的可靠和稳健的通信标准，LonTalk 协议为控制应用提供了一个高可靠、高性能、高抗干扰性的通信机制。

Neuron 芯片使用全部的 3 个 CPU 来执行一个完整的网络协议。一个 LonWorks 节点所运行的应用程序，通过使用 LonTalk 协议可与相同网络中的其他 LonWorks 节点上所运行的应用程序进行通信。Neuron 芯片中的处理器用来执行 LonTalk 协议软件和应用程序。

表 4-5 给出了 LonTalk 协议提供的服务与 ISO/OSI 参考模型之间的对应关系，以及各层与 3 个 CPU 之间的分配关系。

表 4-5　LonTalk 协议层

顺　序	OSI 层	目　　的	提供的服务	CPU
第 7 层	应用层	应用兼容性	LonMark 对象(object)、配置特性、标准网络变量类型(SNVTs)、文件传输	应用 CPU
第 6 层	表示层	数据翻译	网络变量、应用消息、外来帧传送、网络接口	网络 CPU
第 5 层	会话层	远程操作	请求/响应、鉴别、网络服务	网络 CPU
第 4 层	传输层	端对端通信可靠性	应答消息、非应答消息、双重检查、通用排序	网络 CPU
第 3 层	网络层	寻址	点对点寻址、多点之间广播式寻址、路由消息	网络 CPU
第 2 层	数据链路层	介质访问以及组帧	组帧、数据、编码、CRC 错误检查、可预测 CSMA、冲突避免、优先级、冲突检测	MAC CPU
第 1 层	物理层	物理连接		MAC CPU、XCVR(无线电收发信机)

2. LonTalk 协议的网络地址结构

1) LonTalk 协议的命名机制

(1) Neuron 芯片的命名。

Neuron 芯片具有一个特有的 48 位标识符(Neuron ID)，Neuron ID 由芯片生产厂家唯一确定，并保持不变。Neuron ID 作为 Neuron 芯片的名字，可以唯一地区别于其他 Neuron 芯片。在对象这一级，名字是用来唯一标明某个对象的。

(2) 地址。

地址是一个对象或一组对象的特有标识符，与上面提到的名字不同，地址是可以改变的。LonTalk 地址唯一确定一个 LonTalk 数据包的源节点或目标节点，路由器则利用这些地址在信道之间选择数据包的传输路径。

尽管 Neuron ID 也可以作为地址，但它不能作为寻址的唯一方式，这是因为该寻址方式只支持一对一的传输，将需要过于庞大的节点路由表以优化网络流量。仅仅当网络安装和配置时，才使用芯片的 Neuron ID 这一寻址方式。地址也是用来唯一标识一个对象或一组对象的标识符。与名字不同的是，它可以在对象创建之后被赋予，而且可以改变。

2) LonTalk 协议的寻址方式

LonTalk 协议定义了一种分层编址方式。这种方式使用了域(Domain)地址、子网(Subnet)地址、节点地址。为了进一步简化多个分散节点的编址，LonTalk 协议还定义了另一级地址，这就是组地址。下面分别介绍这几个地址的含义。

(1) 域地址。

LonTalk 编址的最顶层是域。域是一个或多个通道上节点的一个逻辑集合。一个域就是一个实际意义上的网络，通信只能在同一域中配置的节点之间进行。

域的结构可以保证其在不同的域中通信是彼此独立的。只有在同一个域中的节点才能互相通信，不同域的区分可以保证它们的应用完全独立，彼此不会受到干扰。多个域可以占有同一个信道，所以，域地址可以用来隔离不同网络上的节点。域又被称为虚拟网络。

知识链接 4-7

域地址设置实例

例如，两个相邻的建筑物或许在同一信道上，并且建筑物使用的网络节点装备有同一频率的无线射频收发器。为了避免这些节点所运行的应用程序相互干扰，每个建筑物内的节点可以被配置为分属不同的域。域地址用域 ID 来表示，域 ID 可以分为 0、1、3 或 6 字节。使用较短的域 ID 可以减少数据报文的开销，6 字节的域 ID 是唯一的。

域 ID 对应的字节数可在 0、1、3、6 字节的 4 个值中选择。6 字节的域 ID 可用来确保域 ID 的唯一性。例如，使用域中某个 Neuron 芯片的 ID 作为域 ID 绝对能保证它与其他网不会有相同的域 ID。但是 6 字节的域 ID 就意味着每个包有 6 字节的开销，所以可使用较短的域 ID 来降低这类报文的长度。如果某个系统中的多个网络不可能出现相互干扰的问题，域 ID 的长度可以是 0。例如，使用有线通道且一个应用对应一个有线通道，如果系统由一个管理人员负责域 ID 的设立以避免域 ID 的重复，那么域 ID 可以使用 1 字节或 3 字节。域 ID 也可当作系统 ID 用来唯一标识某个系统。

(2) 子网地址。

LonTalk 编址的第二层是子网。一个子网是在同一域中节点的逻辑集合。一个子网最多可有 127 个节点，一个域最多可有 255 个子网。子网中的所有节点必须在同一信道上，并且子网不能跨越智能路由器。如果一个节点属于两个域，该节点必须属于每个域中的一个子网。

如果一个节点分属于两个域，那么它必须在同一个子网中，如图 4-26 所示。但也有某些特殊的情况，诸如：

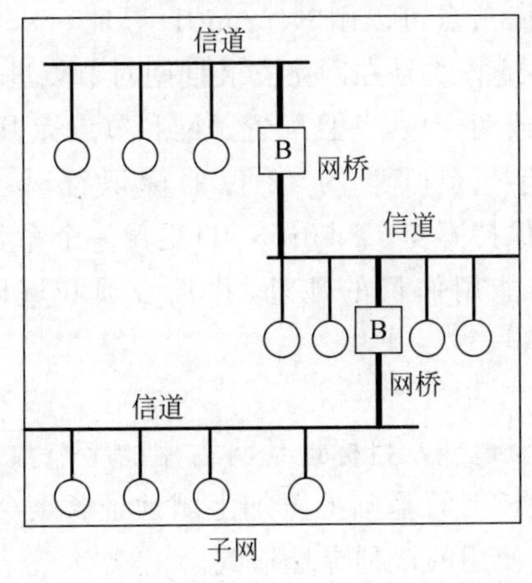

图 4-26　一个域中的所有节点归属同一个子网

(1) 在不同区段插入智能路由器。由于子网不能跨越智能路由器,所以节点只能配置在不同的子网中,如图 4-27 所示。

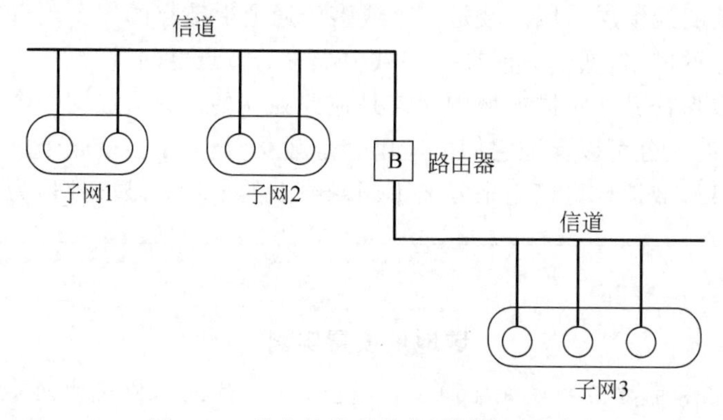

图 4-27 节点只能配置在不同的子网中

(2) 同一子网上将配置的节点数超过 127 个。子网限制最多节点数是 127 个,要提高一个区段上的节点数,可以通过配置多个子网来实现。例如,一个区段有两个子网,其最多节点数是 254 个;若有三个子网,最多节点数可达 381 个。

(3) 节点地址。

LonTalk 编址的第三层是节点。子网中的每个节点都被赋予一个唯一的节点数,该数是 7 位二进制数,这样每个子网最多可配置的节点数是 127 个。

已知一个域的子网数可达 255 个,所以由此可计算出一个单独的域中可容纳的最多节点数是:

$$255 \times 127 = 32\ 385(\text{个})$$

(4) 组地址。

一个组是一个域中节点的一个逻辑集合。节点也可以被分组,一个分组在一个域中跨越几个子网或几个信道。作为一个组的节点无须考虑它在域中所处的物理位置。在一个域中最多可以有 256 个组,每个分组中对于需要有应答服务的节点最多有 64 个,而无应答服务的节点数不限,一个节点最多可以属于 15 个组。组地址的长度为 1 字节。

(5) 芯片地址(Neuron ID)。

除了子网/节点地址之外,节点可以用 Neuron ID 寻址。Neuron ID 为 48 位长,这个 ID 是唯一的。域/Neuron ID 寻址方式是在网络安装期间对节点进行初始配置时,由网络管理工具将每个节点配置给一个或两个域,并且配置子网和节点标识码。

每个 LonTalk 节点都有一个唯一的 48 位的标识符,该标识符叫作 Neuron_ID。Neuron_ID 的值从制造时就保持不变。Neuron_ID 更像一个命名而不是地址。当 Neuron_ID 作为一个地址使用时,只能用作目的地址,并且必须和域以及源子网编址元素结合起来。

(6) 地址格式。

不同的寻址格式决定了原地址及目标地址将占用的字节数。注意,在计算整个地址长度时,应在表 4-6 给出的地址长度的基础上再加上域地址长度(该域地址长度范围为 0～6 字节)。表 4-7 中给出了节点使用的 5 种寻址格式。

表 4-6　编址格式和节点寻址的关系

编址格式	节点寻址	地址长度/B
域(子网=0)	同一域上的所有节点	3
域,子网	同一子网上的所有节点	3
域,子网,节点	子网中特指的某一逻辑节点	4
域,组	同一组中的所有节点	3
域,子网,Neuron_ID	特指的某个物理节点	9

表 4-7　节点使用的 5 种逻辑地址格式

类型	逻辑地址格式	和 TPDU/SPDU 类型共同使用	
＃0	(域,源子网-源节点,目的子网)	广播	整个域或单个子网
＃1	(域,源子网-源节点,目的组)	多点发送	报文或 Reminder
＃2a	(域,源子网-源节点,目的子网-节点)	单点发送	报文或 Reminder,确认
＃2b	(域,源子网-源节点,目的子网-节点,组,组成员)	多点发送	确认
＃3	(域,源子网-源节点,目的子网,Neuron_ID)	单点发送	报文或 Reminder

注:TPDU——传送协议数据单元;SPDU——会话协议数据单元。

在每种地址格式中,源子网号为 0 意味着这个节点不知道自身的子网号。这发生在没有利用网络管理工具进行节点配置以前。在图 4-28 下部,每个节点的地址格式里面都包含一个 7 位的源节点域。源节点域字节的第 8 位是选择器域。它提供了地址格式的子变量。地址格式＃2 是唯一使用这种能力的格式。在图 4-28 中,每个区域上面的数字代表了它们的位宽度。报文的第一个字节包括了报文头部,其中包括协议版本、内部封装的数据格式、编址格式,以及域名长度。报文头部的另一部分说明了四种之一的主要编址格式。报文头部的最后一部分包含了这个域的长度。地址域紧跟在报文头部后面。

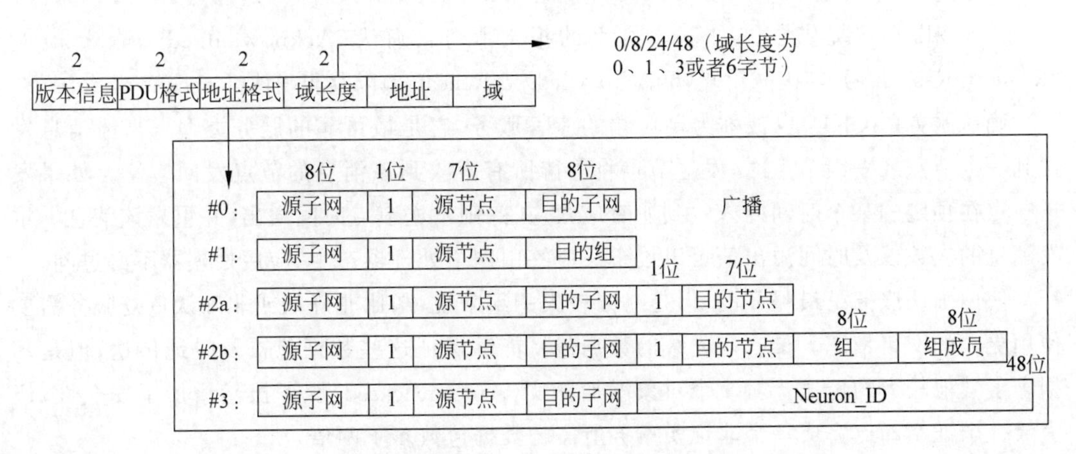

图 4-28　物理编址格式及逻辑地址格式

地址区域的第一部分是源子网区域。这个区域可以由路由器用来学习网络拓扑结构和防止形成报文环路。源子网地址和源节点地址组合起来可以用于确认、授权询问、回复授权询问、应答(使用查询/应答机制时),并且拒收节点自身发出的报文。在报文中说明的域长度紧跟在地址格式的后面。

地址格式#0用于整个域的广播。报文包含了源节点(子网,节点)和目的子网的地址。目的子网号为0意味着所有的目的节点都能接收数据,而在源子网号范围1～255中,意味着只能广播到命名的子网中的节点。

地址格式#1支持报文的多点发送。它使用的源地址是(子网,节点),目的地址是(组),意味着报文将被发送到整个组中。

地址格式#2中有两个变种。变种#2a中,源地址和目的地址的格式都相同,为(子网,节点)。这种编址格式用于单点广播和确认。变种#2b支持组确认。它的源地址编址要素为(子网,节点)。为了路由的需要,它的源地址和目的地址区域和格式#2a是一致的。附加在源地址和目的地址之后的是需要确认的节点的组和成员号。

地址格式#3支持根据Neuron_ID寻址。由于这种寻址格式的初衷是地址分配,因此Neuron_ID只能用作目的地址。此ID可以由特殊的网路管理报文(见6.7.1节)从节点获得,也可以通过按压节点的Service Pin来获得(同样见6.7.1节)。在不知道目的子网的情况下,可以使用目的子网号0来向整个网络广播报文。

3. 通信服务

网络提供的通信服务要使网络同时实现高的有效性、快的响应速度、高的安全性以及高的可靠性是不可能的,实际网络提供的通信服务只能在这几方面取折衷。例如,使用应答服务可靠性高,但是与非应答服务或非应答重发服务相比要占用更大的网络带宽,有着优先级的消息包将确保能被定时地发送,但是过多的优先级消息包有可能造成非优先级消息包的阻塞,鉴别服务能够增加一级安全性,但是与非鉴别服务消息包的字节数相比将增加一倍。下面对其将作更详细的叙述。

1) 消息服务类型

LonTalk协议提供了4种基本类型的报文服务:确认(Acknowledged)、请求/响应(Request/Response)、非确认重复(Unacknowledged Repeated)以及非确认(Unacknowledged)。

确认服务(ACKD)也被称为端对端的应答服务,它是最可靠的服务类型。当一消息发送到一个节点或一组节点时,发送节点将等待所有应收到该消息的节点发回应答。如果发送节点在预定的某个时间内未收到所有应收应答,则发送节点时间溢出,并重发该消息。重发消息的次数以及时间溢出值可以设定。应答由网络处理器产生,应用处理器不必过问。

使用确认服务是最可靠的,但是对于较大的组来说,却比非确认或非确认重复服务需要使用更大的网络带宽。具有优先级的数据包将能够保证这些数据包被及时地传送,但是却损害了其他较大的传送。对一个对象增加证实(Authenticated)服务虽然增加了安全性,但完成一个证实却比完成一个非证实事务所需的数据包数多了两倍。

请求/响应是最可靠的服务,即一个报文被发送给一个或一组节点,并等待来自每个接收节点的响应。输入报文由接收端的应用在响应生成之前处理。与确认服务一样,发送时间、重发次数和接收时间是可选项。响应中可以包括数据,从而使服务适用于远程调用或Client/Server方式。

确认是与请求/响应相等价的服务,即一个报文被发送给一个或一组节点,发送者将等待来自每个接收者的确认。若没有接收到来自所有目标的确认，并且发送者的时间已超出，发送者则重新发送。发送时间、重发次数和接收时间是可选项。

非确认重复的可靠性较前两者要低。非确认重复服务即是报文被多次发送给一个或多个节点，同时不需要得到响应或应答。该服务一般用于向一大组节点广播，当对大的节点组广播时，为避免多节点产生过多响应造成网络过载，通常采用该服务类型。若在确认或请求/响应方式下，由所有响应产生的交通量可能将使网络过载。

可靠性最低的是非确认服务。它是指一个报文被发送给一个或一组节点且只被发送一次，同时不期望得到响应。当需要极高的传送速率或大量的数据要发送时，通常采用这种服务类型。不过，采用该服务类型应用程序无法知道发出的消息是否丢失，又无重发机制，所以它的可靠性是最低的。该服务一般用于要求有最好的性能，网络带宽受限制，同时网络对报文的丢失不敏感的情况。

2）冲突

LonTalk 协议使用其独有的冲突避免算法。该算法具有在过载的情况下信道仍然能负载接近最大能力的通过量，而不是由于过多的冲突而使通过量降低。当使用支持硬件冲突检测的通信介质（如双绞线）时，只要收发器检测到冲突的发生，LonTalk 协议可以有选择地取消数据包的传输。它允许降低立刻重新发送被冲突破坏的包。若没有冲突检测，假定使用的服务为确认或请求/响应服务，节点将不得不等待到重试时间结束才能知道节点没有接收到目的节点的确认，这时，节点才重发该数据包。对于非确认服务，未检测到的冲突意味着包没有被接收到并且不作任何重试。

（1）冲突避免。

LonTalk 协议的冲突避免的算法是特有的。称为可预测 P-坚持 CSMA 算法。它在保留 CSMA 优点的同时，克服了缺点，使网络即便在过载的情况下仍可以达到最大的通信量，而不至于发生因冲突过多致使网络吞吐量急剧下降的现象。这种算法有别于传统的 CSMA 算法。

（2）冲突检测。

冲突检测的采用使节点能在极短的时间内反应冲突，立即中断已被破坏的消息包的传送，然后自动重发，从而提高了介质的利用率，缩短了因冲突而附加到响应时间上的额外值。

如果收发器（双绞线）支持硬件冲突检测，LonTalk 协议就支持冲突检测以及自动重发。如果无冲突检测，采用应答服务或请求/响应服务。

（3）可检测到冲突的时间。

检测到冲突的具体时间取决于通信端口的工作方式。在直接工作方式中（也就是差分工作方式或单端工作方式），最早可检测到冲突的地方在消息包起始至消息包结束的 25%处。

发生冲突的节点在同步头期间检测冲突。如果收发器具有对冲突的分辨能力，就是说它能在同步头期间检测到冲突，并且冲突节点除一个外都停止发送，那么该节点的 Neuron 芯片将能够立刻转向接收已成功发送的消息包。

4. LonTalk MAC 层

LonTalk 协议的 MAC 层是数据链路层的一部分，使用 OSI 各层协议的标准接口和数据链路层的其他部分进行通信。局域网中存在多种介质访问控制协议,其中使用最广泛的是载波监听多路(CSMA)。其所采用的算法是属于 CSMA 家族的。

对于常用的 CSMA/CD,如以太网,在轻负载的情况下具有很好的性能,但当在重负载的情况下时,一包数据在发送,可能有很多网络节点等待网络空闲,一旦这包数据发送完毕,网络空闲,这些等待发送的节点都会马上发送报文,而同时发送必然产生碰撞。产生碰撞后,由避让算法使之等待一段时间再发,假如这段时间是相同的,重复的碰撞仍会发生。这将使网络效率大大降低。

1) 传统的 MAC 层协议

CSMA 算法要求网络上的每个节点在传送报文之前,必须先侦听信道,确认信道是空闲的。然而,一旦检测到信道的空闲状态,CSMA 家族的每种算法的行为是不同的,按占用信道的方式可分为以下三种。

(1) 非坚持 CSMA:一旦侦听到信道空闲,则立即发送;一旦发现信道忙,则不再坚持侦听,延时一段时间后再侦听。缺点是不能将信道刚一变成空闲的时刻找出。

(2) l-坚持 CSMA:一旦侦听到信道空闲,则立即发送;一旦侦听到信道忙,则继续侦听,直至出现信道空闲。缺点是,若有两个或更多的节点同时在侦听信道,则发送的帧相互冲突,反而不利于吞吐量的提高。

(3) P-坚持 CSMA:当侦听到信道空闲时,就以概率 P 发送数据,而以概率$(1-P)$延迟一段时间(端到端的传播时延),重新侦听信道。缺点是,即使有几个节点要发送数据,因为 P 值小于 1,信道仍然有可能处于空闲状态。

但由于现有的 MAC 算法,如 IEEE 802.2、IEEE 802.3、IEEE 802.4 和 IEEE 802.5 不能满足 LonTalk 使用多种通信介质、在交通繁重情况下维持性能、支持大型网络的需要。因此,Echelon 公司的 LonTalk 协议采用了可预测 P-坚持 CSMA(Predictive P-Persitent CSMA)算法。

2) 可预测 P-坚持 CSMA

可预测 P-坚持 CSMA 通过对网络负载的预测,实现了对 P 值的动态调整。当网络空闲或轻载时,所有节点被随机分布在最小 16 个不同时延的随机时隙上发送消息,这样,在空闲或轻载的网络中,访问的平均时延为 8 个时隙,等同于 $P=0.0625(1/16)$的 P-坚持 CSMA。当预测到网络负载要增加时,增加随机时隙的数目,将节点随机地分配在数目增多了的某个随机时隙上。时隙数 $P=1/R$,R 增加,P 值降低,因此可预测 P-坚持 CSMA 在保留 P-坚持 CSMA 优点的前提下,通过对网络负载的事先预测,在网络轻载时,给网上节点分配数目较少的随机时隙,使节点对介质访问的时延最小;网络重载时,通过给网上节点分配数目较多的随机时隙,从而使节点同时发送数据带来的冲突最少,避免了重载下系统处于不稳定状态,保证信道仍能以最大的吞吐量工作,不会因过多的冲突而造成阻塞。

由以上可见,由于随机时隙数目的动态调整,实现了概率 P 值的动态调整。具体实现如下。

(1) P 值的动态调整取决于随机时隙的动态调整。

当网络预测到负载增加时，节点将分布在更多的时隙上发送数据，增加的时隙的数量由参数 n 决定，参数 n 被称作对信道上积压工作的估计，即网络负载，它代表了下一次循环将要发送数据包的节点数，取值范围是 1～63，所以随机时隙的数目为 $16n$，最小为 16，最大为 1008。

(2) 随机时隙的动态调整依赖于节点对网络负载的预测能力。

网上每个节点在启动发送数据之前先预测 n 的值，调整随机时隙数，然后在某一随机分配的时隙以概率 $1/16n$ 发送消息包。

节点是这样实现对 n 的预测的：要发送数据包的节点在它发送的数据包中，包含了要肯定应答接收该消息的节点数目，即发送消息包将产生的应答数信息，所有收到该消息包的节点的 n 值通过加上该应答数获得新的 n 值，从而使随机时隙的数目得以更新，若该节点有数据要发送，它将以新的概率值 P 在随机分配的时隙上发送，每个节点在数据包发送结束时，其 n 值自动减 1。

可见，要实现预测，消息服务的类型必须选择应答服务。由于数据包采用典型的应答服务类型，50%或更高的负载可以预测。由此实现了每个节点在任何时候都能动态地预测有多少节点要发送消息包，并且预测 n 值的能力比较高。预测的精度越高，则重载时网络的冲突概率会越小，系统能够保证正常工作，轻载时介质访问时延也会越小。所以，可预测 P-坚持 CSMA 协议能够满足特定环境下的要求。

当然，可预测 P-坚持 CSMA 并不能避免冲突的出现，而冲突的存在必然影响到响应时间。因此在对响应时间要求较高的应用中，可采用优先级和冲突检测(CD)加以弥补。

3) 优先级带预测的 P-坚持 CSMA

在 MAC 层中，为提高紧急事件的响应时间，提供一个可选择优先级的机制，该机制允许用户为每个需要优先级的节点分配一个特定的优先级时间片，在发送过程中，优先级数据报文将在那个时间片里将报文发送出去。优先级时间片为 0～127，0 表示不需等待立即发送，1 表示等待一个时间片，以此类推，低优先级的节点需等待较多的时间片，而高优先级的节点需等待较少的时间片。

这个时间片加在 P-概率时间片前。非优先级的节点必须等待优先级时间片都完成后，再等待 P-概率时间片后发送。这样，加入优先级的节点就有更快的响应时间。

Neuron C 是一种专门为 Neuron 芯片设计的程序设计语言。它在标准 C 语言的基础上进行了自然扩展，直接支持 Neuron 芯片的固化软件，删除了标准 C 语言中一些不需要的功能(如某些标准的 C 语言函数库)，并为分布式 LonWorks 环境提供了特定的对象集合及访问这些对象的内部函数，还提供了内部类型检查，是一个开发 LonWorks 应用的有力工具。

4.6　面向对象的编程语言——Neuron C

1. Neuron C 所提供的若干新功能

(1) 一个新的对象类——网络变量(Network Variable)，简化了节点间的数据通信和数据共享。

(2) 一个新的语句类型——when 语句,引入事件(events)并定义这些事件的当前时间顺序。

(3) I/O 操作的显式控制,通过对 I/O 对象(objcct)的声明,使 Neuron 芯片的多功能 I/O 得以标准化。

(4) 支持显式报文传递,用于直接访问底层的 LonTalk 协议服务。

(5) Neuron C 对分布式 LonWorks 环境提供了一组特别的对象和访问这些对象的内建函数,Neuron C 是对 ANSI C 的自然延伸,Neuron C 基于 ANSI C 语言标准,支持 ANSI C 的定义类型(typedefs)、枚举类型(enums)、数组类型(arrays)、指针类型(pointers)、结构类型(structs)和联合类型(unions)。但又不是标准 C 语言的严格实现。

2. Neuron C 与 ANSI C 的主要区别

(1) Neuron C 不支持 ANSI C 的标准运行库的一些功能,如浮点运算、文件 I/O 等。然而,为了满足 Neuron 芯片作为智能分布控制应用,Neuron C 有自己扩展的运行库和语法。这些扩展功能包括:定时器、网络变量、显示报文、多任务调度、E^2PROM 变量和其他多种功能。虽然 Neuron C 以 ANSI C 为基础,但在数据类型上和 ANSI C 仍有一定的差别。

(2) Neuron C 对 ANSI C 有一定的扩展,以适应芯片与体系结构,同时也包括了 ANSI C 中找不到的附加的保留名单和语法。例如,network 变量类型和语法、when()语句。

(3) 程序 main()结构不再使用,Neuron C 的执行对象包含 when()框架及函数,而执行一个程序总是由 when()开始,以支持事件驱动的编程。

3. 调度程序

Neuron 芯片的任务调度是由事件驱动的。所谓事件驱动就是当一个给定的条件判断为"真"(TRUE)时,执行与该条件有关的程序(任务)。

调度程序允许编程人员定义任务用以作为某类事件发生的结果。

例如,某一输入引脚状态变化是事件,与该事件有关的任务可以是将引脚状态变化的新值赋给某个网络变量;定时器时间溢出;指定某个任务为优先任务。

1) when 子句

事件由 when 子句来定义。一个 when 子句包括一个表达式,如果该表达式的值判断为 TRUE,紧跟该表达式的程序(任务)即执行,如:

```
when(timer-expires(led-timer))          //when 子句,当 LED 时间到时
{
    io_out (io_led,OFF);                //关闭 LED 任务
}
```

多个 when 子句可以与一个任务发生关联:

```
When  (reset)                           //当复位执行时
When  (io_changes(io_switch))           //当外部引脚电平状态发生变化时
When  (! Timer_expires )                //当定时时间到时
When  ( flush_completes && (y= = 5))    //当任务完成或恒等于某数值时
When  (x= = 3)                          //恒等于某数值时
```

```
{
  …                                          //打开 LED 并启动定时器
}
```

2) when 子句语法

when 子句的语法格式如下：

```
[priority][preempt_safe]  when (event)
{
priority        (优先级)
preempt_safe
event           (事件)
task            (任务)
}
```

其中，priority 即优先级，可选择使用，如使用该选项，调度程序每次运行时都必须对有此选项的 when 子句进行判断。preempt_safe 是占先(Preemption)方式的选项，可选择使用，如选用，即便应用处于占先方式，调度程序仍然执行相关的任务。Neuron 芯片的调度程序在没有空闲的应用缓冲器用来发送消息时，会进入占先方式，系统会让相应的应用程序等待并仅处理完成事件、响应以及输入网络变量及消息，帮助空出应用缓存器。event 即事件，圆括号内的事件可以是预定的事件，也可以是有效的 Neuron C 表达式(其中可包含预定时间)。同一个任务可以与多个 when 子句关联。task 即任务，实际是 Neuron C 语言应用程序。它由一系列 Neuron C 说明及语句组成，用花括号括上。可以说，任务等同于无返回值的函数体，使用 return 语句可以中断任务的执行。

3) when 子句的事件类型

when 子句的事件类型有两种：预定事件以及用户定义事件。预定事件包括输入引脚状态变化、网络变量修改、定时器溢出以及消息接收等；用户自定义事件可以是任意有效的 Neuron C 表达式。这两者并没有太大的差别，但是因为预定事件所需代码空间较小，所以要尽量使用预定事件。

下面分别对两种事件做介绍。

(1) 预定事件。

预定事件需要使用已经设置完整的关键字来实现相应的功能。在预定事件中，常用的关键字包括系统级事件、输入输出事件、定时器事件、网络变量和显式报文事件。针对不同的事件功能，所使用的关键字不尽相同。预定事件的关键字如表 4-8 所示。

表 4-8　预定事件的关键字信息表

事件类型	关键字	含义
系统级事件	reset	节点已经被启动
	offline	节点被置为脱机
	online	节点被置为联机
	flush_completes	节点已做好进入睡眠模式的准备
	Wink	节点已收到 Wink 网络管理报文

续表

事件类型	关键字	含义
输入输出事件	io_changes	I/O 对象值已经改变
	io_in_ready	并行 I/O 对象已经准备好接收来自外部 CPU 的数据
	io_out_ready	并行 I/O 对象已经准备好发送数据至外部 CPU
	io_update_occurs	定时器/计数器的值已经更新
定时器溢出事件	timer_expires	软件定时器的值已经为 0
网络变量和显式报文事件	mag_completes	报文发送完成(包括成功和失败)
	msg_arrives	报文已经收到
	msg_succeeds	报文发送成功
	msg_ fails	报文发送失败
	resp_ arrives	响应报文已经收到
	nv_update_occurs	输入网络变量接收到一个输入值
	nv_update_completes	输出网络变量发送完成(完成包括失败和成功)
	nv_update_fails	输出网络变量发送失败
	nv_update_succeeds	输出网络变量发送成功

预定事件常用的表达式为“when(关键字 && 标志位状态);”,下面举例说明。

① 系统级事件中的复位事件“when(reset)”:复位事件在每次上电硬件复位或中途软件复位时发生,在复位事件中,主要是对一些变量进行初始化,进行系统的默认配置工作。

② 定时器溢出事件“when(time_expires)”:定时器溢出事件在系统定义的定时器溢出时发生,可以由此转入溢出处理,衍生出多个软件定时器,用以激发相应的事件,因此可以作为事件的主要源泉之一。

③ 网络变量和显式报文事件中的报文已经收到事件“when(msg_arrives)”:报文收到事件在节点收到自己的网络报文时发生,在一般系统中,这个事件通常在节点收到监控命令时发生,这时节点会激发相应于这个命令的处理事件。

④ 输入输出事件中的并行 I/O 已经准备好接收来自外部 CPU 的数据事件“when(io_in_ready)”:该事件在并行 I/O 对象准备接收来自外部数据时发生,当处理写命令时,拥有写令牌的 Neuron 芯片执行该命令。

(2) 用户自定义事件。

用户自定义事件可以是任何合法的表达式,一种方法是用一个多字节的事件开关标志组,利用标志组中的各位标志的置位和清除来控制某个用户自定义事件的开和关。

4. when 子句的调度

调度程序对一组 when 子句的判断过程是一个循环往复的过程:调度程序将判断每个 when 子句,如果某个 when 子句是 TRUE,执行相关的任务;如果该子句是 FALSE,调度程序将移到下一个 when 子句判断该子句的值;到最后一个 when 子句判断结束,调度程序返回到顶部再对这一组 when 子句重复刚才的过程。图 4-29 是调度程序的调度过程。

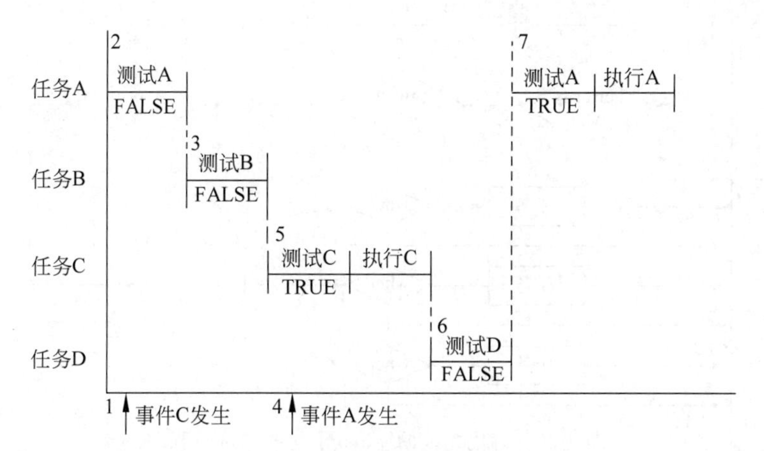

图 4-29　调度程序的调度过程

调度程序的格式如下：

```
when(A)
    {
A
    }
  when(B)
    {
B
}
  when(C)
    {
C
}
  when(D)
     {
D
}
```

5. 优先级 when 子句

如果 when 子句选用 priority(优先级)关键字，相比无优先级的 when 子句，调度程序对具有优先级的 when 子句的判断次数要频繁得多。对于具有优先级的 when 子句，调度程序每次运行都将首先对其判断。如果一个优先级的 when 子句判断是 TRUE，对应的任务执行，调度程序又返回到有优先级的 when 子句。如果优先级的 when 子句判断是 FALSE，那么调度程序将对非优先级的 when 子句判断。图 4-30 是有优先级的 when 子句的调度过程。

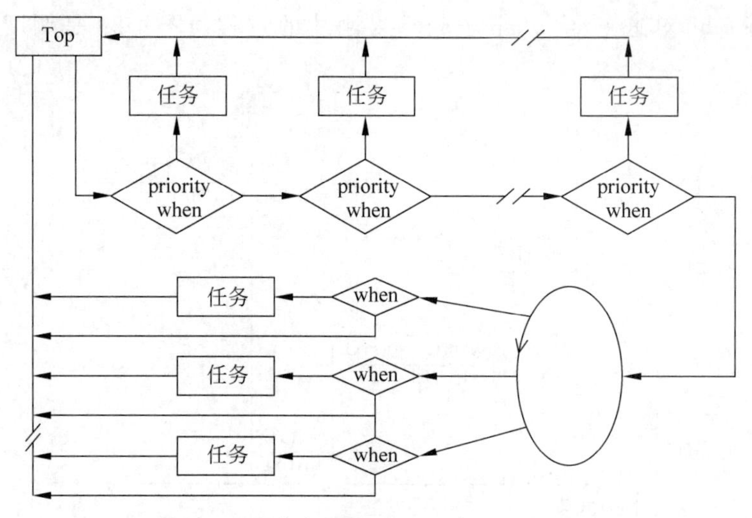

图 4-30　有优先级的 when 子句的调度过程

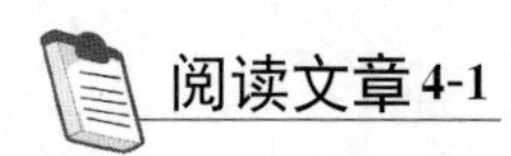

阅读文章 4-1

基于 LonWorks 通信的动车组拖车网络控制系统

在普速铁路上开行时速为 160km 的动车组有利于提高既有线路的旅客列车装备品质和服务水平，形成新的客流增长点，提高普速铁路客运市场的竞争力。为了满足这一需求，中国中车集团有限公司依托八轴快速客运电力机车和既有的 25T 型客车技术平台进行了时速为 160km 动力集中电动车组（简称“动集”）的研制。

动集的牵引动力集中在头车，双端头车分别为动力车或者控制车，对数据实时性要求很高。因此，列车级网络控制系统采用绞线式列车总线（WTB）贯穿全车，具备动态编组、通信线路冗余等功能；车辆级网络控制系统采用多功能车辆总线（WVB）加实时以太网方式，车辆级各子系统通过 MVB+ETH 接口接入车辆总线。相对头车而言，中间拖车设备较少、实时性要求低，采用 MVB+ETH 方式的成本会偏高，因此，综合数据量、实时性和成本考虑，确定拖车采用简单、可靠、经济实用的现场总线 LonWorks。

针对动集的应用编组模式，本文基于 LonWorks 总线的通信原理提出了一种适应性强、功能可靠、实现简单、高度集成化、成本低的动车组拖车网络控制系统方案。

根据应用需求，动集有短编组、长编组两种应用模式，其中短编组模式为“动力+7 节拖车+控制车”，长编组模式为“动力车+18 节拖车+动力车”，长编组和短编组应用模式的网络控制系统分别如图 4-31 和图 4-32 所示。

动集短编组有 7 节拖车，长编组有 18 节拖车，因此拖车网络控制系统需按列车级和车辆级 2 级总线设计。2 级总线均采用 LonWorks 总线，其中车辆级采用 LonWorks 总线进行点对点通信，实现拖车各子系统间运行状态、故障诊断等信息的传输以及对各子系统的控制、状态及安全监测信息的实时查询。为保障系统可靠性，列车级 LonWorks 总线采用双线热备冗余，以便单线故障时 LonWorks 网关自动切换信任线，从而保障通信的正常进行。

根据功能划分，动集的拖车网络控制系统设备主要包括列车控制单元、车辆控制单元、监控显示屏及行车安全监控系统等。该网络控制系统拓扑结构如图 4-33 所示。

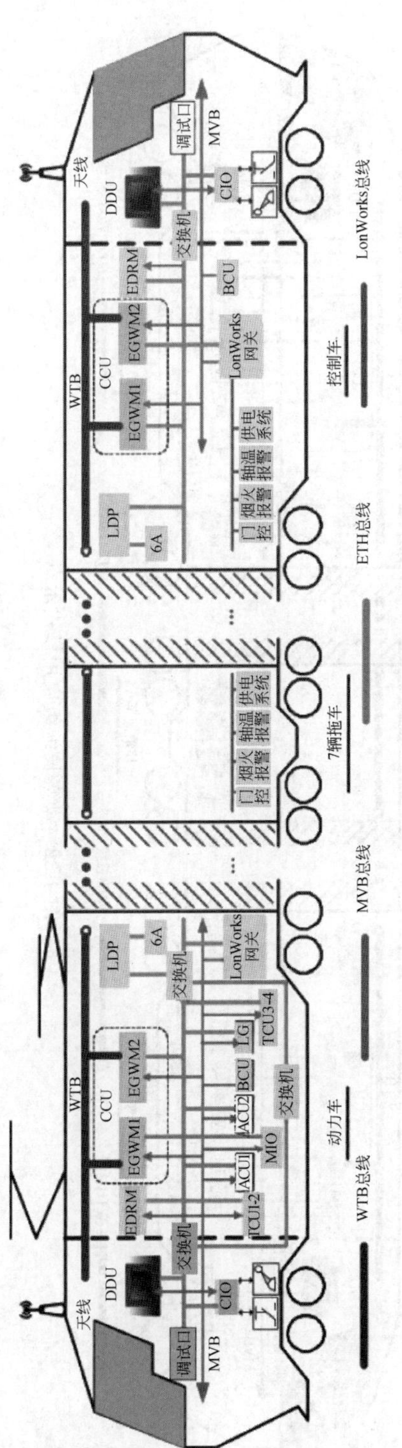

图 4-31　动集短编组应用模式示意

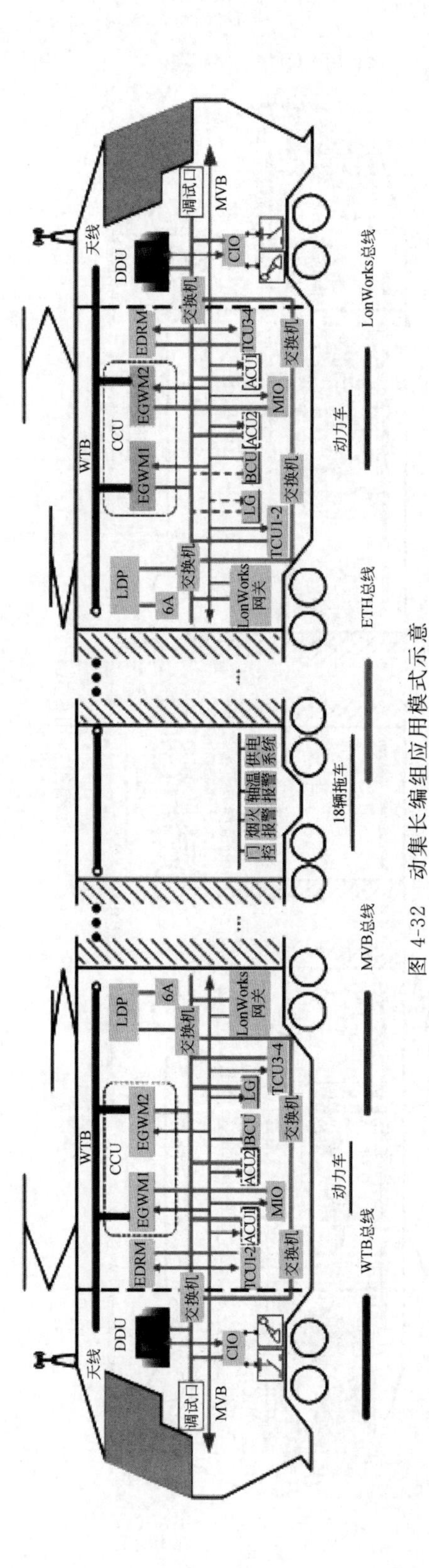

图 4-32 动集长编组应用模式示意

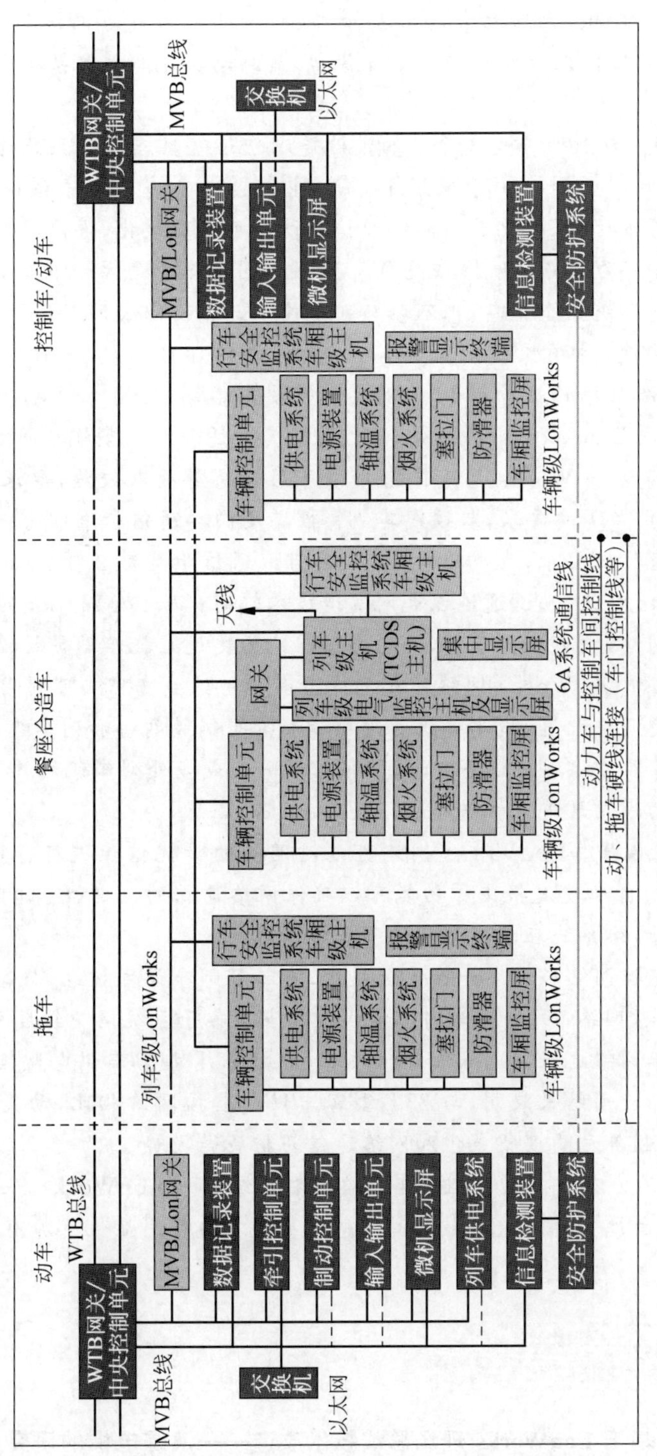

图 4-33　动集拖车网络系统拓扑结构图

目前铁路客车网络方案主要有 TCN(列车通信网络)、以太网以及 LonWorks 网络,由于 TCN 在经济性方面劣于 LonWorks,在传输速率方面劣于以太网,所以网络方案的选择就在以太网和 LonWorks 网络两者之间进行;又由于 LonWorks 网络具有兼容性强、定位适当、实现简单、稳定可靠、环境适应性强等优势,最终动集拖车网络系统采用 LonWorks 总线方案。

(1) 兼容性强。动集拖车电气系统的设计是以 25T 型客车电气系统为基础对各子系统进行功能扩展、逻辑优化等。由于采用 LonWorks 网络,所有拖车子系统的既有网络数据传输方式均可保持不变,仅需要更新网络通信协议即可实现优化,设计周期短。

(2) 定位适当。动集拖车网络系统负责监测全列拖车电气系统状态,向司机室网络发送必要的拖车电气系统状态信息,但不参与列车控制。相比以太网,LonWorks 网络最大的短板在于传输速率低,最高仅为 78kb/s,与以太网的传输速率(100Mb/s)相比差距很大。但是,动集拖车网络数据传输量较小,且对实时性要求不高,使用 LonWorks 网络即可满足数据传输需求,加之 LonWorks 网络成本低,因此其更适合于动集拖车网络系统。

(3) 实现简单。LonWorks 总线传输介质采用二芯屏蔽双绞线,要求双绞线特性阻抗满足 $102\times(1\pm10\%)\Omega$ 的要求,双绞线其他特性满足四类通信标准即可;对双绞线以及配套的线束接头没有特殊要求,实现简单;双绞线直线通信距离为 2700m,适合列车通信。其次,动集有拖车灵活编组需求,通过以太网实现成本较高;而 LonWorks 列车级总线的网络节点可灵活进退网络,没有任何限制,其动态编组能力更适应拖车的灵活编组需求。

(4) 功能可靠。LonWorks 网络带宽允许占有率可达到 60%,可利用率较高。拖车车辆级总线采用固定网络配置,拖车编组的改变不影响车辆级网络和列车级网络的双路冗余,LonWorks 网络特性可以满足以下要求,即当出现一处或多处列车级网络节点故障时,其他列车级网络节点的通信还能正常进行。

(5) 环境适应性强。LonWorks 网络可以对网络的干扰信号进行有效避让,采用优先级报文、确认报文、自动重发报文等功能可以确保网络通信的可靠性;同时,其对传输介质的要求不高,可使网络系统在恶劣的环境下正常工作。

25T 型客车监控网络采用 LonWorks 技术,在工程师车设主控站,与各车的代理节点构成列车级 LonWorks 网络;每个客车内部由代理节点与各子系统网关组成车辆级 LonWorks 网络。动集的拖车网络也采用 LonWorks 技术,但在 25T 型客车供电监控网络基础上进行了优化设计。实际应用结果表明,与 25T 型客车供电监控网络相比,动集具有能自动选择网络线路、车辆控制单元高度集成化和网络通信易扩展等优势。

时速 160km 动力集中电动车组拖车网络控制系统利用 LonWorks 总线的固有优势,通过优化设计,在冗余性、集成化、与司机室信息交互等方面都明显优于原有的 25T 型客车的网络控制系统。

阅读文章 4-2

基于 LonWorks 现场总线技术改造——演练电梯的研究

随着电梯数量的快速增长与频繁使用,电梯已经成为人们日常出行的重要设备,甚至被提到了“垂直交通工具”的高度。与此同时,超过 10 年使用年限、技术落后的老旧电梯数量不断增加，各种运行故障难以避免且呈高发态势，从而引发困人、伤人等安全事故。社会对电梯安全的关注度不断提高。事前的应急救援演练、事故发生后第一时间开展有效的应急救援和应急处置，对于减少人员伤亡和降低财产损失起着决定性的作用。

现今，LonWorks 现场总线技术已广泛应用于工业控制、智能楼宇、能源、交通等领域，具有以下显著特点：数据传输采用多主方式、支持多种网络拓扑方式、高效的数据处理能力、采用变压器隔离技术、统一的通信平台、更强的监控能力等。国家特种设备应急培训演练基地(重庆)运用 LonWorks 总线技术，通过对乘客电梯、自动扶梯进行技术改造，增设监控装置和控制软件等，以专门用于应急培训和应急演练，在国内属于较早开展综合性电梯应急培训演练研究及应用的单位。研究内容紧密结合电梯常见事故现象及原因，并能直观展现出多种故障现象。一方面，可为电梯维保、使用单位，以及公安消防等组织提供应急演练的真实平台，用于培训提高相关人员的应急救援技能。另一方面，还可在对应的故障情况下检验应急预案的可行性、合理性等，从而有助于推动电梯应急处置能力的整体提高。

系统中采用了 LonWorks 现场总线技术装置，将用户操作台与电梯设备控制系统中的相关组件相互连接，以实现对电梯集中进行监控和管理，LonWorks 数据传输网络系统简图如图 4-34 所示。在电梯关键部位安装监控系统，如轿厢、安全钳、限速器、门连锁等，与 LED 显示屏连接后，可实时观摩故障演示中电梯有关部件的动作变化过程，以及应急培训演练中的具体细节。对于操作台一侧，则是通过组态软件来实现，还可以通过组态编程实现其他功能，具有可扩展性。

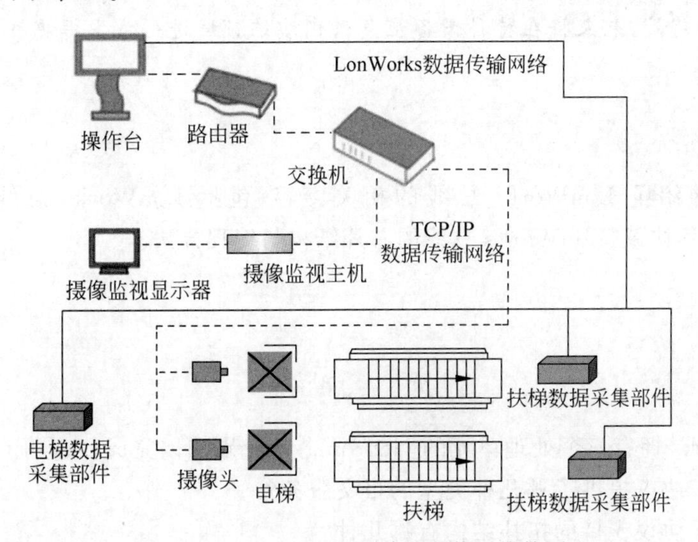

图 4-34　Lonworks 数据传输网络系统简图

为真实再现电梯典型事故的现场状态，如停电后轿厢困人、门区剪切、蹲底、安全钳意外动作，以及挤压、踩踏事故等，乘客电梯、自动扶梯经技术改造后可同时实现多种故障演示模式。各种功能模式的具体描述如下。

(1) 电梯轿厢困人模式。可使电梯在正常运行中突然停止，进而可实施电梯困人救援操作。

(2) 安全钳动作模式。可在电梯未超速运行的情况下，使限速器联动安全钳动作并将轿厢迅速制停在导轨上，从而按照相应安全操作规程救出被困人员，也可使参与者直观感受了解电梯的安全保护系统。

(3) 失电找基层模式。电梯在下行中对选层不响应,而是继续运行至基层,待找到基层后才重新响应所选楼层并退出该模式。

(4) 门锁短接演示模式。电梯会在门开启的状态下仍向上或向下运行,待平层后才能退出该模式。

(5) 轿厢超载机械溜车体验模式。当给出的模拟信号超过额定载重量时,电梯保持开门停止运行状态并发出超载报警声;当重量模拟信号继续增加时,电梯会继续下行至蹲底并撞击缓冲器。

(6) 自动扶梯急停演示模式。在扶梯正常向上或向下运行过程中,通过急停按钮使其立即停止运行。

(7) 自动扶梯逆转演示模式。待放置重物的梯级运行至自动扶梯上部时,启动逆转演示模式,自动扶梯会由正常速度降至零速后立即反向运行,且在梯级上存在重量偏差的作用下运行速度逐渐加快。

乘客电梯、自动扶梯经技术改造后具备多种功能模式,可为电梯应急培训演练与公共安全教育平台提供坚实的技术保障。国家特种设备应急培训演练基地(重庆)自运营以来,已为市场监管部门、电梯生产、维保、使用单位和其他企业等有关人员提供培训服务达一千人次以上,同时也已陆续接待社会公众前来参观体验,并获得了广泛好评,且取得了良好的社会效益。此外,该系统的运用与国家公共安全要求、基地的功能及发展定位等相契合,具有推广应用的广阔前景,未来将在特种设备应急培训演练领域进一步发挥更积极的作用。

本章小结

本章主要介绍了 LonWorks 总线的相关内容,包括 LonWorks 总线的技术特点、LonWorks 的通信协议、LonWorks 总线的芯片结构与编程方法。

综合练习

一、简答题

1. LonWorks 拥有三个处理单元的 Neuron 芯片分别用以完成什么功能?
2. LonTalk 协议提供了哪几种类型的报文服务?
3. LonTalk 协议支持的拓扑结构有哪几种?
4. 简述 LonWorks 的技术特点。
5. LonWorks 支持哪些通信介质?
6. 画出一个以 Neuron 芯片为核心的 LonWorks 控制节点结构框图。
7. 画出一个基于主机的 LonWorks 控制节点结构框图。
8. 简述 ShortStack 服务器的特点。
9. 在 LonWorks 中,网络连接设备有哪几种?
10. 目前通用的现场总线标准中哪种协议使用了路由器?哪种协议具有与 OSI 相对应的七层模型?

11．LonWorks 互联网连接设备包含哪几种不同的产品？产品有何特点？

12．简述 LonWorks 技术的性能特点。

13．目前的 Neuron 芯片由哪几家公司生产？包含哪些系列？各支持哪样的应用？

14．Neuron 芯片包含哪些存储器？分别存储什么内容？

15．Neuron 芯片包含哪些收发器类型？波特率分别为多少？

16．Neuron 芯片通信引脚可以选择哪几种接口方式？各有何不同？

17．画出 Neuron 芯片单端模式下的通信口配置框图。

18．如果 Neuron 芯片不支持碰撞检测，怎样使数据可靠？

19．简述 Neuron 芯片单端模式和差分模式下的数据解码和编码方式。

20．LonWorks 协议中支持双绞线介质的收发器类型有哪几种？

21．画出使用 Neuron 芯片的通信端口作为收发器的网络接口图。

22．直接驱动模式下收发器支持的最大通信速率、节点数、传输距离分别是多少？

23．LonWorks 网络的安装模式有哪三种？

24．LonWorks 网络管理包含哪些功能？

25．列举 Neuron 芯片 11 个 I/O 口的预编程模式。

26．Neuron 芯片的 11 个 I/O 口支持的对象类型有哪些？

27．Neuron 芯片通信端口的专用模式针对哪种应用？

28．简述 LonWorks 的技术特点。

29．列举 3 个采用变压器隔离方式的收发器以及支持的拓扑方式、节点数及传输距离。

30．描述采用电源线收发器的意义。

31．简述 LonWorks 电力线收发器的机制。目前常用的电力线收发器有哪两种？

32．列举 3 种常用的电力线收发器。

33．简述 LonWorks 路由器的作用。

34．画出 LonWorks 的 RTR-10 路由器的框图。

35．查阅资料，描述 LonWorks 的 P-坚持 CSMA 算法的优缺点，可改进之处有哪些？(可选)

36．LonWorks 在 MAC 层如何实现优先级控制？

37．LonWorks 节点的地址表和网络变量配置表存放在哪里？

38．LonBuilder 工具包含哪几部分？

39．LonManager 工具包含哪几部分？

二、思考题

EIA-485 通信方式支持的通信速率是多少？如果使用这种通信方式的节点，怎样做才能尽量减少损坏节点？列举几个 RS-485 芯片。

三、观察题

对一个温度测量节点，可以定义一个输出网络变量；对一个温度控制节点，需要知道当前温度值，可以定义一个输入网络变量。两者之间的关系在 LonTalk 协议中是如何实现的？实现的网络管理工具有哪些？

第5章　CAN总线

内容提要

控制器局域网络(Controller Area Network,CAN)是由以研发和生产汽车电子产品著称的德国BOSCH公司开发的,并最终成为国际标准(ISO 11898),是国际上应用最广泛的现场总线之一,本章主要介绍CAN总线的主要特点、技术规范以及CAN总线的节点组成。重点介绍CAN总线控制器件SJA1000以及CAN总线收发器PCA82C250。

学习目标

◆ 了解CAN总线的性能特点。

◆ 掌握CAN的技术规范。

◆ 掌握CAN总线的节点组成。

重点内容

◆ CAN的技术规范。

◆ CAN总线的节点组成。

关键术语

帧、CAN、现场控制器、SJA1000。

◎引入案例

基于CAN总线技术的测控系统在造纸过程中的应用

在造纸和化学制造中,大多数常规控制系统模式都使用DDC或DCS。通过模拟仪表采用1～5V或4～20mA的直流模拟信号,并且模拟信号的传输需要采用一对一的连接,因此结构复杂,同时信号转换慢,抗干扰能力差。随着计算机技术和网络通信技术的发展,基于现场总线控制技术的FCS(现场总线控制系统)已广泛应用于过程控制。此系统使用具有数字通信能力的仪器作为现场设备,并使用双绞线对连接多个现场设备以形成总线分布式结构,其结构简单,抗干扰能力强,控制精度高。

系统软件由主控制软件和各种智能测控程序组成。通过模糊控制算法准确计算现场测量和控制的控制值,然后将指令发送到CAN网络上的各种例程以执行控制操作。

设计主控制程序的关键是设计通信程序。CAN网络的通信程序主要由3部分组成:CAN控制器的初始化程序、发送程序和接收程序。初始化程序包括设置SJA1000 CAN控制器的控制部分寄存器的内容,以设置CAN网络的通信参数,包括工作模式、具体位置、接收代码、掩码代码、分段长度、总线定时和输出模式。

程序流程包括CAN控制器的初始化、传感器数据信息的发送与接收,以及控制量测量的执行。

智能测控子系统的模块结构由3部分组成：单片机微控制器电路、信号采集电路和现场监控电路。单片机以P80C592为核心，由存储器扩展电路和PAC82C250 CAN总线驱动器组成。P80C592没有片内程序存储器，用户可以根据需要对其进行扩展。

现代过程工业中，造纸业在投资、能源消耗、原材料消耗和水消耗方面通常高于重工业。例如，所有的纸生产都需要水，并且纸生产过程中需要消耗大量原材料，通过计算机对制浆和造纸过程进行控制，不仅可以改善员工的工作条件，提高产品的性能和质量，还可以显著减少能源和原材料的消耗。因此，制浆和造纸过程自动化的经济优势十分显著。

该现场智能测控系统集检测、转换、计算、控制、通信等功能于一体，可以将常规系统的输入和输出功能以及控制站的控制功能分配给各种现场智能设备，例如，智能计算器的智能仪器以及独立的测量、校正、设置、诊断和其他功能。现场总线技术代表了从虚拟数字化到现场，从网络到现场，从控制功能到现场，以及从设备管理到现场的自动控制的发展方向。在工业生产领域，特别是造纸领域中，这种具有长时延的多参数过程控制将被越来越频繁地使用。

由于CAN总线技术高性能、高可靠性以及独特的设计，越来越受到人们的重视。CAN最初是由BOSCH公司为汽车监测、控制系统而设计的。由于CAN总线本身的特点，其应用范围已不再局限于汽车工业，而向过程工业、机械工业、纺织机械、农用机械、机器人、数控机床、医疗器械等领域发展。

5.1 CAN总线工作原理

CAN总线使用串行数据传输方式，可以1Mb/s的速率在40m的双绞线上运行，也可以使用光缆连接，而且在这种总线上总线协议支持多主控制器。CAN总线与I^2C总线的许多细节很类似，但也有一些明显的区别。当CAN总线上的一个节点(站)发送数据时，它以报文形式广播给网络中的所有节点。对每个节点来说，无论数据是否是发给自己的，都对其进行接收。每组报文开头的11位字符为标识符，定义了报文的优先级，这种报文格式称为面向内容的编址方案。在同一系统中标识符是唯一的，不可能有两个站发送具有相同标识符的报文。当几个站同时竞争总线读取时，这种配置十分重要。

当一个站要向其他站发送数据时，该站的CPU将要发送的数据和自己的标识符传送给本站的CAN芯片，并处于准备状态；当它收到总线分配时，转为发送报文状态。CAN芯片将数据根据协议组织成一定的报文格式发出，这时网上的其他站处于接收状态。每个处于接收状态的站对接收到的报文进行检测，判断这些报文是否是发给自己的，以确定是否接收它。由于CAN总线是一种面向内容的编址方案，因此很容易建立高水准的控制系统并灵活地进行配置。可以很容易地在CAN总线中加进一些新站而无须在硬件或软件上进行修改。当所提供的新站是纯数据接收设备时，数据传输协议不要求独立的部分有物理目的地址。它允许分布过程同步化，即总线上控制器需要测量数据时，可由网上获得，而无须每个控制器都有自己独立的传感器。

〈知识链接〉5-1

CAN 总线的性能特点

由于 CAN 总线采用了许多新技术及独特的设计，与一般的通信总线相比，CAN 总线的数据通信具有突出的可靠性、实时性和灵活性。其特点可概括如下。

(1) CAN 为多主工作方式，网络上任意一个节点均可在任意时刻主动地向网络上的其他节点发送信息，而不分主从，通信方式灵活，且无需站地址等信息。

(2) CAN 网络上的节点信息分为不同的优先级，可满足不同的实时要求，高优先级的数据最多可在 134μs 内得到传输。

(3) CAN 采用非破坏性总线仲裁技术，当多个节点同时向总线发送信息时，优先级较低的节点会主动退出发送，而最高优先级的节点可不受影响地继续传输数据，从而大大节省了总线冲突仲裁时间。

(4) CAN 程序通过报文滤波即可实现点对点、一点对多点及全局广播等几种方式发送和接收数据，无需专门的“调度”。

(5) CAN 的直线通信距离最长可达 10km(速率在 5kb/s 以下)，通信速率最高可达 1Mb/s(此时通信距离最长为 40m)。

(6) CAN 上的节点数主要取决于总线驱动电路，目前可达 128 个；报文标识符可达 2032 种(CAN2.0A)，而扩展标准(CAN2.0B)的报文标识符几乎不受限制。

(7) 采用短帧结构，传输时间短，受干扰概率低，具有良好的检错效果。

(8) CAN 的每帧信息都有 CRC(循环冗余校验)及其他检错措施，使数据出错率极低。

(9) CAN 的通信介质可为双绞线、同轴电缆或光纤，选择灵活。

(10) CAN 节点在错误严重的情况下具有自动关闭输出的功能，以使总线上其他节点的操作不受限制。

5.2 CAN 的技术规范

随着 CAN 在各种领域的应用和推广，对其通信格式的标准化提出了要求。为此，1991 年 9 月飞利浦半导体公司制定并发布了 CAN 技术规范(2.0 版)。

CAN 技术规范包括 A 和 B 两部分：CAN 2.0A 和 CAN 2.0B。CAN 2.0A 给出了报文标准格式；CAN 2.0B 给出标准和扩展的两种报文格式。同一网络内的所有 CAN 节点必须具有相同的物理层。应用 CAN 总线的设备既可与 CAN 2.0A 规范兼容，也可与 CAN 2.0B 规范兼容。

为了使设计透明，执行灵活，且遵循 ISO/OSI 参考模型，CAN 分为数据链路层(包括逻辑链路子层和介质访问控制子层)和物理层，CAN 协议的分层结构如图 5-1 所示。

1. CAN 的物理层

CAN 的物理层用于定义信号怎样进行发送，因而涉及电气连接、驱动器/接收器的特性、位编码/解码、位定时及同步等内容。但对总线介质装置，诸如驱动器/接收器特性未做

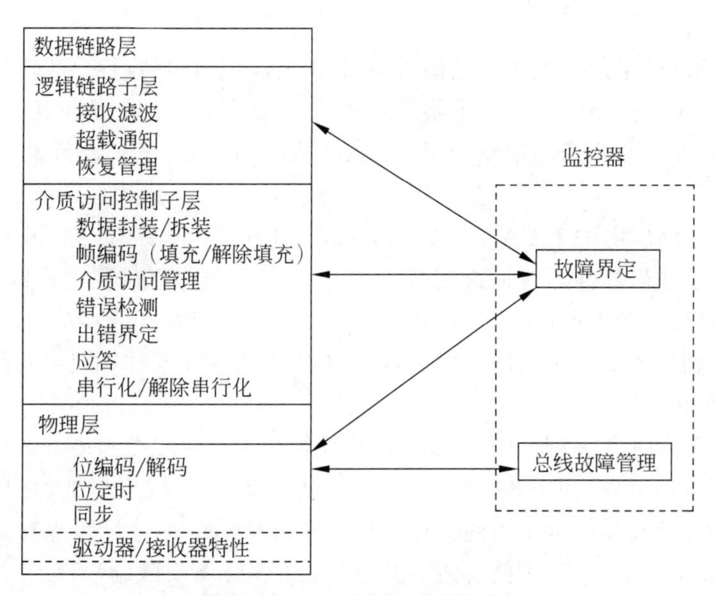

图 5-1　CAN 协议的分层结构

规定，以便今后在具体应用中进行优化设计。CAN 的物理层选择灵活，没有特殊的要求，可以采用共地的单线制、双线制、同轴电缆、双绞线、光缆等。CAN 总线的物理层设备理论上不受限制，取决于物理层的承受能力，实际可达 110 个。当总线长为 40m 时，最大通信速率为 1Mb/s；而当通信速率为 5kb/s 时，直接通信距离最大可达 10km。

CAN 总线具有两种逻辑状态：隐性或显性。在隐性状态下，V_{CANH} 和 V_{CANL} 被固定于平均电压电平，V_{diff} 近似为 0。显性状态以大于最小阈值的差分电压表示。在显性期间，显性状态改变隐性状态并发送。总线上的位电平如图 5-2 所示。

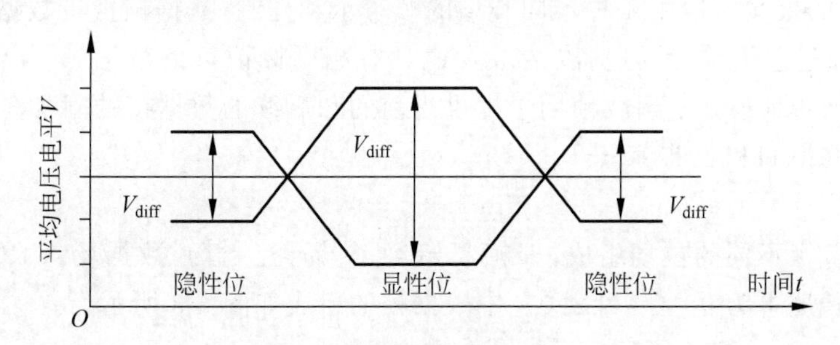

图 5-2　总线上的位电平表示

当传输一个显性位时，总线上呈现显性状态；当传输一个隐性位时，总线上呈现隐性状态。显性位可以改写为隐性位。当总线上两个不同节点在同一位的时间分别为显性和隐性位时，总线上呈现显性位，即显性位覆盖了隐性位。

2. CAN 的数据链路层

在 CAN2.0A 中，数据链路层的逻辑链路子层和介质访问控制子层的服务和功能被描述为“目标层”和“传输层”。

逻辑链路子层的主要功能是为数据传送和远程数据请求提供服务，确认要发送的信息及接收到的信息，并为恢复管理和通知超载提供信息，为应用层提供接口。在定义目标处理时，存在许多灵活性。

介质访问控制子层的功能主要是传送规则，即控制帧结构、执行总线仲裁、错误检测、出错标定和故障界定。介质访问控制子层也要确认，当要开始一次新的发送时，总线是否开放或者是否马上接受。介质访问控制子层是 CAN 协议的核心，该子层特性不存在修改的灵活性。

CAN 数据链路层由一个 CAN 控制器实现，采用了 CSMA/CD 方式，但不同于普通的以太网，它采用了非破坏性总线仲裁技术，网络上节点（信息）有高低优先级之分，以满足不同的实时需要。当总线上的两个节点同时向网上传送信息时，优先级别高的节点继续传输数据，而优先级别低的节点主动停止发送，从而有效地避免了总线冲突以及因负载过重导致网络瘫痪的情况出现。

CAN 可实现点对点、一点对多点及全局广播等几种方式传送和接收数据，CAN 采用短帧结构，每帧有效字节数为 0～8 字节，因此传输时间短，受干扰概率低，具有良好的检错效果。数据帧的 CRC 及其他检错措施保证了数据出错率极低。CAN 节点在错误严重的情况下具有自动关闭输出的功能，以使总线上其他节点的操作不受限制。

3. 报文的传送及其帧结构

在进行数据传送时，发出报文的单元称为该报文的发送器，该单元在总线空闲或丢失仲裁前始终为发送器。如果一个单元不是发送器，并且总线不处于空闲状态，则该单元就是接收器。

对于报文发送器和接收器，报文的实际有效时刻是不同的。对于发送器而言，如果直到帧结束末尾一直未出错，则对于发送器报文有效。如果报文受损，将允许按照优先权顺序自动重发信息。为了能同其他报文进行总线访问竞争，总线一旦空闲，重发送立即开始。对于接收器而言，如果直到帧结束的最后一位一直未出错，则对于接收器报文有效。

CAN 总线的报文传送由 4 种不同类型的帧表示和控制，数据帧携带数据由发送器至接收器；远程帧通过总线单元发送，以请求发送具有相同标识符的数据帧；出错帧由检测出总线错误的任何单元发送；超载帧用于提供当前的和后续的数据帧的附加延迟。数据帧和远程帧借助帧间空间和当前帧分开。

1）数据帧

数据帧由 7 个不同的位场组成，即帧起始、仲裁场、控制场、数据场、CRC 场、应答场和帧结束。数据长度可为 0。CAN 2.0A 中数据帧的组成如图 5-3 所示。

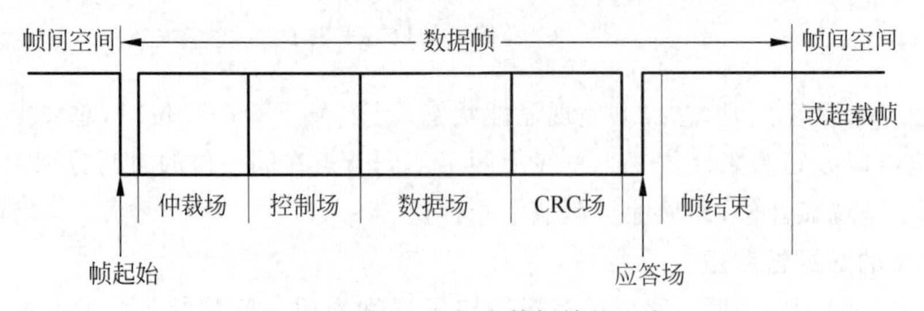

图 5-3　CAN 2.0A 中数据帧的组成

图 5-3 中的帧间空间是每两帧之间必须间隔的时间，即传输完一帧之后，必须再经过帧间间隔的时间才能传输下一帧。

知识链接 5-2

场

场(Field)作为一种科学术语,首先出现在物理学中,它是指连续介质中的能量参数。后来这个概念得到了延伸,扩大到其他领域。场实际上是物体,包括人体系统等实体的能量信息的一种表现;场也可以是能量信息空间和时间的分布特征或者是能量的空间特征。现在场的概念得到了扩充,包括生态场和信息场等。场的概念扩展是科学的,任何物体都具有物质和能量两个基本特征。场就是能量的空间范围,场的性质、特征和状态的表征就是信息,因此也可以称为场信息。

在 CAN 2.0B 中存在两种不同的帧格式,其主要区别在于标识符的长度,具有 11 位标识符的帧称为标准帧,而包括 29 位标识符的帧称为扩展帧。标准格式和扩展格式的数据帧结构如图 5-4 所示。通过图 5-4 可知,扩展格式的仲裁场的标识符为 29 位,而标准格式的仲裁场的标识符为 11 位。

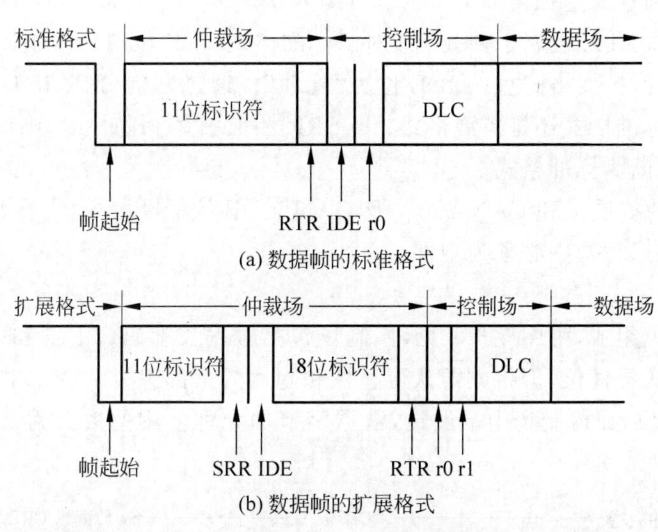

图 5-4　CAN 2.0B 中标准格式和扩展格式的数据帧结构

下面对数据帧结构的每个部分进行详细介绍。

(1) 帧起始。

帧起始(SOF)标志数据帧和远程帧的起始,它仅由一个显性位构成,只有在总线处于空闲状态时才允许单元开始发送。所有单元都必须同步于首先开始发送的那个单元的帧起始前沿。

(2) 仲裁场。

仲裁场由标识符和远程发送请求(RTR)位组成,如图 5-5 所示。

对于 CAN 2.0A,标识符的长度为 11 位,这些位为从高位到低位的顺序发送,最低位为 ID.0,其中最高 7 位不能全为隐性。RTR 位在数据帧中必须为显性,而在远程帧中必须为隐性。

对于 CAN 2.0B,标准格式和扩展格式的仲裁场不同,在标准格式中,仲裁场由 11 位标

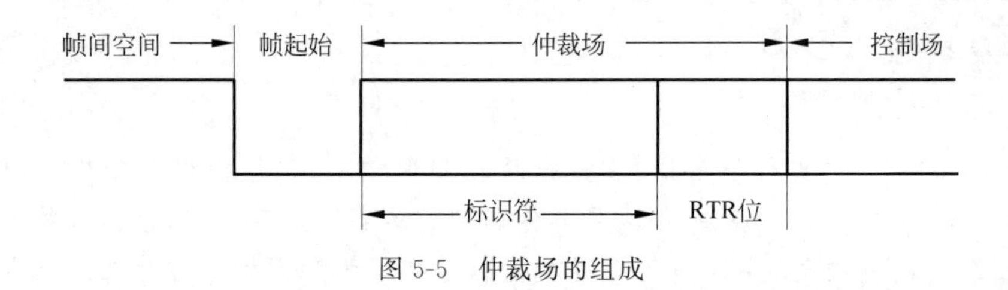

图 5-5 仲裁场的组成

识符和远程发送请求(RTR)位组成,标识符为 ID.28～ID.18;RTR 位在数据帧中必须为显性,而在远程帧中必须为隐性。

为区别标准格式和扩展格式,将 CAN 2.0A 中的 r1 改记为标识符扩展(IDE)位,对于 CAN 2.0B,在扩展格式中,仲裁场的 29 位标识符为 ID.28～ID.0;替代远程请求(SRR)位为隐性位;IDE 位为隐性位;RTR 位保持不变。

SRR 是一个隐性位,它在扩展格式的标准帧 RTR 位上被发送,并代替标准帧的 RTR 位。因此,如果扩展帧的基本 ID 和标准帧的识别符相同,标准帧与扩展帧的冲突是通过标准帧优先于扩展帧这一途径得以解决的。

对于扩展格式,IDE 位属于仲裁场;对于标准格式,IDE 位属于控制场。标准格式里的 IDE 位为"显性",而扩展格式里的 IDE 位为"隐性"。通过判别 SRR 和 IDE 为显性和隐性来判断该格式是标准格式还是扩展格式;当 SRR 和 IDE 均为隐性时,则该格式被判断为扩展格式,否则被判断为标准格式。

CAN 2.0B 的扩展帧和 CAN 2.0A 及 CAN 2.0B 的标准帧一样,在数据帧中 RTR 位必须为显性,而在远程帧中必须为隐性。

(3) 控制场。

控制场由 6 位组成,由图 5-6 可见,控制场包括数据长度码(DLC)和两个保留位,这两个保留位必须发送显性位,但接收器认可显性和隐性的全部组合。DLC 指出数据场的字节数目。DLC 为 4 位,在控制场中被发送,数据字节的允许使用的数目为 0～8 字节,不能使用其他数值。

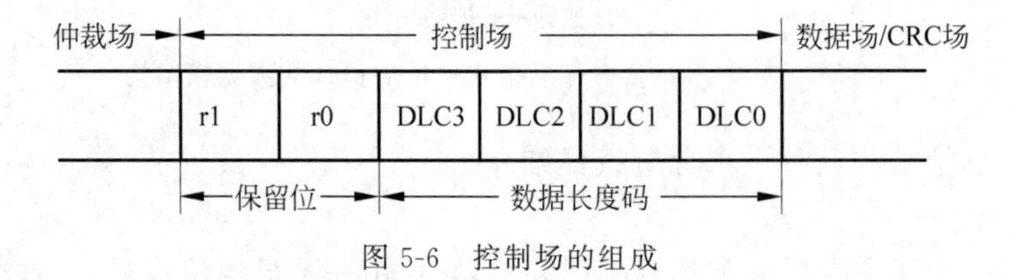

图 5-6 控制场的组成

(4) 数据场。

数据场由数据帧中被发送的数据组成,它可包括 0～8 字节,每个字节为 8 位,首先发送的是最高有效位。

(5) CRC 场。

CRC 场包括 CRC 序列,后随 CRC 界定符。CRC 场的结构如图 5-7 所示。CRC 序列由循环冗余码求得的帧检查序列组成,最适用于位数小于 127(BCH 码)的帧。CRC 序列之后是 CRC 界定符,包含一个单独的"隐性位"。

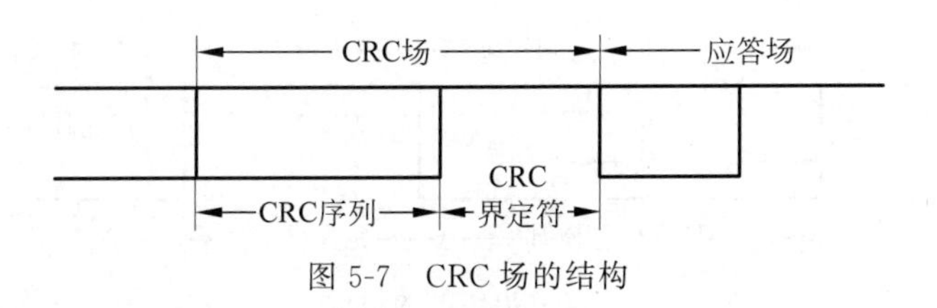

图 5-7　CRC 场的结构

(6) 应答场。

应答(ACK)场为两位,包括应答间隙和应答界定符,如图 5-8 所示。在应答场中,发送器送出两个隐性位。一个正确地接收到有效报文的接收器,在应答间隙,将此信息通过发送一个显性位报告给发送器。所有接收到匹配 CRC 序列的站,通过在应答间隙内把显性位写入发送器的隐性位来报告。应答界定符是应答场的第二位,并且必须是隐性位。

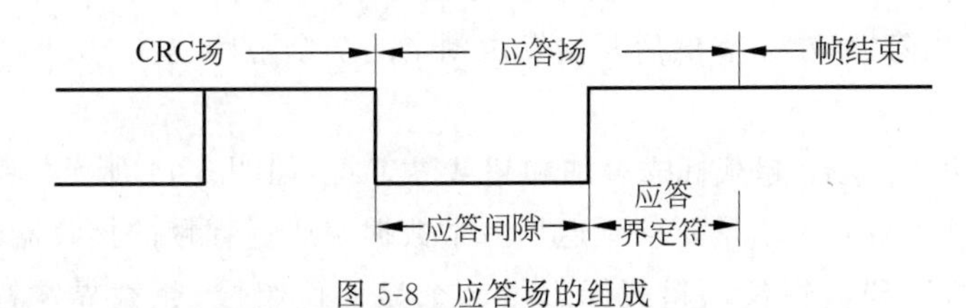

图 5-8　应答场的组成

(7) 帧结束。

每个数据帧和远程帧均由 7 个隐性位组成的标志序列界定。

通过以上介绍可以总结出:标准格式数据帧的最小位数为 44,最大位数为 108。一般地,将帧起始、仲裁场和控制场作为 CAN 头部(19 位),CRC 场、应答场和帧结束作为 CAN 尾部(25 位)。而扩展格式数据帧的最小位数为 62,最大位数为 126。

2) 远程帧

需要被激活为数据接收器的站,可以借助传送一个远程帧,从而初始化各自源节点数据的发送。远程帧由 6 个不同位场组成:帧起始、仲裁场、控制场、CRC 场、应答场和帧结束。远程帧和数据帧的结构基本相同,其 RTR 位为隐性位,且不存在数据场。远程帧的组成格式如图 5-9 所示。

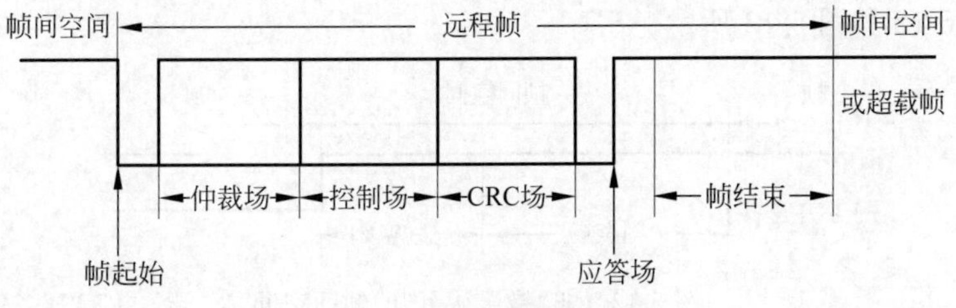

图 5-9　远程帧的组成格式

3) 出错帧

出错帧由两个不同的场组成,第一个由来自各站的错误标志叠加而得到,后随的第二个场是出错界定符(包括 8 个隐性位)。出错帧的组成如图 5-10 所示。

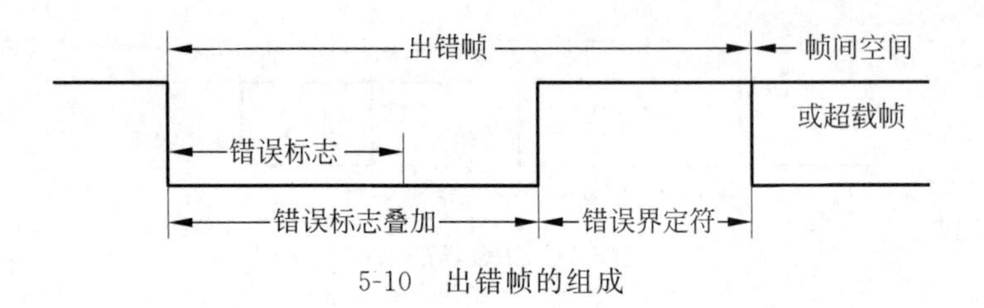

5-10　出错帧的组成

错误标志有如下两种形式。

(1) 激活错误标志(Active Error Flag)：由 6 个连续的显性位组成。

(2) 认可错误标志(Passive Error Flag)：由 6 个连续的隐性位组成，除非被来自其他节点的显性位覆盖。

出错界定符包括 8 个隐性位。错误标志发送后，每个站都送出 1 个隐性位，并监视总线，直到检测到 1 个隐性位为止，然后开始发送剩余的 7 个隐性位。

4) 超载帧

超载帧包括两个位场：超载标志叠加和超载界定符，如图 5-11 所示。存在两个导致发送超载标志的超载条件：一个是要求延迟下一个数据帧或远程帧的接收器的内部条件；另一个是在间隙场检测到显性位。超载标志由 6 个显性位组成，超载界定符由 8 个隐性位组成。

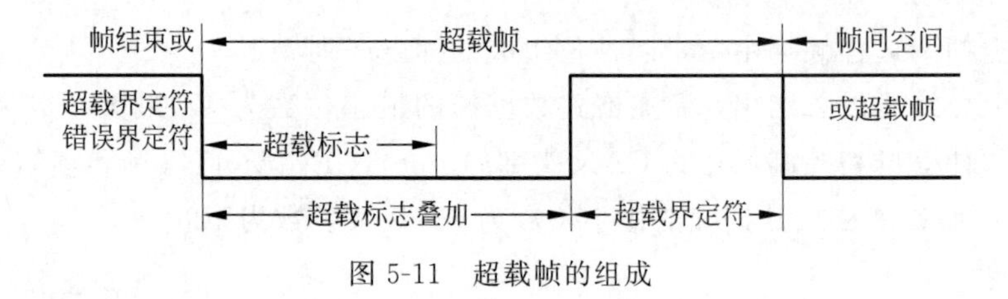

图 5-11　超载帧的组成

5) 帧间空间

数据帧、远程帧、出错帧或超载帧均以帧间空间的位场分开。而在超载帧和出错帧前面没有帧间空间，并且多个超载帧前面也不被帧间空间分隔。

帧间空间包括间歇场和总线空闲场，对于前面已经发送报文的“错误认可”站还有暂停发送场，如图 5-12 和图 5-13 所示。

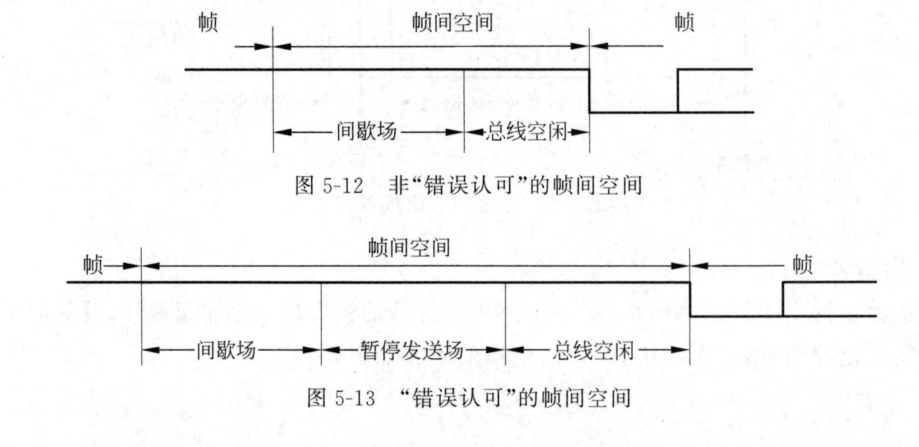

图 5-12　非“错误认可”的帧间空间

图 5-13　“错误认可”的帧间空间

间歇场由 3 个隐性位组成，间歇期间不允许启动发送数据帧或远程帧，它仅起标注超载条件的作用。

总线空闲场周期可为任意长度，此时总线是开放的，因此任何需要发送的站均可访问总线。

暂停发送场是指错误认可站发送完一个报文后，在下一次报文发送认可总线空闲之前，它紧随间歇场后送出的 8 个隐性位。

5.3　CAN 总线的节点组成

一般说来，系统中的每个 CAN 模块都能够按照控制节点被分成不同的功能块，每个节点由 51 微处理器、CAN 控制器、CAN 收发器和计数器组成。对于每个控制节点（控制单元），首先是通过微处理器（CPU）读取外围设备、传感器和处理人机接口检查与控制信号，并对该信号进行局部控制调节，执行具体的计算及信息处理等应用功能；同时，通过 CAN 总线控制器与其他控制节点或功能模块进行通信。CAN 总线的节点模块装置如图 5-14 所示。

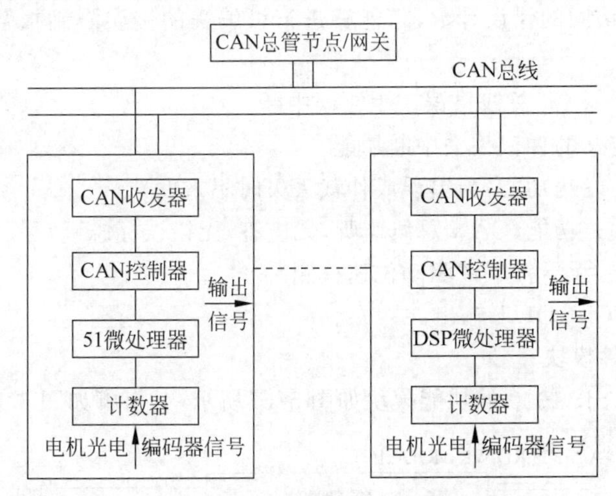

图 5-14　CAN 总线的节点模块装置

CAN 总线的连接一般是由 CAN 收发器建立的，CAN 收发器增强了总线的驱动能力，它控制逻辑电平使信号从 CAN 控制器到达总线上的物理层，反之亦然。CAN 收发器的下一层是 CAN 控制器，它主要用于系统通信，执行在 CAN 规约里定义的 CAN 协议。CAN 控制器通常用于信息缓冲和验收滤波。因此，独立的 CAN 控制器总是位于微处理器和收发器之间，一般情况下该控制器是一个集成电路。

知识链接 5-3

CAN 总线的突出优点

CAN 总线的突出优点是其在各个领域的应用得到了迅速发展，这使许多器件厂商推出 CAN 总线器件产品，已逐步形成系列。而品种丰富又价廉的 CAN 总线器件又进一步促进了 CAN 总线应用的迅速推广。目前，CAN 总线已不仅是应用于某些领域的标准现场总线，它正在成为微控制器的系统扩展及多机通信接口。

5.3.1 CAN 总线控制器件 SJA1000

SJA1000 是一个独立的 CAN 控制器，它在汽车和普通的工业应用上有先进的特征。由于硬件和软件的兼容，它将会替代 PCA82C200，特别适合轿车内电子模块、传感器、制动器的连接，此外，在通用工业应用中，尤其在系统优化、系统诊断和系统维护时特别重要。除此之外，还有不少微处理器和 DSP 把 CAN 总线控制器集成在同一个芯片中，对其操作更为方便。

SJA1000 与它的前一款——PCA82C200 独立控制器是兼容的。SJA1000 具有很多新的功能，修改了两种模式：Basic CAN 模式、PCA82C200 兼容模式；增加了 Peli CAN 模式，此模式支持 CAN 2.0B 协议规定的所有功能(29 位的标识符)。

SJA1000 主要有如下新功能。

(1) 标准格式和扩展格式信息的接收和发送。

(2) 具有 64 字节长度的接收队列。

(3) 在标准格式和扩展格式中都有单/双接收过滤器(含屏蔽和代码寄存器)。

(4) 具有读/写访问的错误计数器，能够进行可编程的错误限制报警，并且具有最近一次的误码寄存器。

(5) 能够对每个 CAN 总线错误产生错误中断。

(6) 有功能位定义的仲裁丢失中断功能。

(7) 具有一次性发送功能(当错误或仲裁丢失时不重发)。

(8) 具有只听模式功能(CAN 总线监听，无应答，无错误标志)。

(9) 支持热插拔(无干扰软件驱动位速检测)。

(10) 硬件禁止 CLKOUT 输出。

1. SJA1000 硬件模块

CAN 控制模块 SJA1000 的功能模块如图 5-15 所示，其引脚如图 5-16 所示。

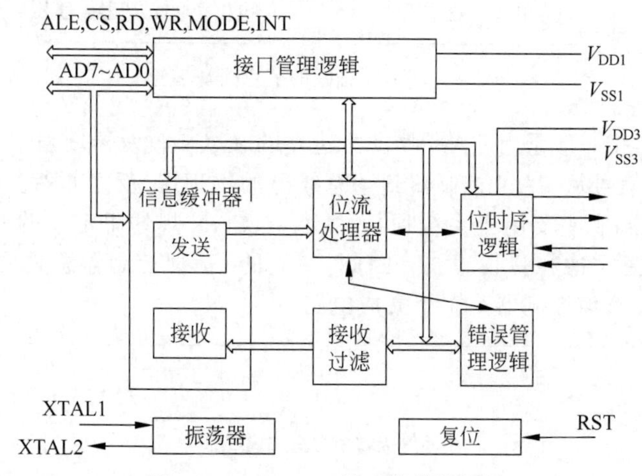

图 5-15 SJA1000 的功能模块框图

SJA1000 的引脚说明如下。

(1) AD7～AD0：地址数据复用线。

(2) ALE/AS：ALE 输入信号(Intel 模式)或 AS 输入信号(Motorola 模式)。

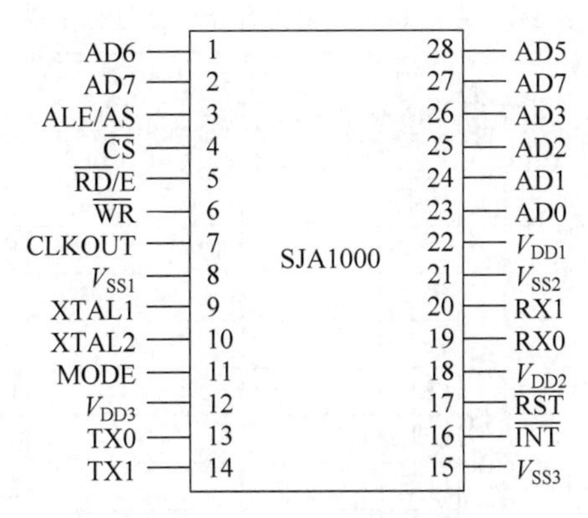

图 5-16　SJA1000 的引脚图

(3) $\overline{CS}$：片选信号，低电平时允许访问 SJA1000。

(4) $\overline{RD}$/E：来自微控制器的 $\overline{RD}$ 信号（Intel 模式）或 E 使能信号（Motorola 模式）。

(5) $\overline{WR}$：来自微控制器的 $\overline{WR}$ 信号（Intel 模式）或 $\overline{RD}/\overline{WR}$ 使能信号（Motorola 模式）。

(6) CLKOUT：SJA1000 产生的用于微控制器的时钟输出信号；时钟信号由内置晶体振荡器通过可编程除法器产生；时钟除法寄存器中的时钟停止位能使该引脚无效。

(7) V_{DD1} 和 V_{SS1}：逻辑电路 5V 电源和逻辑电路地。

(8) XTAL1：晶体振荡器放大器输入，外部晶体振荡器信号由该引脚输入。

(9) XTAL2：晶体振荡器放大器输出，当使用外部晶体振荡器信号时，该输出引脚必须开路。

(10) V_{DD3} 和 V_{SS3}：输出驱动 5V 电源和输出驱动地。

(11) TX0 和 TX1：CAN 输出驱动器 0 和 1 输出到物理总线。

(12) $\overline{INT}$：中断输出，用于触发微控制器中断；内部中断寄存器的任何位置位，$\overline{INT}$ 将低电平输出；$\overline{INT}$ 为开环输出；该引脚为低电平将电路从睡眠状态激活。

(13) $\overline{RST}$：复位输入，用于复位 CAN 接口（低电平有效）。

(14) V_{DD2} 和 V_{SS2}：输入比较器 5V 电源和输入比较器地。

(15) RX0 和 RX1：从物理 CAN 总线输入到 SJA1000 的输入比较器。

SJA1000 与微处理器的接口非常简单，微处理器以访问外部存储器的方式来访问 SJA1000。由于 SJA1000 的内部寄存器分布在连续的地址内，所以完全可以把 SJA1000 当作外部 RAM。在设计接口电路时，SJA1000 的片选地址应与其他外部存储器的片选地址在逻辑上无冲突。

2. BasicCAN 的工作模式原理

1) 地址分配

地址分配 SJA1000 是一种 I/O 设备基于内存编址的微控制器。与其他控制器之间的操作是通过对像 RAM 一样的片内寄存器进行读写来实现的。SJA1000 片内寄存器的地址分配表如表 5-1 所示。

表 5-1　SJA1000 片内寄存器的地址分配表

CAN 地址	寄存器名称(符号)	分区	工作模式		复位模式	
			读	写	读	写
0	控制寄存器(CR)	控制段	控制	控制	控制	控制
1	命令寄存器(CMR)		(FFH)	命令	FFH	
2	状态寄存器(SR)		状态	—	状态	—
3	中断寄存器(IR)		(FFH)	—	中断	—
4	接收码寄存器(ACR)		(FFH)	—	接收代码	接收代码
5	接收屏蔽寄存器(AMR)		(FFH)	—	接收屏蔽	接收屏蔽
6	总线定时寄存器 0(RTR0)		(FFH)	—	总时序 0	总时序 0
7	总线定时寄存器 1(RTR1)		(FFH)	—	总时序 1	总时序 1
8	输出控制寄存器(OCR)		(FFH)	—	输出控制	输出控制
9	测试寄存器(TR)		测试	测试	测试	测试
10	识别码(ID10～ID3)	发送信息缓冲区	ID10～ID3	ID10～ID3	(FFH)	
11	识别码(ID2～ID0)＋RTR 和 DLC		ID2～ID0 ＋RTR 和 DLC	ID2～ID0 ＋RTR 和 DLC	(FFH)	—
12～19	数据字节 1～8		数据字节 1～8	数据字节 1～8	(FFH)	—
20	识别码(ID10～ID3)	接收信息缓冲区	ID10～ID3	ID10～ID3	ID10～ID3	ID10～ID3
21	识别码(ID2～ID0)＋RTR 和 DLC		ID2～ID0 ＋RTR 和 DLC	ID2～ID0 ＋RTR 和 DLC	ID2～ID0 ＋RTR 和 DLC	ID2～ID0 ＋RTR 和 DLC
22～29	数据字节 1～8		数据字节 1～8	数据字节 1～8	数据字节 1～8	数据字节 1～8
30			(FFH)	—	(FFH)	—
31	时钟分频器(CDR)		时钟分频器	时钟分频器	时钟分频器	时钟分频器

由表 5-1 可见，SJA1000 的地址包括控制段和发送/接收信息缓冲区三大部分。

① 控制段：在初始化加载期间，控制段可通过编程配置通信参数，在以下两种不同的模式中访问寄存器，其内容是不相同的。

复位模式：当硬件复位或控制器掉线时会自动进入复位模式。

工作模式：通过置位控制寄存器的复位请求位激活。

② 发送信息缓冲区：要发送的信息首先被写入发送缓冲器，再向总线上串行送出。

③ 接收信息缓冲区：从总线上成功接收信息后，微控制器从接收器中读取接收的信息，然后释放空间做下一步应用。

2）控制段及主要寄存器

(1）控制段。

SJA1000 具有 I/O 设备基于内存编址的特性，其他微控制器与 SJA1000 之间状态/控制和命令的交换都是在控制段中完成的。只有控制寄存器的复位位被置高时，才可以访问这些寄存器。在初始化时，包括 CLKOUT 信号也可以由微控制器指定一个值。但是初始化后，寄存器的接收代码、接收屏蔽、总线时序寄存器 0 和 1 以及输出控制就不能改变了。SJA1000 中共有 10 字节的控制寄存器，地址分别为 0～9。

（2）主要寄存器。

控制寄存器：控制寄存器的内容是用于改变CAN控制器的行为。这些位可以被微控制器设置或复位，微控制器可以对控制寄存器进行读写操作。控制寄存器各位的功能说明如表5-2所示。

表5-2　控制寄存器各位的功能说明

位	符　号	名　称	值	功能说明
CR.7	—	—	—	保留
CR.6	—	—	—	保留
CR.5	—	—	—	保留
CR.4	OIE	溢出中断使能	1	使能：如果置位数据溢出位，微控制器接收溢出中断信号
			0	禁能：微控制器不从SJA1000接收溢出中断信号
CR.3	EIE	错误中断使能	0	禁能：微控制器不从SJA1000接收错误中断信号
			1	使能：如果出错或总线状态改变，微控制器接收错误中断信号
CR.2	TIE	发送中断使能	0	禁能：微控制器不从SJA1000接收发送中断信号
			1	使能：当信息被成功发送或发送缓冲器又被访问时，微控制器接收SJA1000发出的一个发送中断信号
CR.1	RIE	接收中断使能	0	禁能：微控制器不从SJA1000接收发送中断信号
			1	使能：信息被无错误接收时，SJA1000发出一个接收中断信号到微控制器
CR.0	RR	复位请求	1	当前：SJA1000检测到复位请求后，忽略当前发送/接收的信息，进入复位模式
			0	空缺：复位请求位接收到一个下降沿后，SJA1000回到工作模式

命令寄存器：命令寄存器的各个命令位用于确定SJA1000传输层上的动作。命令寄存器对微控制器来说是只写存储器。如果去读这个地址，返回值是11111111。两条命令之间有一个内部时钟周期。内部时钟周期是外部振荡频率的1/2。命令寄存器各位的功能说明如表5-3所示。

表5-3　命令寄存器各位的功能说明

位	符　号	名　称	值	功能说明
CMR.7	—	—	—	保留
CMR.6	—	—	—	保留
CMR.5	—	—	—	保留
CMR.4	CTS	睡眠	1	睡眠：如果没有CAN中断等待和总线活动，SJA1000进入睡眠模式
			0	唤醒：SJA1000正常工作模式
CMR.3	CDO	清除数据溢出	0	无动作
			1	清除：清除数据溢出状态位
CMR.2	RRB	释放接收缓冲器	0	无动作
			1	释放：接收缓冲器中存放信息的内存空间将被释放
CMR.1	AT	忽略发送	0	无动作
			1	当前：如果不是在处理过程中，等待发送的请求将取消

续表

位	符　号	名　　称	值	功能说明
CMR.0	TR	发送请求	1	当前：信息被发送
			0	空缺：无动作

状态寄存器：状态寄存器的内容反映了SJA1000的各种工作状态。状态寄存器对微控制器来说也是只读存储器。状态寄存器各位的功能说明如表5-4所示。

表5-4　状态寄存器各位的功能说明

位	符　号	名　　称	值	功能说明
SR.7	BS	总线状态	1	总线关闭：SJA1000退出总线活动
			0	总线开启：SJA1000加入总线活动
SR.6	ES	出错状态	1	出错：至少出现一个错误计数器满或超过CPU报警限制
			0	OK：两个错误计数器都在报警限制以下
SR.5	TS	发送状态	1	发送：SJA1000在传送信息
			0	空闲：没有要发送的信息
SR.4	RS	接收状态	1	接收：SJA1000正在接收信息
			0	空闲：没有要接收的信息
SR.3	TCS	发送完毕状态	0	未完毕：当前请求未处理完毕
			1	完毕：最近一次发送请求被成功处理
SR.2	TBS	发送缓冲器状态	0	锁定：CPU不能访问发送缓冲器；有信息正在等待发送或正在发送
			1	释放：CPU可以向发送缓冲器写信息
SR.1	DOS	数据溢出状态	0	空缺：无数据溢出
			1	溢出：信息丢失
SR.0	RBS	接收缓冲器状态	1	满：RXFIFO中有可用信息
			0	空：无可用信息

中断寄存器：中断寄存器能够识别有关的中断源。当寄存器的某一位或多位被置位时，$\overline{\text{INT}}$(低电平有效)引脚被激活。该寄存器被微控制器读过之后，所有会导致$\overline{\text{INT}}$引脚上的电平漂移的位被复位。中断寄存器对微控制器来说是只读存储器。中断寄存器各位的功能说明如表5-5所示。

表5-5　中断寄存器各位的功能说明

位	符　号	名　　称	值	功能说明
IR.7	—	—	—	保留
IR.6	—	—	—	保留
IR.5	—	—	—	保留
IR.4	WUI	唤醒中断	1	置位：退出睡眠模式时此位被置位
			0	复位：微控制器的任何读访问将清除此位
IR.3	DOI	数据溢出中断	0	复位：微控制器的任何读访问将清除此位
			1	设置：当数据溢出中断使能位被置为1时向数据溢出状态位传送0～1，此位被置位

续表

位	符　号	名　　称	值	功 能 说 明
IR.2	EI	错误中断	0	复位：控制器的任何读访问将清除此位
			1	置位：错误中断使能时，错误状态位或总线状态位的变化会置位此位
IR.1	TI	发送中断	0	复位：微控制器的任何读访问将清除此位
			1	置位：发送缓冲器状态从 0 变为 1 和发送中断使能时，置位此位
IR.0	RI	接收中断	1	置位：当接收 FIFO 存储器不为空和接收中断使能时，置位此位
			0	复位：微控制器的任何读访问将清除此位

复位值：CAN 控制器检测到有复位请求后，将忽略当前接收/发送的信息而进入复位模式；一旦向复位位传送了 1～0 的下降沿，将返回工作模式。置位复位位为高时，对控制寄存器、命令寄存器、状态寄存器和中断寄存器的各位都有影响。

3）数据缓存区

数据缓存区包括发送和接收信息缓冲区两部分，各占 10 字节，它被分为描述符区(2 字节的标识符)和数据区(8 字节)。

(1) 发送信息缓冲区。

发送缓冲器位于 CAN 地址的 10～20，用来存储需要使 SJA1000 发送的数据。发送缓冲器的读/写只能由微控制器在工作模式下完成。发送缓冲器主要包括以下内容。

① 识别码：共 11 位(ID0～ID10)，ID10 是最高位，在仲裁过程中是最先被发送到总线上的。识别码就像信息的名字，它在接收器的接收过滤器中被用到，也在仲裁过程中决定总线访问的优先级。识别码的二进制值越低，其优先级越高。同时，在仲裁过程中，也决定了总线访问的优先级。

② RTR 位：如果此位置 1，总线将以远程结构发送数据。这意味着此段中没有数据字节。如果 RTR 位没有被置位，数据将以数据长度码规定的长度来发送。

③ 数据长度码：信息数据区的字节数根据数据长度码编制。在远程结构传送中因为 RTR 被置位，数据长度码不被考虑，这就迫使发送/接收数据字节数为 0，总之数据长度码必须正确设置，以避免两个 CAN 控制器用同样的识别机制启动远程结构传送而发生总线错误。数据字节数是 0～8，用以下方法计算：

$$\text{数据字节数}=8\cdot \text{DLC.3}+4\cdot \text{DLC.2}+2\cdot \text{DLC.1}+\text{DLC.0}$$

④ 数据区：传送的数据字节数由数据长度码决定。发送的第一位是地址 12 单元的数据字节 1 的最高位。

(2) 接收信息缓冲区。

接收缓冲器的识别码、RTR 位和数据长度码与发送缓冲器的相同，只不过是地址为 21～29，用来存储 SJA1000 从总线上接收到的信息。

4）接收过滤器

为了识别信息帧的目标地址特征，CAN 控制器 SJA1000 设计了一个多功能的接收滤波器，由接收码寄存器和接收屏蔽寄存器组成。该滤波器允许自动检查 ID 和数据字节。使用这种有效的滤波方法，对于某个节点来说，CAN 控制器能够允许 RXFIFO 只接收相同的识别码和接收过滤器中与预设值相一致的信息。无效的信息可被存储在接收缓冲器里，因此降低了主控制器的处理负载。

5）其他寄存器

总线时序寄存器 0：定义了传输速率预设值和同步跳转宽度的值。

总线时序寄存器 1：定义了每个位周期的长度、采样点的位置和每个采样点的采样数目。

输出控制寄存器：实现了由软件控制不同输出驱动配置的建立。

时钟分频寄存器：时钟分频寄存器可以控制输出给微控制器 CLKOUT 的频率以及它可以使 CLKOUT 引脚失效。而且它还控制着 TX1 上的专用接收中断脉冲、接收比较通道，以及 BasicCAN 模式和 PeliCAN 模式的选择。硬件复位后，该寄存器的默认状态在 Motorola 模式下是 12 分频，而在 Intel 模式下是 2 分频。

5.3.2 CAN 总线收发器——PCA82C250

PCA82C250 是 CAN 协议控制器和物理总线的接口。此器件对总线提供差动发送能力，对 CAN 控制器提供差动接收能力。PCA82C250 又称为总线驱动器，其主要特性如下。

（1）符合 ISO 11898 标准，最高速率为 1Mb/s。

（2）抗汽车环境瞬间干扰，具有保护总线的能力。

（3）斜率控制，降低射频干扰（RFI）。

（4）有热保护以及电源和地短路保护。

（5）有低电流待机模式。

（6）未上电的节点对总线无影响。

（7）可连接 110 个节点。

（8）工作温度－40℃～＋125℃。

PCA82C250 的内部具有限流电路，可防止发送输出级对电源、地或负载短路。虽然短路出现时功耗会增加，但不至于损坏器件。若结温超过 160℃，则两个输出端电流将减小，从而限制了芯片温升。器件的所有其他部分将继续工作。双线差分驱动有助于抑制汽车等恶劣电器环境下的瞬变干扰。PCA82C250 的功能框图如图 5-17 所示。

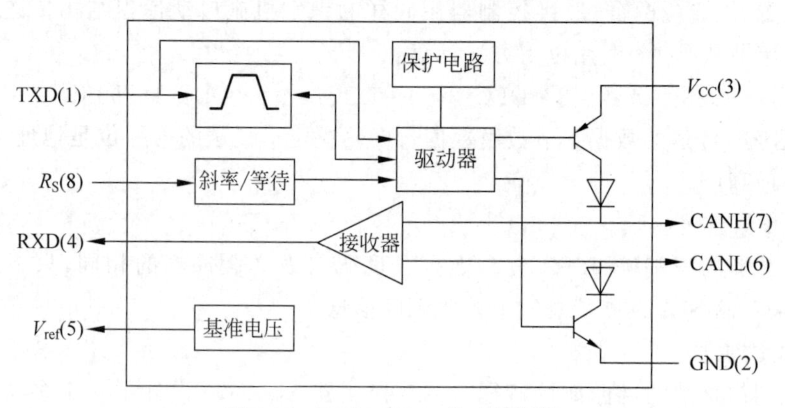

图 5-17 PCA82C250 的功能框图

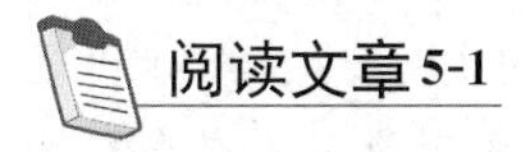

阅读文章5-1

CAN总线在变电站高压开关柜在线检测系统中的应用

高压开关柜主要使用在电力系统发电和输配电以及电能转换过程中，起到开关、控制与保护的作用。高压开关柜当前的构成涉及了断路器以及柜体两个基础部分。高压开关柜依照柜体自身的结构一般能够将其分成间隔式的开关柜以及敞开式的开关柜，以及金属封闭箱式的开关柜等几种比较常使用的类型。高压开关柜中的空间十分有限，可是因为电气设备使用的种类与数量相对较多，所以导致内部的布局比较紧凑，所以在一般的情况下无法快速地对开关柜进行检测，因此也产生了一些安全上的问题。

高压开关柜在线检测系统的具体结构如图5-18所示。

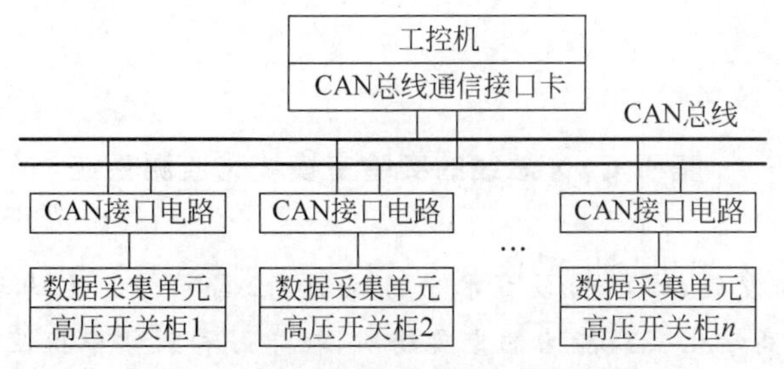

图5-18　高压开关柜在线检测系统结构图

整个系统使用CAN总线串联连接多个采集单元模块和监视计算机单元，以形成分布式结构现场控制网络。在网络中，计算机和多个检测单元模块具有自己的ID，并且它们还需要相互保护。ID似乎没有重复。单元模块开关柜的各种信号参数的收集通过数据完成，可以使用CAN总线将其传输到系统的监视单元，从而可以成为变电站高压开关柜的数据库。计算机完成对整个CAN总线系统的监视和控制。管理功能使其具有系统参数设置和数据传输、数据接收和本地状态查询，以及节点状态查询和中断状态查询等功能。系统监视单元由带有CAN总线通信接口卡的工业控制单元组成。它接收由数据采集单元模块发送的数据，然后通过计算机计算和处理高压开关设备的每个参数的值。根据各种参数及其波形等相关特性可以分析得出高压开关柜的工作状态。CAN总线通信接口卡使工业计算机可以轻松地连接到CAN总线。它由CAN接口电路和与计算机串行端口的连接电路组成，以确保数据可以在CAN总线和计算机之间准确地流通。

由于计算机串行端口本身属于相对标准的RS-232接口，因此发出的数据信号主要以字节为单位完成传输，而CAN总线信号主要以帧为单位进行传输，因此，如果想要在计算机串行端口和CAN总线之间传输数据，则必须具有CAN总线通信接口卡。CAN总线接口卡的功能是完成计算机串行端口发送的信号和CAN总线发送的信号的格式转换。任一方都可以识别另一方发送的信号，从而可以快速地完成数据循环。

系统使用的开发语言是C语言。多个CAN总线节点和AT89C51需要进行有效的实时数据通信。另外，软件设计也是需要注意的核心内容。可以说，有设计难度，但也是设计的重点。软件设计主要包括计算机串口通信程序、AT89C51通信程序和CAN节点的初始化程序。此外，它还包括CAN数据发送和接收程序以及CAN总线错误处理程序。CAN控制器SJA1000的内部寄存器是CNSBOT芯片的片外寄存器。AT89C51与SJA1000之间的状态和控制以及数据交换主要由SJA1000在复位模式或工作模式下使用。寄存器这部分的读写已完成。初始化CAN内部寄存器时，有必要保持多个节点的比特率一致，此外，UV接收方和发送方还需要保持同步。数据接收主要包括两种不同的方式，如中断和查询接收。为了提高通信本身的实时性能，通常采用中断接收的形式，这也可以保证接收信息缓冲区不会引起数据溢出。

CAN总线技术的使用使形成变电站高压开关设备在线检测系统成为可能。当前，它已被应用在许多不同类型的变电站中。通过特定的操作，它具有很好的可靠性和抗干扰性，因此除了及时完成设备维护外，还可以很好地掌握高压开关柜本身的工作状态，另外还能够有效地进行设备检修，从而防止事故产生。

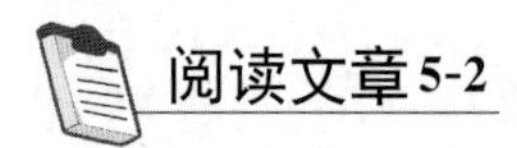

阅读文章5-2

基于CAN总线的实验室模块化监测系统

1. 概述

随着经济的迅速发展，我国的教育水平日益提高，国家对学生的动手能力也越来越重视，而实验室作为提高学生实践能力的重要场所，在学习和教学中扮演着重要的角色。所以我们国家也在大力加强对实验室的建设。而实验室内的电器设备非常多，甚至包括大量高压电器，所以对实验室中电器的合理控制变得尤为重要。这需要每位实验室管理者积极面对并设法解决。就目前而言，绝大多数高校及其他教育场所内的实验室设备还是靠人工来控制开关，这不但在管理方面十分烦琐，而且还蕴含着极大的安全隐患，稍有疏忽就会造成不可挽回的损失。所以，研究一个实验室电器智能控制系统是非常有必要和有意义的事。

现在传统实验室管理采用人工值守，但是由于实验室环境复杂，并拥有大量珍贵仪器以及精密仪器，所以实现更方便、安全地进行实验室管理是不同专业实验室管理人员共同面临的问题，但是由于人的精力有限，不可能对每个实验室都进行全天的监控和维护，传统的依靠人力的方法已经不足以满足现在对实验高效而安全的管理需求。因而，集中实现实验室的安全维护和管理存在较大困难，基于CAN总线的实验室智能监控系统设计是一种解决这类困难的有效途径。

在当前多种流行的现场总线中，CAN总线技术异军突起，它是BOSCH公司为现代汽车应用领先推出的一种多主机局部网，由于其高性能、高可靠性、实时性等优点现已广泛应用于工业自动化、多种控制设备、交通工具、医疗仪器以及建筑、环境控制等众多部门。在自动化仪表、工业生产现场、数控机床等系统中也越来越多地使用了CAN总线，CAN总线在未来的发展中依然充满活力，有着巨大的发展空间。目前，实验室的安全性受到各高校的普遍关注，一套使用方便、可全天候工作的实验室模块化监测系统可以增加实验室的安全性。

本文研究的实验室模块化监测系统主要以CAN总线作为通信方式，以STC89C52单片机作为主控制元件，利用温湿度、烟雾、红外三种传感器进行环境监测，最终把监测数据送入单片机处理，把处理的数字量在数码管显示，同时具有继电器报警装置和在一定程度上保密的电子密码锁，为实际应用打下良好基础。

2. 工作原理

本系统采用环境监测的几种传感器对实验室环境进行实时的监测，利用单片机、CAN 控制器、CAN 驱动器一起完成。系统有几个功能，一是运用温度传感器和烟雾传感器收集实验室的环境信息，并经由数码管显示；二是可以对实验室防盗安全进行监控，运用热释红外传感器监测实验室内人员的活动情况。一旦发现异常，立即控制继电器，使其工作，并通知管理部门实施有关措施，实现对实验室安全的实时监控和管理。

3. 系统硬件的设计

本系统硬件部分的系统总体方案如图 5-19 所示，主控单片机选用 STC89C52，通信总线选用 CAN 总线，CAN 控制器选用 SJA1000，温度传感器选用 DS18B20 传感器，红外传感器选用热释红外传感器，烟雾传感器选用 MQ-2 烟雾传感器，显示模块为液晶显示，选用 LCD1602，电子密码锁为一个 4×4 键盘和一个继电器。

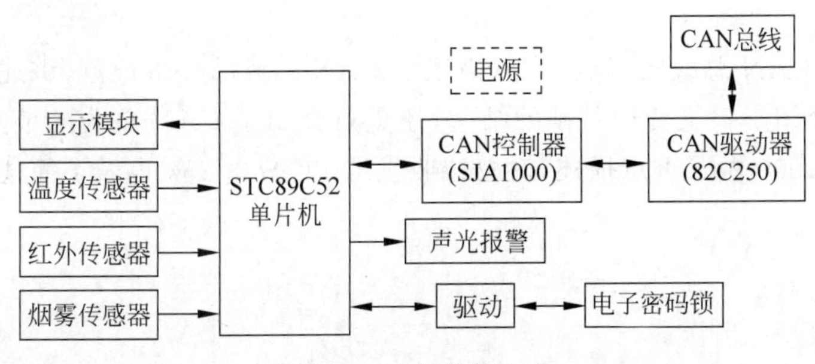

图 5-19 系统总体方案

1) 通信模块

本系统需要实现从实验室到监控部门的较远距离传输，因此选用 CAN 总线作为本系统的通信方案。其主要功能是实时、准确地传输温度传感器、红外传感器和烟雾传感器的检测数据，以及电子密码锁的密码。CAN 控制器的数据引脚接单片机的 P0，复位引脚 RST 接主控单片机 P23，片选信号 CS 接主控单片机 P20。

2) 显示模块

数码管选用 LCD1602 数码管，由于本设计要显示的内容中字母、数字、符号均有，不适合选用 LED 数码管，故选择了微功耗、体积小、用起来方便的 LCD1602 这款数码管作为本设计的显示数码管。LCD1602 数据传输引脚和 CAN 控制器数据传输引脚一样接单片机 P0，RS 接单片机 P27，RW 接单片机 P26，E 接单片机 P25。

3) 温度检测模块

温度传感器选用 DS18B20 温度传感器，它接线方便，适用性强，并且输出数字信号，对于没有 AD 转换功能的 STC89C52 单片机作为主控制器的系统来讲十分合适。输出引脚接单片机的 P21 口。

4) 红外检测模块

红外检测模块选用的是热释红外传感器。这种传感器功耗小，价格低廉，并且隐蔽性好，技术性能稳定。它主要用于检测人体发出的特定波长红外线，并且辐射照面覆盖有特殊的滤光片，可增强红外线，有抗干扰的作用，用来检测人员活动十分实用。本系统中利用热释红外传感器来检测人员的活动情况，输出引脚接在单片机的 P24 口。

5）烟雾检测模块

烟雾传感器选用 MQ-2 烟雾传感器。MQ-2 烟雾传感器原理是，根据不同物体被气体吸收时光谱的不同来区分气体类别。通过检测气体对光的波长和强度的不同情况，便可以确定气体的浓度。在检测可燃性气体方面具有较好的精度及稳定性。本系统中输出端接单片机 P22 口。

4. 结束语

本文所设计的实验室模块化监测系统是一个针对实验室环境的实时检测和控制系统，为的是能适应未来实验室监测的各种需求。将数据 CAN 总线传输和传感器检测技术相结合，打造了新的便捷型、实用型、准确型、多样型的模块化实验室监管系统。

本章小结

本章介绍了 CAN 总线的特点，重点描述了 CAN 总线的技术规范，讲述了物理层、数据链路层的功能，介绍了报文传送及帧的结构，还重点介绍了 CAN 总线的节点组成，对 CAN 总线控制器 SJA1000 做了重点描述，对总线收发器 PCA82C250 也做了简述，方便读者学习这方面的知识。

综合练习

一、简答题

1. CAN 总线的特点有哪些？
2. CAN 总线的技术规范有哪几种？
3. CAN 协议分为哪几层？各层功能都是什么？
4. CAN 总线报文传送的优先级是如何确定的？
5. 独立的 CAN 控制器 SJA1000 共有多少个片内寄存器？
6. CAN 总线驱动器 PCA82C250 的主要特性如何？

二、思考题

简述 CAN 总线技术的发展以及应用领域。

三、观察题

根据所学知识，谈谈 CAN 总线在汽车控制上的应用。

第6章 FF总线技术

内容提要

FF总线由现场总线基金会(Fieldbus Foundation,FF)组织开发,采用IEC61158标准。FF总线是为适应自动化系统,特别是过程自动化系统在功能、环境与技术上的需要而专门设计的。它可以工作在生产现场,适应本质安全防爆的要求,通过传输数据的总线为现场设备提供工作电源。FF总线得到了世界上主要自控设备供应商的广泛支持,具有较强的影响力。

学习目标与重点

◆ 了解FF总线的核心技术。

◆ 理解FF总线网络中各个层次的功能与作用。

◆ 掌握FF总线技术的应用。

关键术语

FF总线技术、FF总线的应用。

◎引入案例

FF总线技术在球团竖炉上的应用

1. 概述

冶金行业中运用精料技术是高炉冶炼技术进步的具体体现,使用球团矿来代替铁矿和部分烧结矿是高炉精料技术的发展,采用高碱度烧结矿加酸性球团矿的配料来进行高炉冶炼,从而达到增产节支的目的。

球团竖炉的生产是一个较复杂的包括专门设备的电气联锁和过程控制的工业烧结过程,集配料、烘干、造球、烧结、成品运输和除尘于一体。老式竖炉以手工操作为主,各种报表都由操作工手工制作,工人的劳动强度较大,数据信息的可靠性差,难以作为指导生产的依据;工段间生产信息交流具有较大的滞后性;由于人工看表操作,不时会出现过烧和欠烧的情况,以及因给料设备原因会出现布料不均、卸料不匀的情况,导致产品质量不稳定,炉体寿命受到严重影响,同时,设备利用率低,生产工艺和生产管理不完善,也造成了生产原料的浪费,增加了生产成本。近年来,DCS或PLC控制系统的应用取代了手动操作,逐步实现了球团竖炉系统的分散控制和集中监控,但现场底层传感器和数据采集器之间多采用一对一物理连线和模拟信号传输,导致布线量大,信号传输的抗干扰能力也较差。随着自动控制技术、计算机技术和微电子技术的迅猛发展,以及现场总线技术的不断创新,过程控制系统由第四代的DCS发展为至今的FCS,被称为第五代过程控制系统。我们根据球团竖炉生产的基本工艺设计了现场总线控制系统。该系统采用沈阳中科博微公司生产的NCS-3000系列产品,该系统以FF总线技术为核心,结合工业以太网技术和 OPC(OLE for Process Control,应用于过程控制的 OLE)技术,以工控机和 PC 为系统组态,编程、监控、维护和管理的一体化平台,形成以网络集成自动化系统为基础的企业信息系统。现场总线控制系统的应用,避免了现场智能仪表与控制室智能控制器/仪表之间的非智能连接,使现场智能仪表的各种智能功能得到淋漓尽致的发挥,体现出现场总线在过程控制中的优势。保留了对常规仪表信号的处理功能,提供相应的常规 I/O 卡件进行处理,可以随时方便地过渡到现场总线,保护用户原有投资。NCS-3000 的分布控制单元可通过执行 IEC1161-3 梯形图编程语言来完成各种逻辑控制,从而构成完整的控制系统。同时,作为国内首家通过 FF 一致性和互操作性测试的产品,NCS-3000 系统与其他厂商的设备实现了良好的互连和互操作,可对市场上取得 FF 认证的产品兼容。NCS-3000 系统较好地解决了传统 DCS 及 PLC 系统中存在的问题,实现了工厂底层设备状态、车间级监控和工厂级信息管理的信息集成。

2. 现场总线技术及 NCS-3000 系统

现场总线技术是近十年来兴起的新技术,是 21 世纪工厂自动化必不可少的关键技术,它是用于现场仪表与控制室仪表之间实现全分散、全数字化、智能式、双向、多变量、多站信息交换的一种通信系统,是信息技术、网络技术与工业控制技术结合的集中体现。目前国际上流行的现场总线主要有 PROFIBUS 总线、FF 总线、LonWorks 总线、CAN 总线等,世界上许多自动化技术生产商都推出了支持某种主流现场总线标准的产品。FF 是可互操作系统协议(ISP)基于德国的 PROFIBUS 标准,以及工厂仪表世界协议(World Factory Instrumentation Protocol,WorldFIP)——基于法国的 FIP 标准,于 1994 年 6 月合并成立的,包含 100 多个成员单位,负责制定一个综合 IEC/ISA 标准的国际现场总线。FF 总线是国际上几家现场总线经过激烈竞争后形成的一种现场总线,与私有的网络总线协议不同,FF 总线不附属于任何一个企业或国家,得到了世界上几乎所有著名仪表制造商的支持,同时遵守 IEC 的协议规划,与 IEC 的现场总线国际标准和草案基本一致,加上它在技术上的优势,所以极有希望成为将来的主要国际标准。经过十年的发展,FF 总线已经形成了一个开放的、全数字化的工业通信系统,并在 20 世纪末开始进入中国市场,推动了中国的工业自动化技术进步,并开始了大型全区域系统集成的应用。

NCS-3000 系统是以现场总线技术为核心、OPC 技术为纽带的开放的网络化控制系统,可将现场总线仪表、模拟仪表、分布式智能 I/O、DCS 和 PLC 等工业自动化设备有机地集成在一起,为企业综合自动化系统提供了一套全新的解决方案。

3. 系统网络结构设计

现场总线技术的核心是网络技术,NCS-3000 系统的计算机网络是一个实时网络,信息处理满足实时性、完整性、一致性和可靠性的要求。

FF 总线系统的功能体系结构如图 6-1 所示,共分为五个层次。

最底层是 H1 层。它的特点是可以由总线供电,可以通过中继器延长电缆的距离;网段的调度设备(LAS)可以冗余;可以在仪表中运行功能块,使控制功能分散到现场仪表;可以用于本质安全防爆环境。

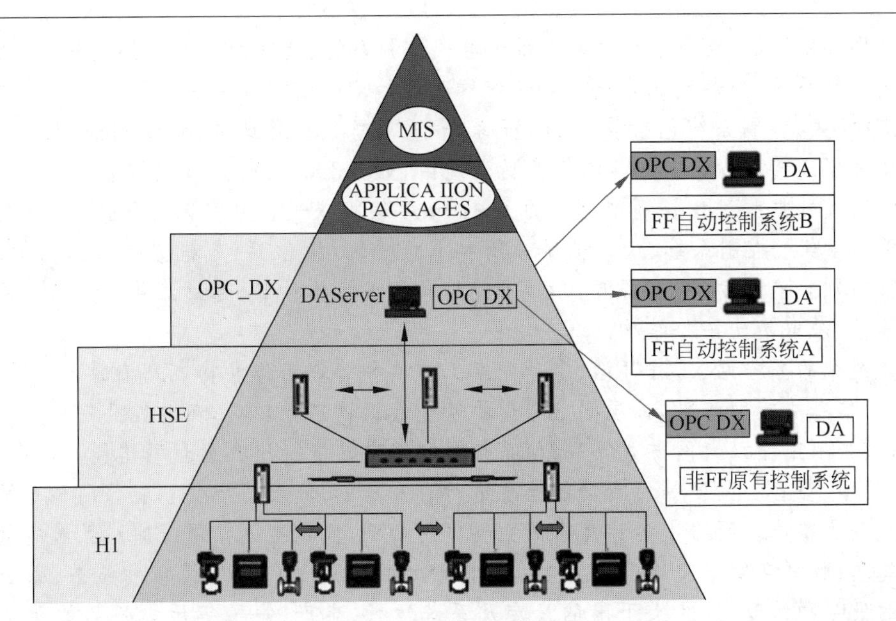

图 6-1　总线系统体系

第二层是 HSE 层。它是高性能的控制干线，通信速率可达到 100Mb/s；采用标准以太网设备和网络；通过连接设备可以集成 H1 子系统；HSE 层可以选择冗余；通过 HSE 层不但能够运行标准的功能块，而且可以灵活运行功能块，以满足批量控制和混合控制的需要。

第三层是 OPC 数据交换(OPC_DX)层。在这一层，服务器与服务器之间可以交换数据，从而使数据可以用于支持各种应用软件包，例如，应用于 ERP 系统、资产管理系统(Asset Management)、历史数据处理、最优化算法、数据仓库等领域，通过 OPC_DX 层还可以与非 FF 系统进行数据交换。

第四层是将上面各个层的各种应用软件包在这一层运行。

第五层是 MIS 层，将过程数据用于全厂管理。

根据 FF 总线的系统体系结构，结合球团竖炉生产的工艺特点，将球团竖炉控制系统的体系结构设计如下，如图 6-2 所示。

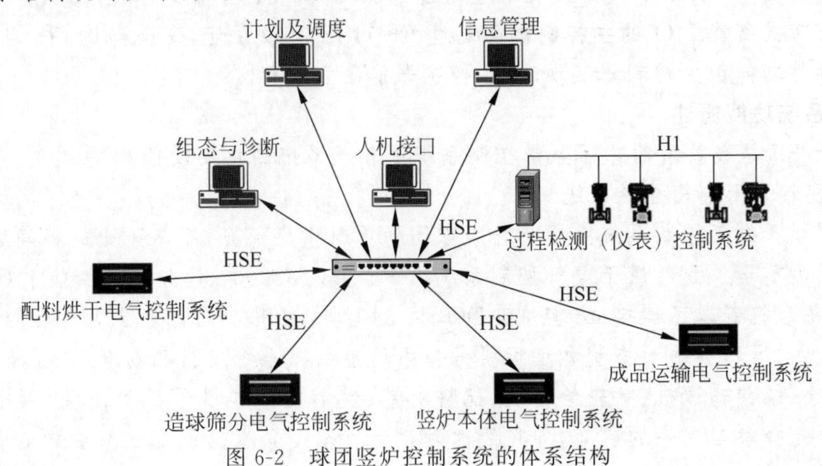

图 6-2　球团竖炉控制系统的体系结构

如图6-2所示，整个系统由配料烘干电气控制系统、造球筛分电气控制系统、竖炉本体电气控制系统、成品运输电气控制系统和过程检测（仪表）控制系统等子系统组成。过程检测（仪表）控制系统包括若干H1子系统，采用总线拓扑结构，通过HSE/H1网关与网络集线器连接；系统中的各电气控制系统由NCS-3000 FF分布式智能I/O组成，将传统的离散数据和过程控制中标准的4～20mA模拟仪表信号引入系统，完成安全连锁等功能；各电气控制系统、仪表控制系统和上位机，如操作站（人机接口）、工程师站（组态与诊断）、生产调度（企业资源计划）工作站和管理工作站等，通过工业以太网与网络集线器连接，采取星状拓扑结构。

系统中的操作站、工程师站、生产调度工作站和管理工作站构成系统的生产调度、计划管理、信息决策网络层，该层网上传递的管理数据信息量较大，实时性及安全性要求不是很高，采用工业以太网方式互联，使系统具有冗余功能。用户通过网络能将生产决策、计划、管理、经营和调度等所有功能信息进行有效集成，使工厂各个职能部门和车间成为一个统一的整体。网络中各计算机的主要作用如下，操作站的作用是完成系统的数据采集与处理、数据存储与交换及显示等；工程师站的作用是完成对设备的组态、系统工艺参数的设定和修改、报警上下限的设定及系统运行、生产、报警等历史资料的显示和查询；生产调度工作站的作用是实现各车间生产调度的自动化；管理工作站的作用是对系统实时数据和历史数据进行管理，生成管理所需的各种统计报表并打印。采用OPC标准，实现硬件与软件及软件与软件间的信息集成，具有良好的开放性。自主开发的组态及监控软件各种控制算法满足基本连续控制、逻辑控制、顺序控制的要求；支持在线组态功能；支持自定义控制算法功能；支持参数自整定的能力；支持先进控制的能力；支持高级语言环境的能力。

现场控制网络层采用FF H1总线和FF HSE总线。仪表控制系统所使用的FF智能仪表通过FF H1总线按照总线拓扑结构连接，根据安装位置和功能划分为8个网段，每个网段有8～16台设备，各网段间通过HSE/H1接口设备与HSE总线按照星状拓扑结构连接。FF总线仪表可构成控制回路，能够提供更多过程信息或更多维护信息，具有设备远程调试和自诊断能力，维护方便。Hl链路主设备LAS（具有链路活动调度功能的设备，控制阀、变送器均可以有此功能）可进行冗余配置。传统的离散数据和过程控制中标准的4～20mA模拟仪表信号通过NCS-3000 FF分布式智能I/O引入控制系统，FF分布式智能I/O的主控制器间通过FF HSE总线互连，安全连锁、手/自动控制、数值转换等功能由主控制器实现，各主控制器能独立运行。

4. 系统功能概述

基于FF总线技术的球团竖炉控制系统中各子系统的主要功能如下。

1）配料烘干电气控制系统

配料烘干电气控制系统是竖炉焙烧球团的原料供应部分，原料配比的精确度将直接影响产品的质量。配料烘干电气控制系统由5台NCS-3000 FF分布式智能I/O控制器来控制，每台控制器可连接48点DI/DO，共240点，控制方式有上位机自动控制、上位机手动控制、操作台手动控制和现场机旁箱手动控制。系统包括精粉仓、电子皮带、配料盘、皂土仓、螺旋输送机、叶轮给料机、配料皮带、烘干皮带和烘干机等设备，可根据配料要求随意选择参与配料的矿仓，并在线随时换仓。精粉仓根据设定配料量和电子秤采集的反馈量，对圆盘给料机实现变频调速，构成闭环调节系统，实时调节下料量；皂土仓根据设定配料量和从叶轮给料机采集的反馈量对叶轮给料机实现变频调速,构成闭环调节系统,实时调节下料量;对配料皮带、圆盘给料机、电子皮带、叶轮给料机、螺旋输送机、烘干皮带和烘干机实现连锁顺序启动/停止和带料同时启动/停止。

2)造球筛分电气控制系统

球团竖炉工艺对造球的均匀程度和球团的密度有较高要求,造球筛分控制系统主要完成造球生产过程的控制,为竖炉本体焙烧提供优质生球。系统由6台NCS-3000 FF分布式智能I/O控制器来控制,每台控制器可连接48点DI/DO,共288点,控制方式有上位机自动控制、上位机手动控制、操作台手动控制和现场机旁箱手动控制。系统包括造球料仓、干料仓、配料圆盘、造球圆盘、圆辊筛、电动卸料器、干料皮带、返粉皮带、返球皮带和球料皮带等设备,可根据配料要求随意选择运行的造球仓并在线随时换仓;根据设定下料量来对配料圆盘实现变频调速,从而构成开环调节系统,实时调节造球速度;对配料圆盘、造球圆盘、圆辊筛、电动卸料器、干料皮带、返粉皮带、返球皮带和球料皮带实现连锁顺序启动/停止和带料同时启动/停止。

3)竖炉本体电气控制系统

竖炉本体电气控制系统根据炉况和生产需要,通过调节布料车和布料皮带的运行,控制球料向竖炉内的投放量及投放时机,从而提高竖炉利用率及产品质量。系统由两台NCS-3000 FF分布式智能I/O控制器来控制,每台控制器可连接48点DI/DO,共96点,控制方式有上位机自动控制、上位机手动控制、操作台手动控制和现场机旁箱手动控制。系统包括布料皮带、布料车、六辊和电振给料机等设备,根据需要调节布料车及布料皮带运行状态;对料皮带、布料车、六辊和电振给料机实现连锁顺序启动/停止和带料同时启动/停止。

4)成品运输电气控制系统

成品运输电气控制系统是竖炉焙烧球团的最后环节,主要是对焙烧后的熟球进行冷却,经皮带输送到高炉或料场、补球仓。系统由3台NCS-3000 FF分布式智能I/O控制器来控制,每台控制器可连接48点DI/DO,共144点,控制方式有上位机自动控制、上位机手动控制、操作台手动控制和现场机旁箱手动控制。系统包括鼓风机、成品皮带、补球皮带、链板机、刮板机、振动筛和带冷机等设备,对鼓风机、成品皮带、补球皮带、链板机、刮板机、振动筛和带冷机实现连锁顺序启动/停止和带料同时启动/停止。

5)过程检测(仪表)控制系统

过程检测(仪表)控制系统的目的是对生产过程中的主要工序和流程采用自动控制,并且对生产线上的主要工艺参数,如流量、压力、温度进行实时采集,实时显示及实时报警。报警包括上上限、上限、下限、下下限、变化率等。对物料的重量,入炉生球的重量、成品的重量、能源等进行累计和计量,可用于生产调度和管理。系统由8个FF H1总线网段组成,每个网段有8～16台FF总线智能仪表。由于采用了FF总线技术,有很强的模拟信号处理能力,控制策略被下放到现场智能仪表中,以温度变送器为例,可将多个温度信号处理后,将信息传输给控制器,这样仅靠仪表设备所提供的功能块就能很方便地构成所需要的控制回路,并可随时诊断出设备的运行状态,做到功能块的充分冗余,使系统的安全性得到提高。还可进行远程调试和维护,对现场仪表故障快速诊断及处理。

6.1 FF 总线的主要技术

6.1.1 FF 总线的核心技术

FF 总线围绕工厂底层网络和全分布自动化系统这两方面形成了它的技术特点。其主要技术内容有以下几点。

(1) FF 总线的通信技术。包括 FF 总线的通信模型、通信协议、通信控制器芯片、通信网络与系统管理等内容。它是现场总线的核心基础技术之一,无论对于现场总线设备的开发制造单位,还是系统设计单位、系统集成商以至用户,都具有重要作用。

(2) 标准化功能块与功能块应用进程。它提供一个通用结构,把实现控制系统所需的各种功能划分为功能模块,使其公共特征标准化,规定它们各自的输入、输出、算法、事件、参数与块控制图,并把它们组成为可在某个现场设备中执行的应用进程。便于实现不同制造商产品的混合组态与调用。功能块的通用结构是实现开放系统构架的基础,也是实现各种网络功能与自动化功能的基础。

(3) 设备描述与设备描述语言。为实现现场总线设备的互操作性,支持标准的块功能操作,FF 总线采用了设备描述技术。设备描述为控制系统理解来自现场设备的数据意义提供必需的信息,因而也可以看作控制系统或主机对某个设备的驱动程序,即设备描述是设备驱动的基础。FF 总线把基金会的标准 DD 和经基金会注册过的制造商附加 DD 写成 CD-ROM 提供给用户。

(4) 现场总线通信控制器与仪表或工业控制计算机之间的接口技术。在现场总线的产品开发中常采用 OEM 集成方法构成新产品。已有多家供应商向市场提供 FF 集成通信控制芯片、通信栈软件、圆卡等。把这些部件与其他供应商开发的或自行开发的完成测量控制功能的部件集成起来,组成现场智能设备的新产品。要将总线通信圆卡与实现变送、执行功能的部件构成一个有机的整体,要通过 FF 的 PC 接口卡将总线上的数据信息与上位的各种人机接口(Man-Machine Interface,MMI)软件、高级控制算法融为一体,尚有许多智能仪表本身及其与通信软硬件接口的开发工作要做。

(5) 系统集成技术。包括通信系统与控制系统的集成。如网络通信系统组态、网络拓扑、配线、网络系统管理;控制系统组态;人机接口、系统管理维护等。这是一项集控制、通信、计算机、网络等多方面知识,集软硬件于一体的综合性技术,在现场总线开发初期,在技术规范、通信软硬件尚不十分成熟时具有特殊的意义,对系统设计单位、用户和系统集成商更是具有重要作用。

(6) 系统测试技术。包括通信系统的一致性与可互操作技术,总线监听分析技术,系统的功能、性能测试技术。一致性与可互操作性测试是为保证系统的开放性而采取的重要措施,一般要经授权的第三方认证机构进行专门测试,验证符合统一的技术规范后,将测试结果交现场总线基金会登记注册,授予 FF 标志。只有具备了 FF 标志的现场总线产品才是真正的 FF 产品,其通信的一致性与系统的开放性才有相应保障。有时,对由具有 FF 标志的现场设备所组成的系统,还需进一步进行可互操作性测试和功能性能测试,以保证系统的正常运转,并达到所要求的性能指标。总线监听分析用于测试判断总线上通信信号的流通状态,用于通信系统的调试、诊断与评价。对由现场总线设备构成的自动化系统,功能、性能测试技术还包括对其实现的各种控制系统功能的能力、指标参数的测试,并可在测试基础上进一步开展对通信系统、自动化系统的综合指标评价。

6.1.2　FF总线通信模型

FF总线的核心部分之一是实现现场总线信号的数字通信。为了实现系统的开放性，其通信模型参考了ISO/OSI参考模型，并在此基础上根据自动化系统的特点进行了演变。FF总线的参考模型只具备了ISO/OSI参考模型七层中的三层，即物理层、数据链路层和应用层，并按照现场总线的实际要求，把应用层划分为两个子层：现场总线访问子层与现场总线报文规范子层。省去了中间的第3～6层，即不具备网络层、传输层、会话层与表示层。不过它又在原有ISO/OSI参考模型的第七层——应用层之上增加了新的一层——用户层。FF总线通信模型如图6-3所示。

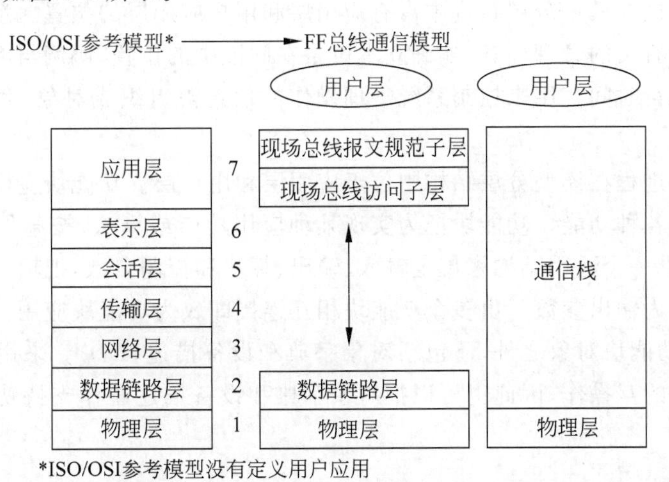

图6-3　FF总线通信模型

如图6-3所示，可以将FF总线通信模型视为四层，其中，物理层规定信号如何发送；数据链路层规定如何在设备间共享网络和调度通信；应用层则规定在设备间交换数据、命令、事件信息以及请求应答中的信息格式。用户层则用于组成用户所需要的应用程序，如规定标准的功能块、设备描述，实现网络管理、系统管理等。

知识链接 6-1

FF总线开发过程中对模型的处理

相应软硬件开发的过程中，往往把除去最下端的物理层和最上端的用户层之后的中间部分作为一个整体，统称为通信栈。这时，FF总线的通信参考模型可简单地视为三层，分别为物理层、通信栈、用户层，并按各部分在物理设备中要完成的功能，可分为三大部分：通信实体、系统管理内核(SMK)、功能块应用进程(FBAP)。各部分之间通过虚拟通信关系(Virtual Communication Relationship，VCR)来沟通信息。VCR表明了两个或多个应用进程之间的关联，即虚拟通信关系是各应用之间的逻辑通信通道，它是总线访问子层所提供的服务。

通信实体贯穿从物理层到用户层的所有各层，由各层协议与网络管理代理共同组成。通信实体的任务是生成报文与提供报文传送服务，是实现现场总线信号数字通信的核心部分。层协议的基本目标是构成虚拟通信关系。网络管理代理则是要借助各层及其层管理实体，支持组态管理、运行管理、出错管理的功能。各种组态、运行、故障信息保持在网络管理信息库（Network Management Information Base，NMIB）中，并由对象字典来描述。对象字典为设备的网络可视对象提供了定义与描述。为了明确定义、理解对象，把如数据类型、长度一类的描述信息保留在对象字典中。可以通过网络得到这些保留在对象字典中网络可视对象的描述信息。

系统管理内核在模型分层结构中占有应用层和用户应用层的位置。系统管理内核主要负责与网络系统有关的管理任务，如确立本设备在网段中的位置，协调与网络上其他设备的动作和功能块执行时间。用来控制系统管理操作的信息被组织成对象，存储在系统管理信息库中。

功能块应用进程在模型分层结构中位于应用层和用户层。功能块应用进程主要用于实现用户所需要的各种功能。功能块把为实现某种应用功能或算法、按某种方式反复执行的函数模块化，提供一个通用结构来规定输入、输出、算法和控制参数，把输入参数通过这种模块化的函数转换为输出参数。由多个功能块相互连接即成为功能块应用。在功能块应用进程这部分，除了功能块对象之外，还包括对象字典和设备描述（DD）。采用对象字典和设备描述来简化设备的互操作，因此也可以把对象字典和设备描述看作支持功能块应用的标准化工具。

6.1.3　协议数据的构成与层次

如某个用户要将数据通过现场总线发往其他设备，应首先在用户层形成用户数据，并把它们送往总线报文规范层处理，每帧最多可发送 251 字节的用户数据信息；然后依次送往现场总线访问子层和数据链路层；用户数据信息在现场总线访问子层、总线报文规范层、数据链路层分别加上各层的协议控制信息，在数据链路层还要加上帧校验信息（一般为 CRC 校验码），最后，送往物理层将数据打包。

信息帧形成之后，还要通过物理层转换为符合规范的物理信号，在网络系统的管理控制下，发送到现场总线网段上。

6.2　FF 总线的物理层

物理层用于实现现场设备与总线之间的连接，为现场设备与通信传输介质的连接提供机械和电气接口，为现场设备对总线的发送或接收提供合乎规范的物理信号。

6.2.1　物理层的任务

物理层的任务是负责物理传输线路的建立、维持和拆除。作为电气接口，在发送方，物理层从数据链路层接收数据单元，添加同步和起始、结束标志字符并进行编码，从而形成一个物理帧，然后在物理传输介质上发送出去；接收方在收到这个物理帧后，依据物理层协议解码并剥掉同步和起始、结束标志字符，将所得到的数据单元向上传递给数据链路层。

考虑现场设备的安全稳定性，将物理层作为电气接口，还应该具备电气隔离、信号滤波等功能，有些还需处理总线向现场设备供电的问题。

FF 总线会先采用导线作为通信介质，并进一步扩展其能力。物理层规定了三种传输介质：导线、光纤和射频，如图 6-4 所示。

数据链路层
介质无关子层
介质相关子层
介质访问单元
导线介质
导线
光纤
射频

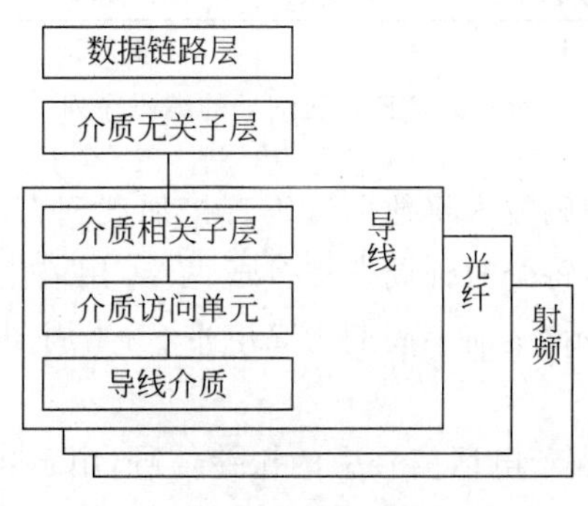

图 6-4　物理层规定的传输介质

6.2.2　物理层的结构

物理层被分为介质相关子层与介质无关子层。介质相关子层负责处理导线、光纤等不同传输介质、不同速率的信号转换问题，也称为介质访问单元。定义了信号的编码方式和物理帧格式，对应于三种介质分别规定了三种介质相关子层。介质访问单元负责传送和接收经过介质访问单元处理的物理帧信号。对应于每种传输速率和信号类型分别定义了相应的介质访问单元，负责此种模式下的通信。物理层所包含的内容如图 6-5 所示。

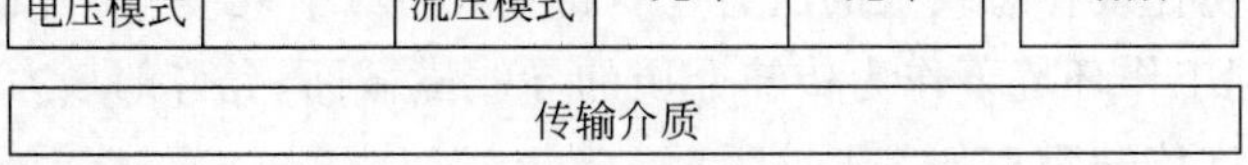

介质无关层
介质相关子层（导线/光纤）
射频
导线、电压模式
导线、电压模式
导线、电流模式
光纤
光纤
射频
导线、电压模式
导线、电流压模式
光纤
光纤
射频
传输介质

图 6-5　物理层包含的内容

每个现场设备都至少具有一种物理层实体。在网桥设备中，每个接口至少具有一个物理层实体。

介质无关层与传输介质无关，负责处理物理层与数据链路层的接口。有关信号编码、增加或去除前导码、帧前定界码的工作均在物理层的介质无关层完成。

6.2.3 物理层协议

FF 总线信号的编码序列通常由前导码、帧前定界码、帧结束码组成，如图 6-6 所示，它们都是由物理层的硬件电路生成并加载到物理信号上的。作为发送端的发送驱动器，要把前导码、帧前定界码、帧结束码增加到发送序列中；在接收端的信号接收器则要从所接收的信号序列中把前导码、帧前定界码、帧结束码除掉。

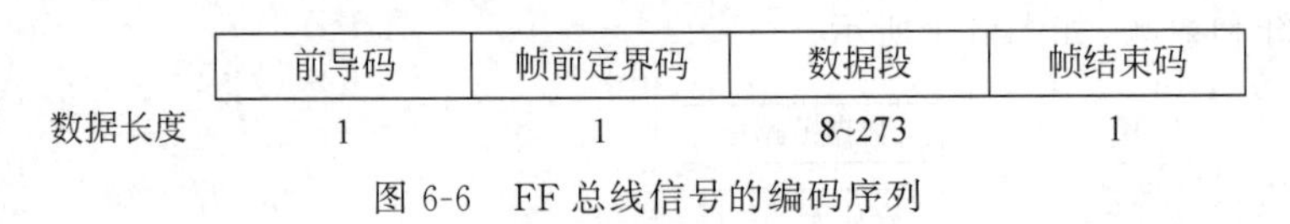

图 6-6 FF 总线信号的编码序列

FF 总线采用曼彻斯特编码技术将数据编码直接加载到直流电压或电流上形成物理信号。在曼彻斯特编码过程中，每个时钟周期被分成两半，用前半周期为低电平、后半周期为高电平形成脉冲正跳变来表示 0；前半周期为高电平、后半周期为低电平形成脉冲负跳变来表示 1。

(1) 前导码。前导码相当于电话信号中的振铃信号，用于唤醒接收设备，并使之与发送设备保持同步。前导码置于通信信号最前端，特别规定，8 位数字信号(10101010)为 1 字节。如果采用中继器，则前导码可多于 1 字节。

(2) 帧前定界码。帧前定界码标明了现场总线信息的起点，其长度为 8 个时钟周期，也就是 1 字节。帧前定界码由特殊的 N+码、N－码和正负跳变脉冲按规定的顺序组成。N+码在整个时钟周期都保持高电平，N－码在整个时钟周期都保持低电平，即它们在时钟周期的中间不存在电平的跳变。

(3) 帧结束码。帧结束码标志着现场总线信息的终止，其长度也为 8 个时钟周期，或称 1 字节，也是由 N+码、N－码和正负跳变脉冲按规定的顺序组成。其组合顺序不同于起始码。

6.2.4 传输介质

FF 总线支持多种传输介质：双绞线、电缆、光缆、无线介质。目前应用较为广泛的是前两种。H1 标准采用的电缆类型可分为无屏蔽双绞线、屏蔽双绞线、屏蔽多对双绞线、多芯屏蔽电缆几种类型。

在不同的传输速率下，信号的幅度、波形与传输介质的种类、导线是否屏蔽、传输距离等密切相关。由于要使挂接在总线上的所有设备都满足在工作电源、信号幅度、波形等方面的要求，必须对在不同工作环境下作为传输介质的导线横截面、允许的最大传输距离等做出规定。导线介质的允许传输距离如表 6-1 所示。

表 6-1 导线介质的允许传输距离

电缆类型	电缆型号	标准	传输速率/($kb \cdot s^{-1}$)	最大传输距离/m
屏蔽双绞线	18AWG	H1	31.25	1900
	22AWG	H2	1	750
	22AWG	H2	2.5	500

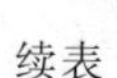

续表

电缆类型	电缆型号	标准	传输速率/(kb·s⁻¹)	最大传输距离/m
屏蔽多对双绞线	22AWG	H1	31.25	1200
无屏蔽双绞线	22AWG	H1	31.25	400
多芯屏蔽电缆	16AWG	H1	31.25	200

根据 IEC1158-2 的规范，以导线为介质的现场设备，不管是否为总线供电，当在总线主干电缆屏蔽层与现场设备之间进行测试时，对低于 63Hz 的低频场合，测量到的绝缘阻抗应该大于 250kΩ。一般通过在设备与地之间增加绝缘，或在主干电缆与设备间采用变压器、光耦合器等隔离部件，以增强设备的电气绝缘性能。

6.2.5　FF 总线的拓扑结构

FF 总线的拓扑结构较灵活，通常包括点到点结构、带分支的总线结构、菊花链结构和树状结构。带分支的总线结构和树状结构在工程中使用较多，如图 6-7 所示。

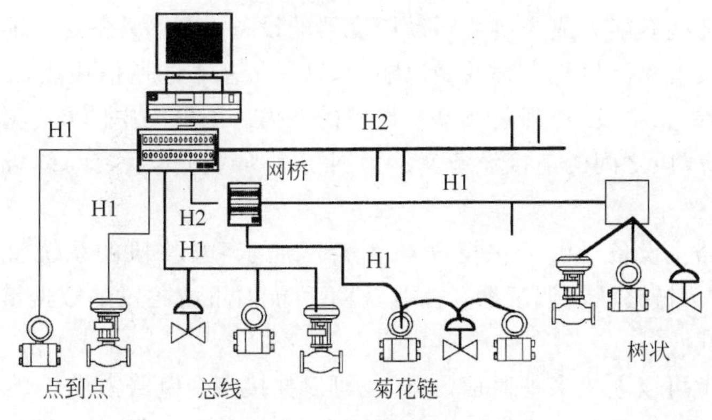

图 6-7　FF 总线的拓扑结构

FF 总线网络可以包含 1 个或多个互连的 H1 链路。1 条 H1 链路可连接 1 个或几个 H1 设备，两个或多个 H1 设备之间可通过 H1 网桥实现互连。表 6-2 为 H1 总线网段的主要特性参数。

表 6-2　H1 总线网段的主要特性参数

传输速率/(kb·s⁻¹)	31.25	31.25	31.25
信号类型	电压	电压	电压
拓扑结构	总线/菊花链/树状	总线/菊花链/树状	总线/菊花链/树状
通信距离/m	1900	1900	1900
分支长度/m	120	120	120
供电方式	非总线供电	总线供电	总线供电
本质安全	不支持	不支持	支持
设备段数/段	2～32	1～12	2～6

6.3 数据链路层

数据链路层位于物理层与总线访问子层之间，为系统管理内核和总线访问子层访问总线介质提供服务。总线通信中的链路活动调度、数据的接收与发送、活动状态的探测与响应、总线上各设备间的链路时间同步都是通过数据链路层实现的。每个总线段上有一个介质访问控制中心，称为链路活动调度器（Link Active Scheduler，LAS）。链路活动调度器具备链路活动调度能力，便可形成链路活动调度表，并按照调度表的内容形成各类链路协议数据，链路活动调度是该设备中心数据链路层的重要任务。对没有链路活动调度能力的设备来说，其数据链路层要对来自总线的链路数据作出响应，控制本设备对总线的活动。此外在数据链路层还要对所传输的信息实行帧校验。

6.3.1 通信设备类型

按照设备的通信能力，FF 总线把通信设备分为三类：链路主设备、基本设备和网桥。链路主设备是指那些有能力成为链路活动调度器的设备；而不具备这一能力的设备则称为基本设备。基本设备只能接收令牌并做出响应，这是最基本的通信功能，因而可以说网络上的所有设备，包括链路主设备，都具有基本设备的能力。当网络中的几个总线段进行扩展连接时，用于两个总线段之间的连接设备就称为网桥。所以并非所有总线设备都可成为链路活动调度器。

网桥属于链路主设备。由于它担负着对其下游的各总线段的系统管理时间的发布任务，因而它必须成为链路活动调度器；否则，就不可能对下游各段的数据链路时间和应用时钟进行再分配。

一个总线段上可以连接多种通信设备，也可以挂接多个链路主设备，但一个总线上某个时刻只能由一个链路主设备成为链路活动调度器，没有成为链路活动调度器的链路主设备起着后备链路活动调度器的作用。图 6-8 表示了现场总线通信设备的类型。

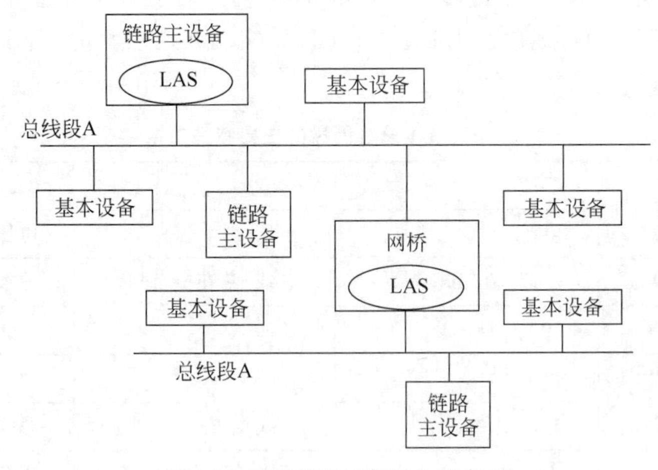

图 6-8 现场总线通信设备的类型

6.3.2　链路活动调度器

链路活动调度器拥有总线上所有设备的清单，由它来掌管总线段上各设备对总线的操作。任何时刻每个总线段上都只有一个链路活动调度器处于工作状态，总线段上的设备只有得到链路活动调度器的许可，才能向总线上传输数据。因此链路活动调度器是总线的通信活动中心。

FF总线的通信活动被归纳为两类：受调度通信与非调度通信。由链路活动调度器按预定的时间表周期性依次发起的通信活动，称为受调度通信。链路活动调度器内有一个预定调度时间表。一旦到了某个设备要发送的时间，链路活动调度器就发送一个强制数据(Compel Data,CD)给这个设备。基本设备收到了这个强制数据信息，就可以向总线上发送它的信息。现场总线系统中这种受调度通信一般用于在设备间周期性地传送控制数据。如在现场变送器与执行器之间传送测量或控制器输出信号。

在预定调度时间表之外的时间，通过得到令牌的机会发送信息的通信方式称为非调度通信。非调度通信在预定调度时间表之外的时间，由链路活动调度器通过现场总线发出一个传递令牌(Pass Token,PT)，得到这个令牌的设备就可以发送信息。所有总线上的设备都有机会通过这一方式发送调度之外的信息。由此可以看到，FF通信采用的是令牌总线工作方式。

知识链接 6-2

链路活动调度器的功能

按照FF总线的规范要求，链路活动调度器应具有以下五种基本功能。

(1) 向设备发送强制数据。按照链路活动调度器内保留的调度表，向网络上的设备发送强制数据。调度表内至少保存要发送的CD DLPDU(强制数据的协议数据单元)的请求，其余功能函数都分散在各调度实体之间。

(2) 向设备发送传递令牌，使设备得到发送非周期数据的权利，为它们提供发送非周期数据的机会。

(3) 为新入网的设备探测未被采用过的地址。当为新设备找好地址后，将它们加入活动表中。

(4) 对总线发布数据链路时间和调度时间。

(5) 视设备对传递令牌的响应，当设备既不能随着传递令牌的顺序进入使用，也不能将令牌返回时，就从活动表中去掉这些设备。

6.3.3　受调度通信

链路活动调度器中有一张传输时刻表，这张时刻表对所有需要周期性传输的设备中的所有数据缓冲器起作用。当设备发送缓冲区数据的时刻到时，链路活动调度器向该设备发出一个强制数据。一旦收到强制数据，该设备广播或“发布”该缓冲区数据到现场总线上的所有设备，所有被组态为接收该数据的设备被称为订阅者(Subscriber)。在链路活动调度器发送方发送强制数据时，数据缓冲寄存器中的报文向现场总线上的所有设备广播，接收方收听报文广播。图 6-9 为 FF 总线调度数据传输示意图。

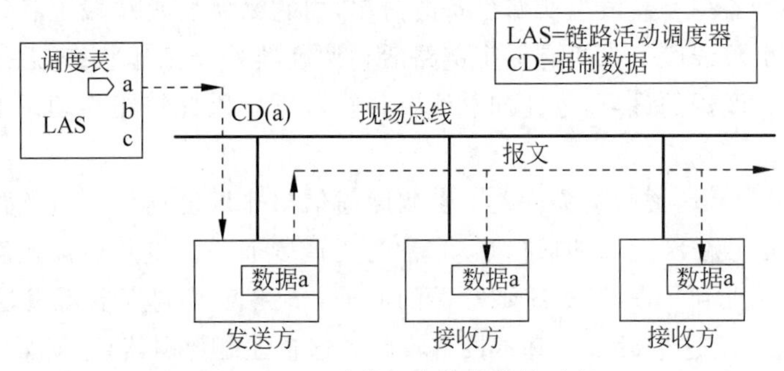

图 6-9　FF 总线调度数据传输示意

调度数据传输常用于现场总线各设备间，将控制回路的数据进行有规律的、准确的传输。在现场总线上的所有设备都有机会在调度报文传送之间发送“非调度”报文。

6.4　现场总线访问子层

现场总线访问子层(FAS)是 FF 总线通信参考模型中应用层的一个子层。它与总线报文规范层一起构成应用层。

现场总线访问子层位于总线报文规范层与数据链路层之间，把总线报文规范层与数据链路层分隔开来，利用数据链路层的受调度通信与非调度通信作用，为总线报文规范层提供服务，对总线报文规范层和 AP(接入点)提供虚拟通信关系(VCR)的报文传送服务。

在分布式应用系统中，各应用进程之间要利用通信通道传递信息。在应用层中，把这种模型化了的通信通道称为应用关系。应用关系负责在所要求的时间内，按规定的通信特性，在两个或多个应用进程之间传送报文。总线访问子层的主要活动就是围绕与应用关系相关的服务进行的。

6.4.1　总线访问子层的协议机制

可以把总线访问子层的协议机制划分为三层：现场总线访问子层的服务协议机制(FAS Service Protocol Machine，FSPM)；应用关系协议机制(ARPM)；数据链路层映射协议机制(DLL Mapping Protocol Machine，DMPM)。现场总线访问子层的协议分层如图 6-10 所示。

(1) 现场总线访问子层的服务协议机制是现场总线访问子层用户和应用关系端点之间的接口，现场总线访问子层用户是指总线报文规范层和功能块应用进程。对所有类型的应用关系端点，其服务协议机制都是公共的，没有任何状态变化。它是对上层的接口。

(2) 数据链路层映射协议机制是对下层，即数据链路层的接口。

(3) 应用关系协议机制是现场总线访问子层的中心，它描述了应用关系的创建和撤销，并与远程应用关系协议机制之间交换协议数据单元。

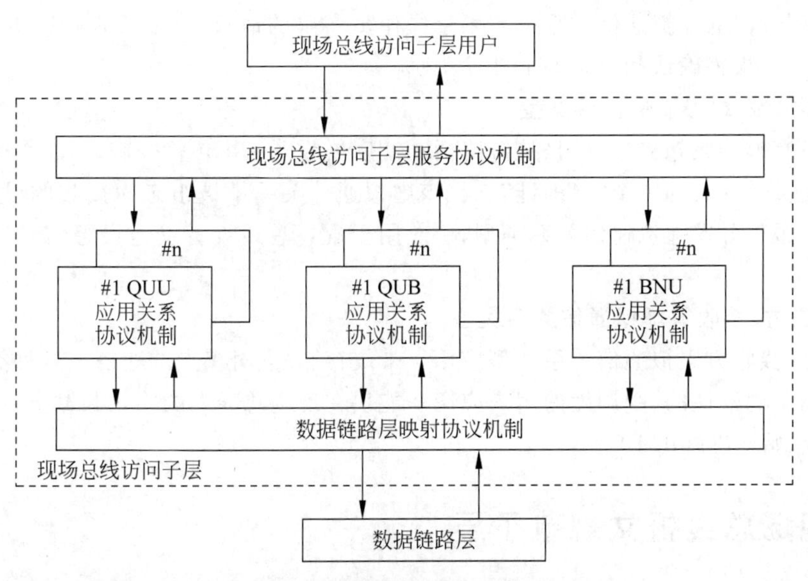

图 6-10　现场总线访问子层的协议分层

6.4.2　现场总线访问子层的服务类型

现场总线访问子层使用数据链路层的调度和非调度特点为现场总线报文规范层提供服务。现场总线访问子层的服务类型由虚拟通信关系(VCR)来描述。正如个人对个人、对方付费或会议电话等有不同的虚拟通信关系类型一样,现场总线访问子层也有不同的类型,如图 6-11 所示。

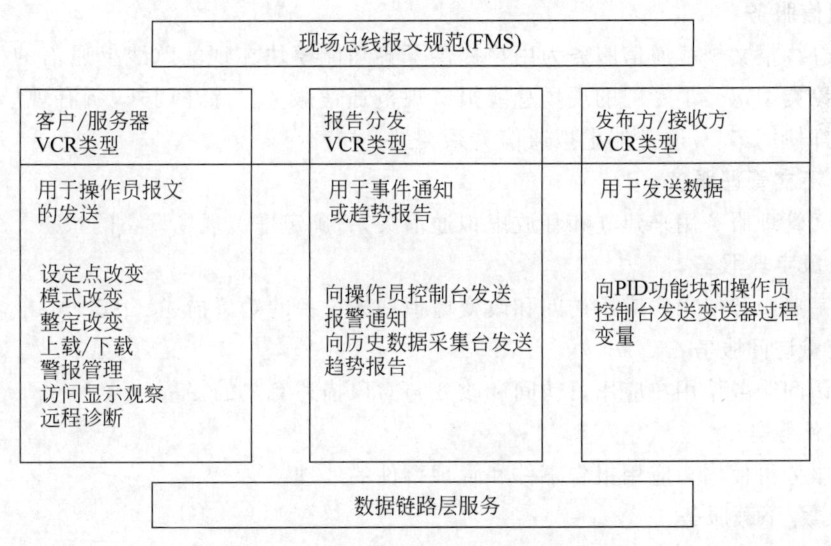

图 6-11　现场总线访问子层的服务类型

1. 客户/服务器虚拟通信关系类型

客户/服务器虚拟通信关系类型用以实现现场总线设备间的通信,它们是排队的、非调度的、用户初始化的、一对一的。

客户/服务器的虚拟通信关系类型用于操作员产生的请求，诸如设定点改变、整定参数的存取和改变、报警确认和设备的上载/下载。

2. 报告分发虚拟通信关系类型

当设备有事件或趋势报告，且从链路活动调度器收到一个传输令牌时，将报文发送给由该虚拟通信关系定义的一个"组地址"。在该虚拟通信关系中被组态为接收的设备，将接收这个报文。报告分发虚拟通信关系类型，一般用于现场总线设备发送报警信号通知给操作员控制台。

3. 发布方/接收方虚拟通信关系类型

发布方/接收方虚拟通信关系类型应用于带缓存、一点对多点的通信。这种类型被现场总线设备用于周期性的、受调度的用户应用功能块在现场总线上的输入和输出，诸如过程变量(PV)和原始输出(OUT)等。

6.5 现场总线报文规范子层

现场总线报文规范子层(FMS)是为用户应用服务的，它以标志的报文格式集，在现场总线上相互发送报文。FMS 描述通信服务、报文格式和用户应用建立报文所必需的协议行为。

现场总线报文规范子层所包含的服务如下。

1. 虚拟现场设备

虚拟现场设备(VFD)用于远程观察对象字典中描述的本地设备数据。典型的设备至少有两个虚拟现场设备。网络管理是网络和系统管理应用的一部分，提供通信栈的组态。

2. 通信服务

现场总线报文规范通信服务为用户提供了各功能模块在现场总线上通信的标准方法。为每个对象类型定义了专门的现场总线报文规范通信服务。除注明外，所有现场总线报文规范服务都使用客户/服务器虚拟通信关系类型。

3. 上下文管理服务

上下文管理服务用来建立和释放虚拟通信关系，确定虚拟现场设备的状态。

4. 对象字典服务

对象字典服务使用户应用访问和改变虚拟现场设备的对象描述(OD)。

5. 变量访问服务

变量访问服务使用户应用可访问和改变与对象描述有关的变量。

6. 事件服务

事件服务可使用户应用报告事件和管理事件的处理。

7. 上载/下载服务

在现场总线控制系统中，必须通过现场总线在线进行上载或下载数据和程序，尤其是对于可编程逻辑控制器这样比较复杂的设备。使用现场总线报文服务进行上载下载时，引入"域"的概念。一个域代表一台设备内的一块存储空间。

8. 程序调用服务

程序调用(PI)服务可以调用一个远程设备中的程序。一台设备使用下载服务，可下载一个程序到另一台设备的域中,然后发送程序调用服务请求运行该程序。

6.6 FF现场仪表的功能模块

FF总线用"块"的概念定义了标准用户应用程序。典型的用户应用功能模块有资源块、功能块、转换块三种。

1. 资源块

资源块表达了现场设备的本地硬件对象及其相关运行参数,描述了设备的特性,如设备类型、设备版本、制造商等。

2. 功能块

功能块是参数、算法和事件的完整组合。通过对功能块的连接和组态构成控制回路,实现控制策略,完成自动化系统的任务。

共有10个标准基本功能块:模拟量输入(AI)、离散输入(DI);输出块:模拟量输出(AO)、离散输出(DO);控制块:手动装载(ML)、控制选择(CS)、偏置(BG)、比例积分(PD)、比例积分微分(PID)、比率系数(RA)。

3. 变换块

变换块描述了现场设备的I/O特性,如传感器和执行器的特性。变换块的参数都是内含的。共有7类标准的变换块:带标定的标准压力变换块、带标定的标准温度变换块、带标定的标准液位变换块、带标定的标准流量变换块、标准的基本阀门定位块、标准的先进阀门定位块、标准的离散阀门定位块。

现场仪表和设备的功能是通过应用虚拟现场设备,由功能模块的配置和它们的互联状态决定的。

利用虚拟通信关系可以在现场总线网络上远程访问虚拟现场设备的对象描述及其关联数据。

从输出参数到输入参数,功能块彼此链接。链路中既包括参数数值,又包括参数状态。一个输出参数可以链接到任何数目的输入。

不同设备间功能块的链接通过网络通信实现。同一设备上功能块的链接不需通过总线进行通信,因而会立刻完成并且不占用网络带宽。

资源块和转换块不是控制策略的一部分,它们所有的参数都是内含参数,不可以进行链接。输入参数也可以链接到另一个输入参数,但仅局限于同一个设备内。

6.7 FF网络管理与系统管理

6.7.1 网络管理

FF总线的每台设备都有一个网络管理代理,负责管理其通信栈,并监督其运行。每个现场总线网络至少有一个网络管理者,在相应的网络管理代理的协同下,完成网络的通信管理。

网络管理(NM)的主要功能是,对通信栈组态、下载链路活动调度表、下载虚拟通信关系表(VCRL)或表中某个条目、通信性能的监视及通信异常的监视。

1. 网络管理的组成

网络管理由网络管理者、网络管理代理和网络管理信息库三部分组成。

1）网络管理者

网络管理者的主要工作是负责维护网络运行，并且根据需求或者相关指示来执行相关动作，同时能够监视每台设备中通信栈的状态，处理之后，网络管理代理能够生成报告，记录任务的完成情况。同时，网络管理者能够指挥网络管理代理来执行它所要求的任务。网络管理者与系统管理者之间的关系涉及系统构成，网络管理者能够实体指导网络管理代理运行，并由网络管理者向网络管理代理发出指示，再由网络管理代理对其作出响应。当在一些重要的事件或状态发生时通知网络管理者。

2）网络管理代理

网络管理代理负责管理通信模型中的第2～7层，并监督其运行，支持组态管理、运行管理、监视通信性能、判断通信差错。网络管理者与网络管理代理之间的虚拟通信关系是虚拟通信关系表中的第一个虚拟通信关系。它提供了排队式、用户触发、双向的网络访问。它以含有网络管理代理的所有设备都熟知的数据链路连接端点地址的形式，存在于含有网络管理代理的所有设备中，并要求所有的网络管理代理都支持这个虚拟通信关系。通过其他虚拟通信关系，也可以访问网络管理代理，但只允许监视。

3）网络管理信息库

网络管理信息库是被管理变量的集合，包含了设备通信系统中组态、运行、差错管理的相关信息，其内容是借助虚拟现场设备管理和对象字典来描述的。

2. 网络管理代理的虚拟现场设备

网络管理代理的虚拟现场设备是网络上可以看到的网络管理代理，或者说是由现场总线报文规范子层看到的网络管理代理。网络管理代理的虚拟现场设备运用现场总线报文规范服务，使得网络管理代理可以穿越网络进行访问。

网络管理代理的虚拟现场设备的属性有厂商名、型号、版本号、行规号、逻辑状态、物理状态及虚拟现场设备专有对象表。其中前三项由制造商规定并输入；行规号为0X4D47，即网络管理英文字母M、G的ASCII代码4DH、47H；逻辑状态和物理状态属于网络运行的动态数据；虚拟现场设备专有对象是指网络管理代理索引对象。

网络管理代理索引对象是网络管理信息库中对象的逻辑映射，它作为一个现场总线报文规范数组对象定义。

网络管理代理的虚拟现场设备也像其他虚拟现场设备那样，具有它所包含的所有对象的对象描述，并形成对象字典；也像其他对象字典那样，它把对象字典本身作为一个对象进行描述。

网络管理代理的虚拟现场设备对象字典的对象描述是网络管理代理的虚拟现场设备对象字典中的条目0，其内容有标识号、存储属性(ROM/RAM)、名称长度、访问保护、字典对象版本、本地地址、字典对象静态条目长度、第一个索引对象目录号。

网络管理代理索引对象是包含在网络管理信息库中的一组逻辑对象。每个索引对象包含了要访问的由网络管理代理管理的对象所必需的信息。通信行规、设备行规、制造商都可以规定网络管理代理的虚拟现场设备中所含有的网络可访问对象。这些附加对象收容在字典对象里，并为它们增加索引，通过索引指向这些对象。要确保所增加的对象定义不会受底层管理的影响，即所规定的对象属性、数据类型不会被改变、替换或删除。

网络管理代理索引对象被规定为现场总线报文规范数组对象。网络管理代理标准索引总由第二个静态对象字典(SOD)条目描述。

3. 网络管理的服务

网络管理代理可以表示为多个复合对象，复合对象是用类(Class)模型定义的。

4. 网络管理者与网络管理代理

网络管理者负责以下工作。

(1) 下载虚拟通信关系表或表中的某个单一条目。

(2) 对通信栈组态。

(3) 下载链路活动调度表。

(4) 监视运行性能。

(5) 监视差错判断。

网络管理代理是一个设备应用进程，它由一个 FMS-VFD 模型表示。在网络管理代理的虚拟现场设备中的对象是关于通信栈整体或各层管理实体(LME)的信息。这些网络管理对象集合在网络管理信息库(NMIB)中，可由网络管理者使用一些现场总线报文规范服务，通过与网络管理代理建立虚拟通信关系进行访问。

5. 通信实体

通信实体包含自物理层、数据链路层、现场总线访问子层和现场总线报文规范层直至用户层。设备的通信实体由各层的协议和网络管理代理共同组成，通信栈是其中的核心。

层管理实体(LMES)提供对一层协议的管理能力，它向网络管理代理提供对协议被管理对象的本地接口。

PH-SAP 为物理层服务访问点；DL-SAP 为数据链路服务访问点；DL-CEP 为数据链路连接端点。它们是构成层间虚拟通信关系的接口端点。层协议的基本目标是提供虚拟通信关系。

现场总线报文规范提供虚拟通信关系应用报文服务，如变量读、写。不过，有些设备可以不用现场总线报文规范，而直接访问现场子线访问子层。系统管理内核除采用现场总线报文规范服务外，还可在经过系统管理内核协议直接访问数据链路层。现场子线访问子层对现场总线报文规范和应用进程提供虚拟通信关系报文传送服务，把这些服务映射到数据链路层。现场子线访问子层提供虚拟通信关系端点对数据链路层的访问，为运用数据链路层提供了一种辅助方式。在现场子线访问子层中还规定了虚拟通信关系端点的数据联络能力。

数据链路层为系统管理内核协议和现场总线访问子层访问总线介质提供服务。访问通过链路活动调度器进行，访问可以是周期性的，也可是非周期性的。数据链路层的操作被分成两层，一层提供对总线的访问，一层用于控制数据链路用户之间的数据传输。

物理层是传输数据信号的物理介质与现场设备之间的接口。它为数据链路层提供了独立于物理介质种类的接收与发送能力。物理层由介质连接单元、介质相关子层、介质无关子层组成。各层协议、各层管理实体和网络管理代理所组成的通信实体协同工作，共同承担网络通信任务。

6.7.2 系统管理

1. 概述

每个设备中都有系统管理实体,它由用户应用和系统管理内核(SMK)组成。系统管理是通过集成多层的协议与功能而完成的,用以协调分布式现场总线系统中各设备的运行。

FF总线采用管理员/代理者模式(SMgr/SMK),每个设备的系统管理内核承担代理者角色,对从系统管理者(SMgr)实体收到的指示做出响应。系统管理可以全部包含在一个设备中,也可以分布在多个设备之间。在一个设备内部,系统管理内核与网络管理代理和设备应用进程之间的相互作用属于本地作用。

系统管理内核采用两个协议进行通信,即现场总线报文规范协议和系统管理内核协议(SMKP)。系统管理内核协议用以实现管理员和代理者之间的通信。系统管理操作的信息被组织为对象,存放在系统管理信息库(SMIB)中;从网络的角度来看,系统管理信息库属于管理虚拟设备(MVFD),这使得系统管理信息库对象可以通过现场总线报文规范服务进行访问,管理虚拟设备与网络管理代理共享。现场总线报文规范用于访问系统管理信息库;在地址分配过程中,系统管理必须与数据链路管理实体(DLME)相联系。系统管理(SM)和数据链路管理实体的界面是本地生成的。系统管理内核与数据链路层有着密切联系。它直接访问数据链路层,以执行其功能。这些功能由专门的数据链路服务访问点(DLSAP)来提供。系统管理内核与其他部分的关系如图6-12所示。

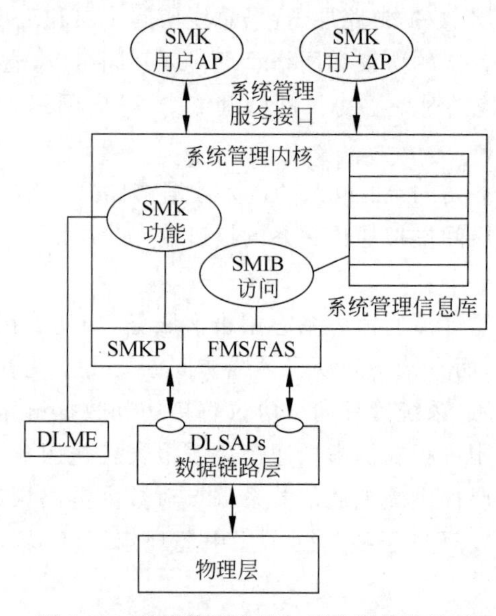

图6-12 系统管理内核与其他部分的关系

系统管理内核协议有两种标准数据链路地址,一个是单地址,唯一地对应于一个特殊设备的系统管理内核;另一个是链路的本地组地址,它表明了在一次链接中要通信的所有设备的系统管理内核。

系统管理内核协议采用无连接方式的数据链接服务和数据链路单元数据(Unit Data,DL)。而系统管理内核则采用数据链路时间服务来支持应用时钟同步和功能块调度。

从系统管理内核与用户应用的联系来看，系统管理支持节点地址分配、应用服务调度、应用时钟同步和应用进程位号的地址解析。

本地系统管理内核和远程系统管理内核相互作用时，本地系统管理内核可以起到服务器的作用，满足各种服务请求。

系统管理内核为设备的网络操作提供多种服务：访问系统管理信息库，分配设备位号与地址；进行设备辨认；定位远程设备与对象；进行时钟同步、功能块调度等。

2. 系统管理的作用

系统管理可完成现场设备的地址分配、寻找应用位号、实现应用时钟的同步、功能块列表、设备识别以及对系统管理信息库的访问等功能。

1）现场设备地址分配

现场设备地址分配应保证现场总线网络上的每个设备只对应唯一的一个节点地址。

首先给未初始化设备离线地分配一个物理设备位号，然后使设备进入初始化状态。设备在初始化状态下并没有被分配节点地址，但能附属于网络。

一旦处于网络之上，组态设备就会发现该新设备并根据它的物理设备位号给它分配节点地址。它包括一系列由定时器控制的步骤，以使系统管理代理定时地执行它们的动作和响应管理员请求。

在错误情况下，代理必须有效地返回到操作开始时的状态。它也必须拒绝与它当时所处状态不相容的请求。

2）寻找应用位号

以位号标识的对象有物理设备（PD）、虚拟现场设备、功能块和功能块参数。

现场总线系统管理允许查询由位号标识的对象，包含此对象的设备将返回一个响应值，其中包括有对象字典目录和此对象的虚拟通信关系表。

3）应用时钟同步

由时间发布者的系统管理内核负责应用时钟时间与存在于数据链路层中的链路调度时间之间的联系，以实现应用时钟同步。

每个设备都将应用时钟作为独立于现场总线数据链路时钟而运行的单个时钟，或者说，应用时钟时间可按需要，由数据链路时钟计算而得到。

4）功能块调度

运用存储于系统管理信息库中的功能块调度，告知用户应用该执行的功能块，或其他可调度的应用任务。这种调度按被称为宏周期的功能块重复执行。

宏周期起点被指定为链路调度时间。所规定的功能块起始时间是相对于宏周期起点的时间偏移量。

功能块调度必须与链路活动调度器中使用的调度相协调。允许功能块的执行与输入输出数据的传送同步。

5）设备识别

现场总线网络的设备识别通过物理设备位号和设备标识ID来进行。系统管理还可以通过现场总线报文规范服务访问系统管理信息库，实现设备的组态与故障诊断。

3. 系统管理服务和作用过程

1）设备地址分配

为一个新设备分配网络地址的步骤如下。

通过组态设备分配给这个新设备一个物理设备位号。这个工作可以“离线”实现，也可以通过特殊的默认网络地址“在线”实现。

系统管理采用默认网络地址询问该设备的物理设备位号，并采用该物理设备位号在组态表内寻找新的网络地址。然后，系统管理给该设备发送一个特殊的地址设置信息，迫使这个设备移至这个新的网络地址。

对进入网络的所有的设备都按默认地址重复上述步骤。

2）设备识别

系统管理内核的识别服务容许应用进程从远程系统管理内核得到物理设备位号和设备标识 ID。

3）应用时钟分配

系统管理者有一个时间发布器，它向所有的现场总线设备周期性地发布应用时钟同步信号。数据链路调度时间与应用时钟一起被采样、传送，使正在接收的设备有可能调整它们的本地时间。应用时钟同步允许设备通过现场总线校准带时间标志的数据。

4）寻找位号(定位)服务

系统管理通过寻找位号服务搜索设备或变量，为主机系统和便携式维护设备提供方便。

5）功能块调度

功能块调度指示用户应用，现在已经是执行某个功能块或其他可执行任务的时间了。系统管理内核使用系统管理信息库中的调度对象和由数据链路层保留的链路调度时间来决定何时向它的用户应用发布命令。功能块执行是可重复的，每次重复称为一个宏周期。

每个设备都将在它自己的宏周期期间执行其功能块调度。设备中的功能块执行则在 SMIB FB Start Entry Objects 中定义。该系统管理信息库内容就是功能块调度。

当控制一个过程时，发生在固定时间间隔上的监控和输出改变是十分重要的。与该固定时间间隔的偏差称为抖动，其值必须很小。

阅读文章6-1

FF 总线技术在炼化装置中的应用

随着炼化企业向大型化、一体化、智能化的趋势发展，炼化装置对生产的安全、稳定、节能、增效等的要求越来越高，从而使工艺对过程控制系统的功能和设计的要求也越来越高。现场总线控制系统是继分散控制系统之后的新一代全数字化控制系统，是目前过程控制系统的发展趋势，其中的 FF 总线技术在过程自动化领域占据主流地位，国内外包括上海赛科、福建炼油乙烯等多套大型炼化装置均采用了现场总线控制技术，取得了良好的经济和实用效果。

炼化装置一般采用分散型控制系统(DCS)与现场总线控制系统相结合的方案，且有以下原则：

(1) 安全仪表系统(SIS)、压缩机控制系统(CCS)、火灾和气体检测系统(FGS)、设备包控制系统以及专用的复杂控制不采用现场总线控制系统。

(2) 复杂调节回路、关键调节回路(如反应器、裂解炉等)、需高速处理的回路(如转速调节回路、防喘振调节回路等)不采用现场总线控制系统。

(3) 特殊仪表(如在线分析仪、放射性仪表、特殊流量计/液位计、转速仪表等)不采用现场总线控制系统。

(4) 压力测量、温度测量以及压差测量等模拟量监测回路采用现场总线控制系统。

控制系统的网络拓扑结构通常有三种形式,分为鸡爪状结构(树状)、分支结构以及混合结构,因鸡爪状拓扑结构简单,成本较低,并且便于维护,所以通常采用此种拓扑结构,由多台现场总线设备通过分支电缆连接到现场总线接线箱内,再由主电缆连接至主控制系统内的现场总线配电器以及H1卡,如图6-13所示。

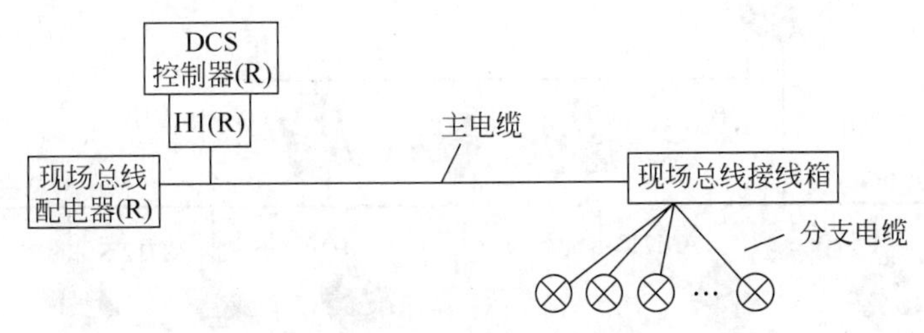

图6-13　典型的炼化装置现场总线拓扑结构

以上这种鸡爪状拓扑结构应在每个网段安装两个现场总线终端器,一个安装在现场总线接线箱中,以减少现场总线信号的衰减;另一个安装在现场总线配电器内。终端器上应贴有醒目的标识T,防止因疏忽而被移走。

FF总线技术在许多大型炼化装置中成功应用,实现了炼化装置的安全、稳定生产,提高了工厂的智能化生产、维护以及管理水平,节省了投资成本,降低了装置的生命周期成本,因此炼化装置采用FF总线技术是十分必要的。但也存在许多问题,比如国内FF总线技术的工程设计标准的缺失、现场操作人员的较高要求、后期高维护成本等,制约了FF总线技术的发展,相信经过工程公司和业主以及制造厂共同的努力,FF总线技术在未来会得到更好的发展。

阅读文章6-2

中控FF总线技术在大型炼厂的应用

本项目包含渣油加氢、重整、常解压、制氢等10多套工艺装置,并包含水处理、罐区和旧罐区改造及公用工程等一些辅助设施,是一个典型全厂性的大炼油项目。中控的FF总线控制系统在国内和国外的石油化工领域的应用也逐渐多了起来,通过项目的施工和使用效果来看,现场总线控制系统确实在工程设计、简化工程实施、减少安装成本、减少调试时间和强大的自诊断和维护功能方面比传统的控制系统有优越性。本文从该项目的工程设计出发,重点阐述了现场总线设计的关键因素。

本项目采用FF总线控制系统,全厂设一个主控制室(Main Control Room),新建的10多套装置的操作、控制及管理都在主控室完成。项目在装置区内设有4个独立的RIB

(Remote Instrument Building,远程仪器建设),安装各种控制系统机柜、现场接线分布柜、电源分配柜、火灾报警机柜、通信机柜等。RIB 内不设有操作岗位,只有在开车调试及就近检修测试时使用。所有的现场信号经过采集后送到这里进行监控,并通过冗余的光缆与中控室的人机界面进行通信,实时传递到操作员站处。中控 ECS-700 FCS 的典型系统结构如图 6-14 所示。

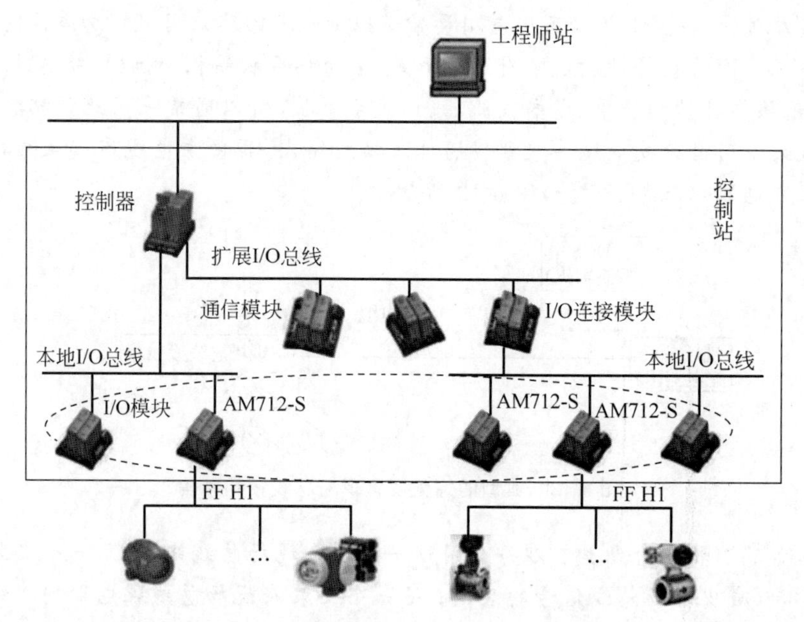

图 6-14　中控 ECS-700 FCS 的典型系统结构

FF 总线在石化行业已经逐渐大规模应用,但仍然存在一些问题,如支持 FF 总线的变送器、阀门还主要依赖进口,很多设计单位尚不具备 FF 总线的设计能力等,这些问题给 FF 总线大规模应用带来了一定困扰,相信随着更多工程的应用,这些问题将得到很好的解决。

本章小结

本章主要介绍了 FF 总线的相关内容,包括 FF 总线的核心技术,FF 总线的物理层、数据链路层、现场总线访问子层、现场总线报文规范层,介绍了 FF 总线的网络管理与系统管理以及设备描述。

综合习题

1. FF 总线的主要技术特点是什么?请加以说明。
2. FF 总线通信模型只具备 ISO/OSI 参考模型中的哪三层?它们各自的作用是什么?
3. FF 总线智能仪表功能模块有几类?它们各提供控制系统的哪些功能?

参 考 文 献

[1] 刘泽祥，李媛．现场总线技术[M]．北京：机械工业出版社，2012.
[2] 王永华．现场总线技术与应用教程[M]．北京：机械工业出版社，2012.
[3] 周志敏，纪爱华．Profibus总线系统设计与应用[M]．北京：中国电力出版社，2009.
[4] 朱晓青．现场总线技术与过程控制[M]．北京：清华大学出版社，2018.
[5] 阳宪惠．网络化控制系统——现场总线技术[M]．2版．北京：清华大学出版社，2014.
[6] 肖军．DCS及现场总线技术[M]．北京：清华大学出版社，2011.

图书资源支持

感谢您一直以来对清华版图书的支持和爱护。为了配合本书的使用，本书提供配套的资源，有需求的读者请扫描下方的“书圈”微信公众号二维码，在图书专区下载，也可以拨打电话或发送电子邮件咨询。

如果您在使用本书的过程中遇到了什么问题，或者有相关图书出版计划，也请您发邮件告诉我们，以便我们更好地为您服务。

我们的联系方式：

地　　址：北京市海淀区双清路学研大厦 A 座 714

邮　　编：100084

电　　话：010-83470236　010-83470237

客服邮箱：2301891038@qq.com

QQ：2301891038（请写明您的单位和姓名）

资源下载：关注公众号“书圈”下载配套资源。

资源下载、样书申请

书圈

图书案例

清华计算机学堂

观看课程直播